Konrad Reif (Hrsg.)

Konventioneller Antriebsstrang und Hybridantriebe

D1696004

Bosch Fachinformation Automobil

Konkretes Detailwissen

Für den Bedarf an inhaltlich enger zugeschnittenen Themenbereichen bietet **die sieben-bändige broschierte Reihe** das ideale Angebot. Mit deutlich reduziertem Umfang, aber gleicher detaillierter Darstellung, wird das Hintergrundwissen zu konkreten Aufgabenstellungen professionell erklärt.

Dieselmotor-Management im Überblick
einschließlich Abgastechnik

2010. 210 S. Br. EUR 24,95
ISBN 978-3-8348-1313-8

Batterien, Bordnetze und Vernetzung
2010. 228 S. Br. EUR 24,95
ISBN 978-3-8348-1310-7

Bremsen und Bremsregelsysteme
2010. 159 S. Br. EUR 24,95
ISBN 978-3-8348-1311-4

Fahrstabilisierungssysteme und Fahrerassistenzsysteme
2010. 222 S. Br. EUR 24,95
ISBN 978-3-8348-1314-5

Konventioneller Antriebsstrang und Hybridantriebe
mit Brennstoffzellen und alternativen Kraftstoffen

2010. 213 S. Br. EUR 24,95
ISBN 978-3-8348-1303-9

Moderne Diesel-Einspritzsysteme
Common Rail und Einzelzylindersysteme

2010. 172 S. Br. EUR 24,95
ISBN 978-3-8348-1312-1

Sensoren im Kraftfahrzeug
2010. 176 S. Br. EUR 24,95
ISBN 978-3-8348-1315-2

VIEWEG+ TEUBNER

Abraham-Lincoln-Straße 46
65189 Wiesbaden
Fax 0611.7878-400
www.viewegteubner.de

Konrad Reif (Hrsg.)

Konventioneller Antriebsstrang und Hybridantriebe

mit Brennstoffzellen und alternativen Kraftstoffen

Mit 247 Abbildungen

Bosch Fachinformation Automobil

VIEWEG+
TEUBNER

Bibliografische Information der Deutschen Nationalbibliothek
Die Deutsche Nationalbibliothek verzeichnet diese Publikation in der
Deutschen Nationalbibliografie; detaillierte bibliografische Daten sind im Internet über
<http://dnb.d-nb.de> abrufbar.

Der Inhalt dieses Buches erschien bisher unter den Titeln:
Hybridantriebe, Brennstoffzellen und alternative Kraftstoffe
Elektronische Getriebesteuerung
herausgegeben von der Robert Bosch GmbH, Plochingen

1. Auflage 2010

Alle Rechte vorbehalten
© Vieweg+Teubner Verlag | Springer Fachmedien Wiesbaden GmbH 2010

Lektorat: Christian Kannenberg | Elisabeth Lange

Vieweg+Teubner Verlag ist eine Marke von Springer Fachmedien.
Springer Fachmedien ist Teil der Fachverlagsgruppe Springer Science+Business Media.
www.viewegteubner.de

Umschlaggestaltung: KünkelLopka Medienentwicklung, Heidelberg
Technische Redaktion: Gabriele McLemore
Satz: FROMM MediaDesign, Selters/Ts.
Druck und buchbinderische Verarbeitung: AZ Druck und Datentechnik GmbH, Berlin
Gedruckt auf säurefreiem und chlorfrei gebleichtem Papier.
Printed in Germany

ISBN 978-3-8348-1303-9

Vorwort

Die Technik im Kraftfahrzeug hat sich in den letzten Jahrzehnten stetig weiterentwickelt. Der Einzelne, der beruflich mit dem Thema beschäftigt ist, muss immer mehr tun, um mit diesen Neuerungen Schritt zu halten. Mittlerweile spielen viele neue Themen der Wissenschaft und Technik in Kraftfahrzeugen eine große Rolle. Dies sind nicht nur neue Themen aus der klassischen Fahrzeug- und Motorentechnik, sondern auch aus der Elektronik und aus der Informationstechnik. Diese Themen sind zwar für sich in unterschiedlichen Publikationen gedruckt oder im Internet dokumentiert, also prinzipiell für jeden verfügbar; jedoch ist für jemanden, der sich neu in ein Thema einarbeiten will, die Fülle der Literatur häufig weder überblickbar noch in der dafür verfügbaren Zeit lesbar. Aufgrund der verschiedenen beruflichen Tätigkeiten in der Automobil- und Zulieferindustrie sind zudem unterschiedlich tiefe Ausführungen gefragt.

Gerade heute ist es so wichtig wie früher: Wer die Entwicklung mit gestalten will, muss sich mit den grundlegenden wichtigen Themen gut auskennen. Hierbei sind nicht nur die Hochschulen mit den Studienangeboten und die Arbeitgeber mit Weiterbildungsmaßnahmen in der Pflicht. Der rasche Technologiewechsel zwingt zum lebenslangen Lernen, auch in Form des Selbststudiums.

Hier setzt die Schriftenreihe „Bosch Fachinformation Automobil" an. Sie bietet eine umfassende und einheitliche Darstellung wichtiger Themen aus der Kraftfahrzeugtechnik in kompakter, verständlicher und praxisrelevanter Form. Dies ist dadurch möglich, dass die Inhalte von Fachleuten verfasst wurden, die in den Entwicklungsabteilungen von Bosch an genau den dargestellten Themen arbeiten. Die Schriftenreihe ist so gestaltet, dass sich auch ein Leser zurechtfindet, für den das Thema neu ist. Die Kapitel sind in einer Zeit lesbar, die auch ein sehr beschäftigter Arbeitnehmer dafür aufbringen kann.

Die Basis der Reihe sind die fünf bewährten, gebundenen Fachbücher. Sie ermöglichen einen umfassenden Einblick in das jeweilige Themengebiet. Anwendungsbezogene Darstellungen, anschauliche und aufwendig gestaltete Bilder ermöglichen den leichten Einstieg. Für den Bedarf an inhaltlich enger zugeschnittenen Themenbereichen bietet die siebenbändige broschierte Reihe das richtige Angebot. Mit deutlich reduziertem Umfang, aber gleicher detaillierter Darstellung, ist das Hintergrundwissen zu konkreten Aufgabenstellungen professionell erklärt. Die schnelle Bereitstellung zielgerichteter Information zu thematisch abgegrenzten Wissensgebieten sind das Kennzeichen der 92 Einzelkapitel, die als pdf-Download zur sofortigen Nutzung bereitstehen. Eine individuelle Auswahl ermöglicht die Zusammenstellung nach eigenem Bedarf.

Im Laufe der Neukonzeption dieser Schriftenreihe ist es nicht möglich, alle Produkte gleichzeitig inhaltlich neu zu bearbeiten. Dies geschieht demnach Zug um Zug.

Der vorliegende Band „Konventioneller Antriebsstrang und Hybridantriebe" behandelt Hybridantriebe, Betrieb von Hybridfahrzeugen, Elektroantriebe und Batterien für Hybridfahrzeuge, Brennstoffzellen, alternative Kraftstoffe, konventionelle Getriebe und deren Steuerung, zugehörige Sensorik, Steuergeräte und Aktoren. Er setzt sich aus den früheren gelben Heften „Hybridantriebe, Brennstoffzellen und alternative Kraftstoffe" und „Elektronische Getriebesteuerung" in der bisherigen Form zusammen. Eine inhaltliche Neubearbeitung wird folgen. Neu erstellt wurde das Stichwortverzeichnis, um die Inhalte dieses Buchs rasch zu erschließen.

Friedrichshafen, im Juni 2010   Konrad Reif

Kompakt, umfassend, kompetent!

Robert Bosch GmbH (Hrsg.)
Kraftfahrtechnisches Taschenbuch
26., akt. u. erg. Aufl. 2007.
1192 S. Br. EUR 39,90
ISBN 978-3-8348-0138-8

Inhalt: Physik - Stoffkunde - Maschinenelemente - Tribologie - Sensoren - Verbrennungsmotoren - Motorperipherie - Abgas- und Diagnosegesetzgebung - Motorsteuerung - Schadstoffminderung - Alternative Antriebe - Hybridantriebe - Triebstrang - Fahrwerk - Fahrsicherheitssysteme - Lichttechnik - Autoelektrik - Fahrzeug-sicherungssysteme - Sicherheit und Komfort - Datenaustausch und Vernetzung im Kfz

Dieses Buch ist aus der Welt des Automobils nicht wegzudenken. Seit nunmehr 75 Jahren hat es seinen festen Platz in den Werkstätten und auf den Schreibtischen. Als handliches Nachschlagewerk mit kompakten Beiträgen bietet es einen zuverlässigen Einblick in den aktuellen Stand der Kfz-Technik. Der Schwerpunkt ist die Personen- und Nutzkraftfahrzeugtechnik. In dieser Auflage sind besonders die neuen Abschnitte über Schadstoffminderung beim Dieselmotor, Hybridantrieb, Aktivlenkung und Vernetzung im Kfz hervorzuheben.

VIEWEG+ TEUBNER

Abraham-Lincoln-Straße 46
65189 Wiesbaden
Fax 0611.7878-400
www.viewegteubner.de

Stand Mai 2010.
Änderungen vorbehalten.
Erhältlich im Buchhandel oder im Verlag.

Inhaltsverzeichnis

Autorenverzeichnis

Hybridantriebe, Brennstoffzellen und alternative Kraftstoffe

Autoren

Dipl.-Ing. (FH) Thorsten Allgeier,
Dr. rer. nat. Richard Aumayer,
Dr. rer. nat. Frank Baumann,
Dipl.-Ing. Michael Bildstein,
Dr.-Ing. Jochen Faßnacht (Bordnetze),
M. Sc. Ian Faye,
Dr. rer. nat. Ulrich Gottwick,
Dr.-Ing. Hans-Peter Gröter (Elektroantriebe),
Dr. rer. nat. Werner Grünwald,
Dr.-Ing. Karsten Mann,
Dr.-Ing. Boyke Richter (Hybridantriebe),
Dipl.-Ing. Arthur Schäfert,
Dr.-Ing. Dirk Vollmer,
Dipl.-Ing. Achim Wach (Brennstoffzellen),
Dr. rer. nat. Jörg Ullmann (Alternative Kraftstoffe)

Elektronische Getriebesteuerung

Autoren

Dipl.-Ing. D. Fornoff
    (Entwicklung AST Aktuatoren),
D. Grauman (Verkauf AST Getriebeaktuatorik),
E. Hendriks (Produktmanagement
    CVT-Komponenten),
Dipl.-Ing. T. Laux (Produktmanagement
    Getriebesteuerung),
Dipl.-Ing. T. Müller (Produktmanagement
    Getriebesteuerung),
Dipl.-Ing. A. Schreiber
    (Entwicklung Steuergeräte),
Dipl.-Ing. S. Schumacher
    (Entwicklung Aktuatorik und Module),
Dipl.-Ing. W. Stroh (Entwicklung Steuergeräte)

Soweit nicht anders angegeben, handelt es sich um Mitarbeiter der Robert Bosch GmbH, Stuttgart.

Hybridantriebe

Ein Konzept zur Kraftstoffeinsparung, zur Reduzierung von CO_2- und Schadstoffemissionen und gleichzeitig zur Erhöhung von Fahrspaß und Fahrkomfort stellen elektrische Hybridfahrzeuge (Hybrid Electric Vehicle, HEV) dar. Sie verwenden zum Antrieb sowohl einen Verbrennungsmotor als auch mindestens einen Elektromotor (E-Maschine). Dabei gibt es eine Vielzahl von HEV-Konfigurationen, die zum Teil verschiedene Optimierungsziele verfolgen und die in unterschiedlichem Maße elektrische Energie zum Antrieb des Fahrzeugs nutzen.

Prinzip

Mit dem Einsatz von elektrischen Hybridantrieben (Bild 1) werden im Wesentlichen drei Ziele verfolgt: Kraftstoffeinsparung, Emissionsminderung und Erhöhung von Drehmoment und Leistung ("Fahrspaß"). Je nach Zielsetzung werden dabei unterschiedliche Hybridkonzepte angewendet. Generell wird zwischen *Mild Hybrid*- und *Full Hybrid*-Fahrzeugen unterschieden, je nach ihrer Fähigkeit, auch rein elektrisch zu fahren.

Beim *Mild Hybrid* wird der Verbrennungsmotor durch einen Elektromotor unterstützt, der bei verschiedenen Betriebszuständen zusätzliche Antriebs- und Bremsleistung liefert. Auch beim *Full Hybrid* wird der Verbrennungsmotor mit einem (oder zwei) Elektromotor(en) kombiniert. Er ermöglicht neben dem verbrennungsmotorischen Fahren und der Unterstützung durch den Elektromotor auch das rein elektrische Fahren.

Beide Hybridkonzepte verfügen über eine Start/Stopp-Funktionalität, wie sie von konventionellen Start/Stopp-Systemen bekannt ist. Beim Stehen, z.B. bei Ampelhalt, wird der Verbrennungsmotor ausgeschaltet. Durch die Vermeidung von Leerlaufphasen wird Kraftstoff eingespart. Ein automatisches Start/Stopp-System kann, unabhängig von der Hybridisierung, natürlich auch bei Fahrzeugen mit konventionellem Antrieb eingesetzt werden.

Sowohl Mild Hybrid als auch Full Hybridsysteme brauchen einen elektrischen Energiespeicher, der den antreibenden Elektromotor versorgt. In der Regel handelt es sich um eine Traktionsbatterie auf einem vergleichsweise hohen Spannungsniveau.

Die Kombination von elektrischer und verbrennungsmotorischer Antriebsquelle im Mild Hybrid und Full Hybrid hat verschiedene Vorteile gegenüber konventionellen Antriebssträngen:

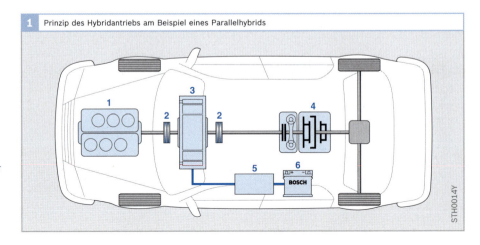

1   Prinzip des Hybridantriebs am Beispiel eines Parallelhybrids

Bild 1
1   Verbrennungsmotor
2   Kupplung
3   E-Maschine
4   Getriebe
5   Inverter
6   Batterie

STH0014Y

▶ Die E-Maschine bietet konstant hohe Drehmomente bei niedrigen Drehzahlen. Dadurch ergänzt sie in idealer Weise den Verbrennungsmotor, dessen Drehmoment erst bei mittleren Drehzahlen ansteigt. E-Maschine und Verbrennungsmotor zusammen können so aus jeder Fahrsituation heraus eine hohe Dynamik zur Verfügung stellen (Bild 2).

▶ Die Unterstützung durch den Elektromotor ermöglicht es, den Verbrennungsmotor vorwiegend im Bereich seines besten Wirkungsgrades zu betreiben oder in Bereichen, in denen nur geringe Schadstoffemissionen entstehen (Betriebspunktoptimierung).

▶ Die Kombination mit einem Elektromotor ermöglicht ggf. den Einsatz eines kleineren Verbrennungsmotors bei gleichbleibender Gesamtleistung (leistungsneutrales Downsizing).

▶ Die Kombination mit einem Elektromotor ermöglicht ggf. den Einsatz eines länger übersetzten Getriebes bei gleichbleibenden Fahrleistungen (Downspeeding).

Darüber hinaus ergibt sich bei den Hybridsystemen eine Möglichkeit zur Kraftstoffeinsparung durch Rückgewinnung von Bremsenergie. Durch generatorischen Betrieb des Elektromotors (oder ggf. über einen zusätzlichen Generator) kann beim Bremsen ein Teil der Bewegungsenergie des Fahrzeugs in elektrische Energie umgewandelt werden. Die elektrische Energie wird im Energiespeicher gespeichert und kann für den Antrieb genutzt werden.

Betriebsmodi

Verbrennungsmotor und E-Maschine tragen je nach Betriebszustand und gefordertem Drehmoment in unterschiedlichem Maße zur Antriebsleistung bei. Die Hybridsteuerung legt die Momentenaufteilung zwischen den beiden Antrieben fest (s. Abschnitt *Betriebsstrategie*). Die Art des Zusammenwirkens von Verbrennungsmotor, E-Maschine(n) und Energiespeicher definiert die unterschiedlichen Betriebsmodi: Hybridisches und elektrisches Fahren, Boosten, Generatorbetrieb und rekuperatives Bremsen.

Hybridisches Fahren

Hybridisches Fahren bezeichnet alle Zustände, in denen sowohl Verbrennungsmotor als auch Elektromotor Antriebsmoment erzeugen (Bild 3). Bei der Aufteilung des Antriebsmoments berücksichtigt die Hybridsteuerung neben dem Optimierungsziel (Kraftstoffverbrauch, Emissionen) insbesondere den Ladezustand des Energiespeichers.

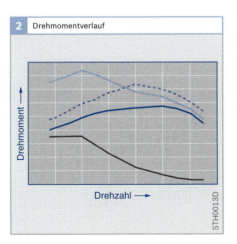

2 │ Drehmomentverlauf

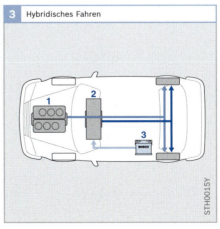

3 │ Hybridisches Fahren

Bild 2
— Resultierender Hybrid
-- Standard-Motor, 1,6 *l* Hubraum
— Motor, downsized, 1,2 *l* Hubraum
— E-Maschine, 15 kW

Bild 3
1 Verbrennungsmotor
2 E-Maschine
3 Batterie

Rein elektrisches Fahren

Rein elektrisches Fahren, bei dem das Fahrzeug über längere Strecken alleine durch die E-Maschine angetrieben wird, ist nur beim Full Hybrid möglich. Der Verbrennungsmotor wird dafür von der E-Maschine abgekoppelt (Bild 4). In diesem Betriebsmodus kann das Fahrzeug nahezu lautlos und lokal emissionsfrei fahren.

Boosten

Im Boost-Betrieb geben Verbrennungsmotor und E-Maschine positives Antriebsmoment ab. Für das maximale Vortriebsmoment des Fahrzeuges geben beide ihr maximales Drehmoment ab (Bild 6).

Generatorbetrieb

Im Generatorbetrieb wird der elektrische Energiespeicher aufgeladen. Zu diesem Zweck wird der Verbrennungsmotor so betrieben, dass er eine größere Leistung abgibt, als für den gewünschten Vortrieb des Fahrzeugs erforderlich ist. Der überschüssige Leistungsanteil wird dem Generator zugeführt und in elektrische Energie umgewandelt, die im Energiespeicher gespeichert wird (Bild 5).

Auch im Schubbetrieb wird der Energiespeicher über den Generator aufgeladen, sofern der Batterieladezustand dies erlaubt.

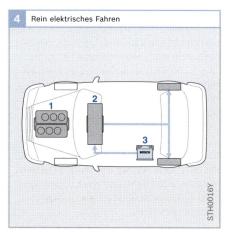

4 Rein elektrisches Fahren

STH0016Y

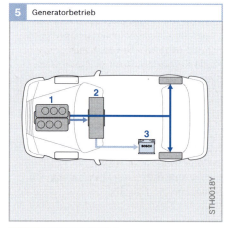

5 Generatorbetrieb

STH0018Y

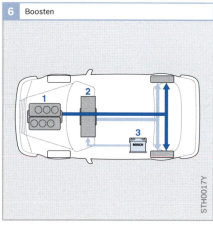

6 Boosten

STH0017Y

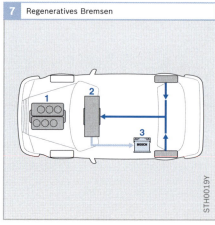

7 Regeneratives Bremsen

STH0019Y

Bild 4 – 7
1 Verbrennungsmotor
2 E-Maschine
3 Batterie

Regeneratives Bremsen

Beim regenerativen Bremsen wird das Fahrzeug nicht – oder nicht nur – durch das Reibmoment der Betriebsbremse abgebremst, sondern durch ein generatorisches Bremsmoment des Elektromotors. Der Elektromotor wird also generatorisch betrieben und wandelt kinetische Energie des Fahrzeugs in elektrische Energie um, die im Energiespeicher gespeichert wird (Bild 7).

Regeneratives Bremsen wird auch als rekuperatives Bremsen oder als Rekuperation bezeichnet.

Start/Stopp-Funktion

Sowohl Mild Hybrid als auch Full Hybrid verfügen über eine Start/Stopp-Funktionalität (Bild 8). Aber auch Fahrzeuge mit konventionellem Antrieb können mit einem Start/Stopp-System ausgestattet werden.

Funktion

Wird das Fahrzeug angehalten, so prüft das Motorsteuergerät, ob
▶ kein Gang eingelegt ist,
▶ der Drehzahlsensor des Antiblockiersystems Null angibt,
▶ der elektronische Batteriesensor genügend Energie für einen Startvorgang meldet.

Sind diese Bedingungen erfüllt, so wird der Motor automatisch abgeschaltet.

Sowie die Kupplung betätigt wird, bekommt der Starter das Signal, den Motor wieder zu starten. Der Motor wird schnell und leise gestartet und ist sofort wieder betriebsbereit.

Komponenten

Beim Start/Stopp-System ersetzt ein verstärkter Starter (Bild 9, Pos. 1) den konventionellen Starter.

Das Start/Stopp-System erfordert eine angepasste Motorsteuerung (4), die zusätzliche Schnittstellen zu Starter und Sensoren hat. Da das Start/Stopp-System ein emissionsrelevantes System ist, muss es die Anforderungen der OBD (On-Board-Diagnose) erfüllen, d.h. es muss im Fahrbetrieb überwacht werden und abgasrelevante Fehler müssen im Fehlerspeicher des Steuergerätes abgelegt werden.

Die Batterie (2) muss aufgrund der vielen zu bewältigenden Startvorgänge zyklenfest sein. Sie wird von einem Batteriesensor überwacht, der vor dem automatischen Abschalten des Verbrennungs-

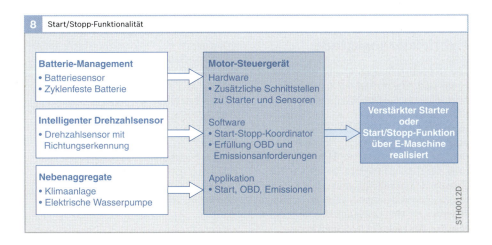

8 Start/Stopp-Funktionalität

STH0012D

9 Komponenten des Start/Stopp-Systems

STH0021Y

Bild 9
1 Starter
2 Batteriesensor
3 Batterie
4 Motorsteuergerät
   mit Start/Stopp-
   Funktion
5 Pedale und
   Sensoren

motors den Ladezustand der Batterie prüft und an das Motorsteuergerät meldet.

Nebenaggregate wie z. B. der Klimakompressor, die normalerweise über den Verbrennungsmotor angetrieben werden und auch während der Stillstand-Phasen erforderlich sind, müssen elektrisch angetrieben oder durch andere Lösungen ersetzt werden. Dies gilt auch für den Mild Hybrid und den Full Hybrid, bei denen die Start/Stopp-Funktionalität über die E-Maschine realisiert werden kann.

Kraftstoffeinsparung

Durch das Start/Stopp-System können im Neuen Europäischen Fahrzyklus 3,5 % bis 4,5 % Kraftstoff eingespart werden.

Hybridisierungsgrade

Der Hybridisierungsgrad gibt an, in welchem Maße die Aufteilung der Antriebsleistung zwischen Verbrennungsmotor und E-Maschine variiert werden kann. Je nach Grad der Hybridisierung werden Mild Hybrid und Full Hybrid unterschieden. Sie differieren wesentlich in der Leistung der E-Maschine bzw. bezüglich des Anteils, den der Elektroantrieb zur gesamten Antriebsleistung beiträgt. Auch unterscheiden sie sich bezüglich des Energieinhaltes des elektrischen Speichers.

Mild Hybrid

Funktion

Der Mild Hybrid (Bild 10) bietet neben der Start/Stopp-Funktion die Möglichkeit des rekuperativen Bremsens (1) sowie der Drehmomentunterstützung durch die E-Maschine (2). Die E-Maschine liefert ein zusätzliches Drehmoment, das sich zum Drehmoment des Verbrennungsmotors addiert. Dafür stellt der Energiespeicher (4) eine elektrische Leistung von üblicherweise bis zu 20 kW bereit. Diese wird im Wesentlichen zum Anfahren und Beschleunigen bei niedrigen Motordrehzahlen eingesetzt.

Rein elektrisches Fahren ist nur möglich, indem der Verbrennungsmotor mitgeschleppt wird, da er nicht von der E-Maschine abgekoppelt werden kann. Energetisch sinnvoll ist ein derartiger Betriebszustand nur dann, wenn das Schleppmoment des Verbrennungsmotors nicht zu groß ist. Daher werden Mild Hybrids oft mit Verbrennungsmotoren kombiniert, die die Möglichkeit der Zylinderabschaltung aufweisen.

Aufbau

Der Mild Hybrid wird als Parallelhybrid realisiert, d. h. Verbrennungsmotor und E-Maschine sind auf derselben Welle positioniert (Kurbelwelle).

Neben dem herkömmlichen Niedervolt-Bordnetz (14 V) zur Versorgung der Verbraucher ist ein Traktionsbordnetz mit einer deutlich höheren Spannungslage vorhanden, das den elektrischen Antrieb speist.

Zum detaillierten Aufbau s. Abschnitt *Parallelhybrid*.

Kraftstoffeinsparung

Die Kraftstoffeinsparung eines Mild Hybrids gegenüber dem konventionellen Fahrzeug kann im Neuen Europäischen Fahrzyklus (NEFZ) bis zu 15 % betragen.

Full Hybrid

Funktion

Der Full Hybrid (Bild 10) kann, im Gegensatz zum Mild Hybrid, über längere Strecken allein mit dem elektrischen Antrieb fahren. Der Verbrennungsmotor dreht sich während des elektrischen Fahrens nicht mit. Die Spannungslage des Traktionsbordnetzes bzw. der Batterie liegt meist zwischen 200 und 350 V.

Aufbau

Der Full Hybrid kann mit parallelem oder seriellem Energiefluss realisiert sein oder eine Kombination aus parallelem und seriellem Energiefluss aufweisen. Der parallele Energiefluss kann durch einen E-Antrieb dargestellt werden. Um einen seriellen Leistungsfluss zu realisieren, müssen zwei E-Antriebe im Antriebsstrang vorhanden sein.

Beim Parallelhybrid mit zwei Kupplungen (P2-HEV) ist eine Trennkupplung zwischen Verbrennungsmotor und E-Maschine vorhanden. Dadurch kann für das rein elektrische Fahren der Verbrennungsmotor von der E-Maschine abkoppelt werden.

Zum detaillierten Aufbau s. Abschnitt *Parallelhybrid*.

Einen Full Hybrid mit kombiniertem seriellem und parallelem Leistungsfluss stellt das leistungsverzweigende System dar, bei dem das zentrale Getriebeelement ein Planetengetriebe ist.

Zum detaillierten Aufbau s. Abschnitt *Leistungsverzweigender Hybrid*.

Kraftstoffeinsparung

Die Kraftstoffeinsparung eines Full Hybrids kann im Neuen Europäischen Fahrzyklus bis zu 30 % betragen.

Plug-In-Hybrid

Full-Hybride können alternativ auch als Plug-In-Hybride ausgeführt werden. Diese bieten die Möglichkeit, die Traktionsbatterie extern (z.B. aus der Steckdose) über ein entsprechendes Ladegerät zu laden. Dabei ist der Einsatz einer größeren Batterie im Fahrzeug sinnvoll, um so kürzere Strecken rein elektrisch zurücklegen zu können und den Hybridantrieb nur für längere Fahrten zu nutzen.

Nachteile in Bezug auf Kosten und Gewicht der größeren Batterie stellen gegenwärtig die größte Herausforderung für Plug-In-Hybride dar. Darüber hinaus führt die begrenzte Ladeleistung der Haussteckdose zu langen Ladezeiten.

10 Komponenten des Hybridsystems (Mild und Full Hybrid)

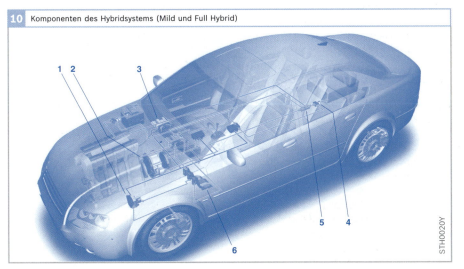

STH0020Y

Bild 10

1 Regeneratives Bremssystem

2 E-Maschine (IMG)

3 Hybrid- und Motorsteuergerät

4 Hochvoltbatterie und Batteriemanagementsystem

5 Inverter

6 Pedale und Sensoren

Antriebskonfigurationen

Serieller Hybridantrieb

Der serielle Hybridantrieb (S-HEV) wird durch die Reihenschaltung der Energie-wandler (E-Maschinen und Verbrennungs-motor) gekennzeichnet (Bild 11). Für die serielle Anordnung sind neben dem Ver-brennungsmotor zwei Elektromotoren erforderlich, wobei einer generatorisch und der andere motorisch arbeitet. Der Verbrennungsmotor ist nicht mit der An-triebsachse verbunden.

Zunächst wird die Bewegungsenergie des Verbrennungsmotors von einem Generator (3) in elektrische Energie umge-setzt. Der Pulswechselrichter (Inverter, 5) wandelt die Leistung gemäß Fahrer-wunsch und versorgt den zweiten Elektro-motor (4), der für den Antrieb der Räder verantwortlich ist. Die Leistung, die zur Bewegung des Fahrzeugs erforderlich ist, wird ausschließlich vom Elektromotor (4) auf die Antriebswelle übertragen.

Vorteil dieser Triebstranganordnung ist es, dass der Betriebspunkt des Ver-brennungsmotors frei gewählt werden kann, solange die angeforderte elektri-sche Energie bereitgestellt wird. Je nach Betriebsstrategie kann der Verbrennungs-motor mit seiner Leistung dem aktuellen Bedarf folgen oder er kann gleichmäßig im effizientesten Betriebspunkt arbeiten und überschüssige Energie an die Batterie abgeben. Der Betrieb im effizientesten Betriebspunkt ermöglicht besonders nied-rige Schadstoffemissionen - mit Ausnahme der NO_X-Emissionen.

Es ist zu beachten, dass beide E-Ma-schinen groß genug dimensioniert sein müssen, um die Leistung des Verbren-nungsmotors aufnehmen bzw. abgeben zu können. Die große Leistungsfähigkeit der E-Maschinen hat zudem den Vorteil, dass auch starke Fahrzeugverzögerungen rekuperiert werden können.

Ein Nachteil dieser Anordnung besteht in der mehrfachen Energieumwandlung und den damit verbundenen Wirkungs-gradverlusten. Ausgehend von den üb-lichen mittleren Verlusten der einzelnen Komponenten ergibt sich ein Gesamtver-lust von etwa 30 %. Weitere Nachteile sind hohe Kosten, Bauteilgröße und ein hohes Mehrgewicht. Daher ist der Einsatz in Per-sonenkraftwagen stark eingeschränkt.

Einsatzbereiche für den seriellen Hybrid-antrieb liegen bei schweren Nutzfahrzeu-gen, wie zum Beispiel diesel-elektrischen Antrieben in Lokomotiven, sowie bei Bussen, die im Stadtverkehr mit großem Stop-and-Go-Anteil eingesetzt werden.

Bild 11
1 Verbrennungsmotor
2 Tank
3 Generator
4 Elektromotor
5 Inverter
6 Batterie

Bild 12
1 Verbrennungsmotor
2 Tank
3 Generator
4 Kupplung
5 Elektromotor
6 Getriebe
7 Inverter
8 Batterie

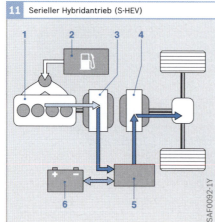

11 Serieller Hybridantrieb (S-HEV)

SAF0092-1Y

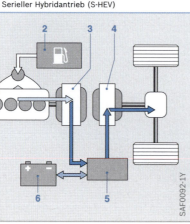

12 Seriell-paralleler Hybridantrieb (SP-HEV)

STH0022Y

Eine Sonderform des seriellen Konzepts stellt der seriell-parallele Hybrid (SP-HEV) dar (Bild 12). Der Unterschied zum seriellen Triebstrangaufbau besteht in einer Kupplung, die die beiden elektrischen Maschinen verbindet. Ist die Kupplung geöffnet, verhält sich das System wie der zuvor beschriebene S-HEV. Bei geschlossener Kupplung kann der Verbrennungsmotor seine Leistung direkt an die Antriebsachse abgeben, was einer parallelen Antriebsstrangtopologie entspricht. Die Nachteile des S-HEV bezüglich Kosten, Bauraum und Mehrgewicht bleiben grundsätzlich bestehen, allerdings können die elektrischen Maschinen kleiner ausgeführt werden, da die übertragbare Leistung im seriellen Betrieb nicht die volle angestrebte Antriebsleistung des Fahrzeugs umfassen muss. Der serielle Betriebsbereich kann auf kleinere Leistungen beschränkt werden, da bei höheren Geschwindigkeiten und Leistungsanforderungen der parallele Betrieb vorzuziehen ist, auch wegen eines besseren Gesamtantriebswirkungsgrads.

Paralleler Hybridantrieb
Im Unterschied zu den seriellen und leistungsverzweigenden Konzepten wird bei parallelen Antriebsstrangtopologien nur eine E-Maschine benötigt (Bild 13). Diese kann sowohl generatorisch als auch motorisch betrieben werden und ist mechanisch mit der Kurbelwelle des Verbrennungsmotors verbunden. Es handelt sich um eine Momentenaddition, bei der die Drehmomente der Antriebe (Verbrennungsmotor und E-Maschine) frei variiert werden können, während die Drehzahlen in einem festen Verhältnis zueinander stehen. Außerdem ist bei geschlossener Kupplung eine rein mechanische Kraftübertragung vom Verbrennungsmotor auf die Antriebsachse möglich, unabhängig vom Zustand der E-Maschine. Der Gesamtwirkungsgrad liegt dadurch höher als bei den anderen Hybrid-Topologien.
Die direkte Anbindung der E-Maschine an den Verbrennungsmotor wirkt sich al-

lerdings nachteilig auf die Wahlfreiheit des Betriebspunktes aus, da die Drehzahlen beider Aggregate durch die Getriebeübersetzung und die Fahrgeschwindigkeit festgelegt sind. Diese können durch eine Getriebeschaltung verändert werden, jedoch nur für beide Aggregate in gleicher Weise. Bei Verwendung eines Stufengetriebes kann die Drehzahl des Antriebsverbunds aus E-Maschine und Verbrennungsmotor also nicht kontinuierlich frei gewählt werden.

Ein grundlegender Vorteil des Parallelhybrids ist die Möglichkeit, den konventionellen Antriebsstrang in weiten Bereichen beizubehalten. Dies wirkt sich sowohl auf Bauraum und Fahrzeugherstellung als auch auf das gewohnte Fahrverhalten und die Kundenakzeptanz positiv aus. Der Entwicklungs- und Implementierungsaufwand der parallelen Antriebsstrangtopologie für Pkw ist im Vergleich zu seriellen und leistungsverzweigenden Konzepten niedrig, da geringere elektrische Leistungen erforderlich sind und die notwendigen Anpassungen bei der Umstellung eines konventionellen Antriebsstrangs kleiner ausfallen.

Der parallele Hybridantrieb wird anhand der Anzahl der Kupplungen und der Positionierung der E-Maschine weiter unterteilt. Im Folgenden werden die gebräuchlichsten Ausführungen erläutert.

Parallelhybrid mit einer Kupplung
Beim Parallelhybrid mit nur einer Kupplung (P1-HEV; Bild 13) ist die E-Maschine starr mit der Kurbelwelle des Verbrennungsmotors verbunden, sodass die E-Maschine nicht unabhängig vom Verbrennungsmotor betrieben werden kann. Daher muss beim regenerativen Bremsen der Verbrennungsmotor mitgeschleppt werden, d. h. das Schleppmoment des Verbrennungsmotors geht als Rekuperationspotenzial verloren. Rein elektrisches Fahren ist zwar theoretisch möglich, jedoch

muss auch dabei der Verbrennungsmotor mitgeschleppt werden. Die daraus resultierenden Verluste sowie Geräusch- und Schwingungsprobleme verbieten diesen Fahrbetrieb. Lediglich rein elektrisches Gleiten ist ab einer bestimmten Geschwindigkeit darstellbar. Dabei bringt die E-Maschine das Vortriebsmoment zum Halten der Geschwindigkeit sowie die Schleppleistung des Verbrennungsmotors auf.

In der einfachsten Variante des P1-HEV wird ein Kurbelwellen-Startergenerator (KSG) eingesetzt, wobei die E-Maschine nur für den Start des Verbrennungsmotors und die Bordnetzversorgung zuständig ist. Durch einen zusätzlichen elektrischen Speicher und eine höhere Leistungsfähigkeit der E-Maschine kann ein vollwertiger Mild-Hybrid aufgebaut werden, der zusätzlich eine Unterstützung des Verbrennungsmotors durch die E-Maschine und eine Rückgewinnung der Bremsenergie ermöglicht.

Parallelhybrid mit zwei Kupplungen
Um rein elektrisches Fahren sowie regeneratives Bremsen in vollem Umfang (ohne Schleppverluste) zu ermöglichen, ist eine zusätzliche Kupplung zwischen Verbrennungsmotor und E-Maschine er-

forderlich (Bild 14). Entsprechend der Anzahl der Kupplungen wird diese Topologie als P2-HEV bezeichnet. In Rekuperationsphasen oder zum elektrischen Fahren wird der Verbrennungsmotor durch Öffnen der zweiten Kupplung vom Antriebsstrang getrennt und ausgeschaltet. Somit kann die Verzögerungsenergie des Fahrzeugs ohne Schleppverluste zurückgewonnen und in der Batterie gespeichert werden. Begrenzt wird die Rekuperation lediglich durch die Leistungsgrenzen der E-Maschine.

Auch zum elektrischen Fahren muss der Verbrennungsmotor nicht mitgeschleppt werden, sodass langsames Kriechen komfortabel möglich wird. Es kann auch die volle Leistung der E-Maschine zum elektrischen Fahren eingesetzt werden, ohne Leistungsverluste zum Schleppen des Verbrennungsmotors. Jedoch muss der Wiederstart des Verbrennungsmotors durch die E-Maschine jederzeit möglich sein, und somit muss ein Teil der Leistungsfähigkeit der E-Maschine hierfür vorgehalten werden.

Die größten Herausforderungen des P2-HEV-Konzepts bestehen in der Unterbringung der zweiten Kupplung auf kleinstem Bauraum sowie im Neustart des Verbrennungsmotors aus dem elektrischen Fahren heraus ohne Komforteinbußen.

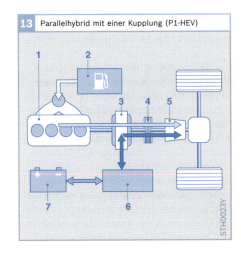

13 Parallelhybrid mit einer Kupplung (P1-HEV)

STH0023Y

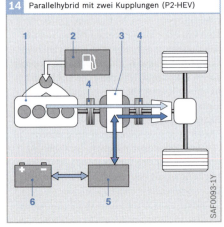

14 Parallelhybrid mit zwei Kupplungen (P2-HEV)

SAF0093-1Y

Axle-Split-Parallelhybrid (AS-HEV)

Beim P1-HEV und P2-HEV sind E-Maschine und Verbrennungsmotor auf einer gemeinsamen Antriebsachse vor dem Getriebe angeordnet. Somit arbeiten beide Antriebsaggregate grundsätzlich immer mit derselben Drehzahl. Eine Möglichkeit, diese Drehzahlgleichheit aufzuheben, ist eine Aufteilung der Antriebsaggregate auf die beiden Fahrzeugachsen. Diese Topologie wird Axle-Split-Hybrid (AS-HEV) genannt.

Beim AS-HEV sind Verbrennungsmotor und E-Maschine nicht direkt mechanisch miteinander verbunden, sondern wirken auf unterschiedliche Fahrzeugachsen (Bild 15). Die Zugkraftaddition wird somit über die Straße realisiert. Regeneratives Bremsen und elektrisches Fahren erfolgen bei frontgetriebenen Fahrzeugen über die elektrische Hinterachse, während der unveränderte konventionelle Antriebsstrang die Vorderachse antreibt. Sind beide Aggregate motorisch aktiv, ergibt sich somit ein Allradantrieb. Die Momente zwischen Vorder- und Hinterachse lassen sich dabei innerhalb der jeweiligen Leistungsgrenzen frei variieren.

Es wird deutlich, dass ein grundsätzlicher Unterschied zwischen dem AS-HEV und den anderen Parallelhybriden bei stehendem Fahrzeug besteht. Bei stehender Achse kann beim AS-HEV die E-Maschine keine elektrische Leistung erzeugen. Somit müssen die Versorgung des Bordnetzes und die Klimatisierung im Stand anderweitig erfolgen. Dies ist z. B. mit Hilfe eines leistungsfähigen Generators am Verbrennungsmotor möglich. Mit Hilfe eines DC/DC-Wandlers kann der Generator die HV-Batterie auch bei Fahrzeugstillstand laden und die Versorgung der HV-Verbraucher sicherstellen.

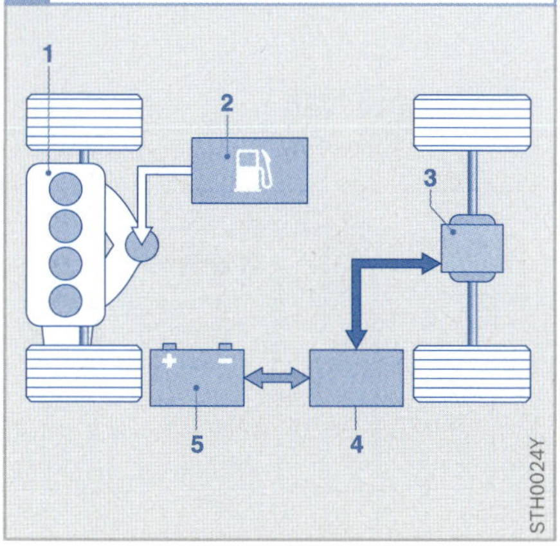

Durch die Anbindung der E-Maschine an eine eigene Fahrzeugachse ergeben sich verschiedene Vorteile:
▶ Package: der konventionelle Antriebsstrang muss nicht verändert werden.
▶ Der Betrieb von Verbrenungsmotor und E-Maschine ist mit unterschiedlichen Drehzahlen möglich, dadurch ist auch ein Hochdrehzahlkonzept bei der E-Maschine einsetzbar.
▶ Es werden hohe Wirkungsgrade bei der Rekuperation und beim elektrischen Fahren erreicht.
▶ Es ist kein Start des Verbrennungsmotors durch die E-Maschine notwendig (deswegen ist aber ein separater Starter erforderlich).

Nachteilige Aspekte des AS-HEV sind:
▶ Für den Verbrennungsmotor ist ein separater Starter notwendig.
▶ Es ist eine Auslegung von Drehmoment- und Drehzahlbereich der E-Maschine ohne Getriebe auf den gesamten Fahrbereich des Fahrzeugs erforderlich. (Alternative: zusätzliches einfaches Getriebe für die E-Maschine, z. B. 2-Gang.)
▶ Im Stand ist kein Laden der HV-Batterie möglich (nur mit Zusatzmaßnahmen, z. B. DC/DC-Wandler).
▶ Die Versorgung des 12-V-Fahrzeugbordnetzes im Stand muss sichergestellt werden (z. B. 12-V-Generator).
▶ Eine Überwachung der Fahrdynamik (ESP) ist für beide Achsen erforderlich.

15 Axle-Split-Parallelhybrid (AS-HEV)

STH0024Y

Bild 15
1 Verbrennungsmotor
2 Tank
3 Elektromotor
4 Inverter
5 Batterie

Elektrische 4WD-Funktionalität

Beim AS-HEV wird durch die Kombination von konventionellem Antrieb und elektrisch angetriebener Achse ein Allradantrieb (4WD) realisiert. Ein elektrischer Achsantrieb kann auch mit jeder anderen Hybridkonfiguration kombiniert werden, um so eine elektrische Allradantrieb-Funktionalität zu verwirklichen.

Parallelhybrid mit verschiedenen Getrieben

Grundsätzlich kann der Parallelhybrid mit allen Getriebevarianten realisiert werden, wobei die Kombination mit bestimmten Getrieben spezielle Vorteile ergibt. Besonders hervorzuheben ist hierbei das Doppelkupplungsgetriebe (Dual Clutch Transmission, DCT). Dieses besteht aus zwei Teilgetrieben, die unabhängig voneinander unterschiedliche Gänge einlegen können. Daraus ergibt sich die Möglichkeit, die E-Maschine an eines dieser Teilgetriebe anzubinden und in einem anderen Gang zu betreiben als den Verbrennungsmotor (Bild 16). Dadurch kann der Betriebspunkt der E-Maschine in einigen Bereichen unabhängig vom Betriebspunkt des Verbrennungsmotors optimiert werden, was ein zusätzliches Wirkungsgradpotenzial erschließt.

Leistungsverzweigender Hybridantrieb

Prinzip

Kernelement der leistungsverzweigenden Hybridtopologie ist das Planetengetriebe (Bild 18). In diesem wird die Leistung des Verbrennungsmotors auf zwei Pfade aufgeteilt. Dabei handelt es sich um einen mechanischen Pfad, bei dem durch Verzahnung direkt Kraft auf die Räder übertragen werden kann, und einen elektrischen Pfad. Neben Verbrennungsmotor und Abtrieb wirkt eine E-Maschine (Bild 17, Pos. 7) auf die dritte Welle des Planetengetriebes. Der Lastpunkt dieser E-Maschine dient dazu, Drehzahl und Last des Verbrennungsmotors den Fahranforderungen entsprechend in Raddrehzahl und Abtriebsmoment zu übersetzen.

In einem Planetengetriebe legen die Drehzahlen zweier Wellen immer die Drehzahl der dritten Welle fest. Analog sind dadurch auch die Momentenverhältnisse zwischen den drei Wellen festgelegt. Daraus ergibt sich, dass eine Leistungsübertragung im mechanischen Pfad nur möglich ist, indem die E-Maschine Leistung aufnimmt und in elektrische Leistung umwandelt. Da auf diese Weise ständig elektrische Leistung generiert wird, ist es nicht möglich und aus Wirkungsgradgründen

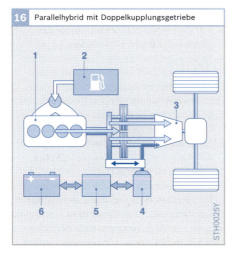

16 Parallelhybrid mit Doppelkupplungsgetriebe

STH0025Y

Bild 16

1 Verbrennungsmotor
2 Tank
3 Getriebe
4 Elektromotor (SMG)
5 Inverter
6 Batterie

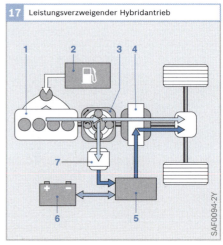

17 Leistungsverzweigender Hybridantrieb

SAF0094-2Y

Bild 17

1 Verbrennungsmotor
2 Tank
3 Planetengetriebe
4 Elektromotor
5 Inverter
6 Batterie
7 Generator

auch nicht sinnvoll, diese in einer Batterie zu speichern. Deshalb wird mit Hilfe einer zweiten E-Maschine (4), die direkt auf der Abtriebswelle sitzt, ein elektrischer Pfad geschlossen und die anfallende elektrische Leistung direkt wieder in mechanische Leistung umgewandelt. Somit führt eine Fahranforderung, die aus einer Raddrehzahl und einem gewünschten Radmoment besteht, zu einer Vorzugsdrehzahl des Verbrennungsmotors, die mit Hilfe der Drehzahl der ersten E-Maschine (7) eingestellt wird. Das gewünschte Radmoment wird vom Verbrennungsmotor erzeugt und zum Teil über den mechanischen, zum anderen Teil über den elektrischen Pfad auf die Räder übertragen.

Die Batterie (6) dient wie bei allen Hybridfahrzeugen zur gezielten Beeinflussung des Betriebszustands des Antriebsstrangs. Das gewünschte Radmoment kann mit Hilfe der Batterie entweder zu einem höheren oder zu einem niedrigeren Lastzustand des Verbrennungsmotors führen. Mit Hilfe der in der Batterie gespeicherten Energie können sehr schlechte Wirkungsgradbereiche des Verbrennungsmotors vermieden werden, indem die E-Maschine (4) alleine für den Vortrieb des Fahrzeugs

sorgt und der Verbrennungsmotor abgestellt wird.

Der PS-HEV, wie er von Toyota im Modell Prius in Serie produziert wird, verfügt über die beschriebene Anordnung. Mittels der beiden Pfade werden die grundlegenden Prinzipien des seriellen und des parallelen Hybridantriebs kombiniert, weshalb der leistungsverzweigende Antrieb auch als seriell-parallele Topologie bezeichnet wird.

Stufenlos einstellbare Übersetzung

Ein großer Vorteil des leistungsverzweigenden Konzepts liegt in der stufenlos einstellbaren Übersetzung (Continuous Variable Transmission [CVT]-Verhalten) und der damit verbundenen freien Betriebspunktwahl des Verbrennungsmotors. Zudem kann der Antriebsstrang ohne konventionelles Getriebe und insbesondere ohne Schalt- und Kuppelelemente realisiert werden, was zu hohem Fahrkomfort ohne Zugkraftunterbrechung und Einsparung an mechanischen Komponenten führt.

Andererseits kann die Entkopplung der Motordrehzahl von der Fahrgeschwindigkeit zu einem - insbesondere für europäische Autofahrer - eher ungewohnten Fahrgefühl führen. In dieser Beziehung ist es dem Fahrverhalten von Fahrzeugen mit konventionellem CVT-Getriebe vergleichbar.

Grenzen des Systems

Die zuvor diskutierten Einschränkungen eines seriellen Hybrids in Bezug auf Dimensionierung der E-Maschinen und der Wirkungsgradkette werden beim leistungsverzweigenden Konzept abgeschwächt. Da ein wesentlicher Anteil der Antriebsenergie über den elektrischen Pfad transportiert wird, werden - je nach Auslegung des Antriebsstrangs - leistungsstarke E-Maschinen benötigt. Die erforderlichen Energieumwandlungsvorgänge

18 Planetengetriebe (Lastverteiler)

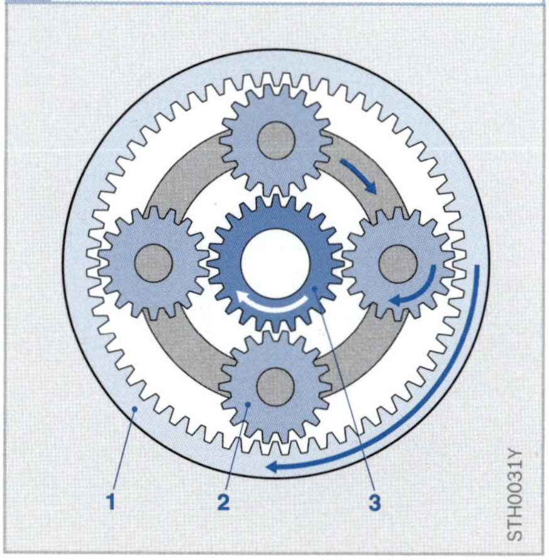

STH0031Y

1   2   3

Bild 18

1 Hohlrad: treibt die Antriebsachse des Fahrzeugs an

2 Planetenräder: treiben das Hohlrad an

3 Sonnenrad: treibt den Generator an

wirken sich auf den Gesamtwirkungsgrad des Antriebs aus - insbesondere dann, wenn das Fahrzeug über einen großen Geschwindigkeitsbereich eingesetzt werden soll. Daraus ergibt sich, dass das große Einsparpotenzial, das das Fahrzeug im Stadtverkehr aufweist, bei Überland- oder Autobahnfahrt nicht in dieser Weise zum tragen kommt.

Um in diesem Bereich eine Verbesserung zu erzielen, werden gegenwärtig Fahrzeuge entwickelt, die über zwei Fahrbereiche verfügen und als Two Mode Hybride bezeichnet werden.

Two Mode Hybrid

Eine mögliche Ausführung eines Two Mode Hybrids ist in Bild 19 gezeigt. In diesem Beispiel verfügt der Two-Mode-Hybrid über zwei elektrische CVT-Fahrstufen und eine rein mechanische Übersetzung. Durch die Kombinationsmöglichkeiten der Ein- und Ausgangswellen der Planetengetriebe kann eine Wirkungsgradverbesserung bei einer großen Spreizung von Fahrgeschwindigkeiten erzielt werden.

Die direkte mechanische Gangstufe wird durch den Einsatz von zwei Kupplungen möglich. Dem guten Gesamtwirkungsgrad und den vielen Freiheitsgraden dieses Konzeptes stehen die hohe Komplexität des Systems und relativ hohe Kosten gegenüber.

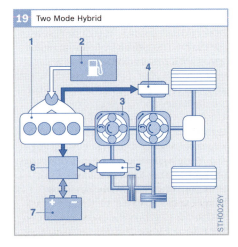

Bild 19
1 Verbrennungsmotor
2 Tank
3 Planetengetriebe
4 Elektromotor (SMG)
5 Elektromotor (SMG)
6 Inverter
7 Batterie

Betrieb von Hybridfahrzeugen

Der Betrieb des elektrischen Hybridfahrzeugs wird wesentlich durch die Betriebsstrategie bestimmt. Je nach übergeordnetem Optimierungsziel (Emissionsminderung, Kraftstoffeinsparung) legt die Betriebsstrategie in jedem Moment die Verteilung des angeforderten Antriebsmoments auf den Verbrennungsmotor und die elektrische Maschine fest, sodass der Verbrennungsmotor in möglichst günstigen Betriebspunkten arbeitet. Darüber hinaus steuert die Betriebsstrategie die Erzeugung elektrischer Energie zum Laden der Traktionsbatterie.

Hybridsteuerung

Die Effizienz, die mit dem jeweiligen Hybridantrieb erzielt werden kann, hängt neben der Hybridtopologie entscheidend von der übergeordneten Hybridsteuerung ab. Bild 20 zeigt am Beispiel eines Fahrzeugs mit parallelem Hybridantrieb die Vernetzung der einzelnen Komponenten und Steuerungssysteme im Antriebsstrang. Die übergreifende Hybridsteuerung koordiniert das gesamte System, wobei die Teilsysteme über eigene Steuerungsfunktio-

nalitäten verfügen. Es handelt sich dabei um Batterie-Management, Motor-Management, Management des elektrischen Antriebs, Getriebe-Management und Management des Bremssystems. Neben der reinen Steuerung der Teilsysteme beinhaltet die Hybridsteuerung auch eine Betriebsstrategie, die die Betriebsweise des Antriebsstrangs optimiert. Die Betriebsstrategie nimmt Einfluss auf die verbrauchs- und emissionsreduzierenden Funktionen des HEV, d. h. auf Start-Stopp-Betrieb des Verbrennungsmotors, regeneratives Bremsen und Betriebspunktoptimierung. Dazu gehören die Entscheidungen für einen Fahrzustand wie elektrisches Fahren oder Rekuperieren sowie die Verteilung des Fahrerwunschmomentes auf Verbrennungsmotor und E-Maschine.

Wichtiger Bestandteil der Betriebspunktoptimierung ist die Funktion elektrisches Fahren. Durch Boost-Betrieb des elektrischen Antriebs kann ein höheres Drehmoment und damit eine bessere Beschleunigungsfähigkeit insbesondere bei niedrigen Drehzahlen erreicht werden. Es bedarf einer ganzheitlichen Betrachtung

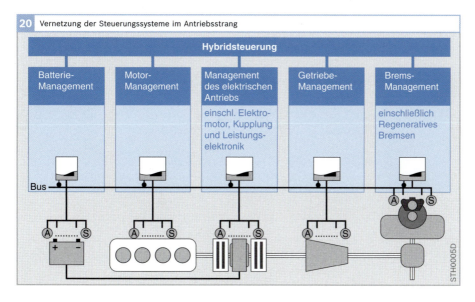

20 Vernetzung der Steuerungssysteme im Antriebsstrang

STH0005D

Bild 20
A Aktor
S Sensor

von Auslegung und Betriebsstrategie-Optimierung, um das maximale Potenzial auszuschöpfen. Betriebsstrategie meint hier eine fahrsituationsabhängige Momentenverteilung zwischen den beiden Antriebsquellen Verbrennungsmotor und Elektromotor.

Betriebsstrategien für Hybridfahrzeuge

Gegenwärtig sind für alle Verbrennungsmotorkonzepte weitere Schritte zur CO_2-Reduzierung erforderlich. Darüber hinaus weisen Fahrzeuge mit Dieselmotor ein Reduzierungspotenzial bei den NO_X-Rohemissionen auf. Durch eine Verschiebung der Motorbetriebspunkte in Bereiche niedrigerer Emissionen können hier Verbesserungen erzielt werden.

Betriebsstrategie zur NO_X-Reduzierung

Fahrzeuge mit mager betriebenen Verbrennungsmotoren erreichen schon im Teillastbetrieb relativ niedrige Verbrauchswerte. Bei niedriger Teillast nimmt die Reibleistung jedoch zu, sodass auch der spezifische Kraftstoffverbrauch hoch ist. Außerdem führen niedrige Verbrennungstemperaturen und lokaler Sauerstoffmangel im niedrigen Teillastbereich zu hohen Kohlenmonoxid- und Kohlenwasserstoff-Emissionen.

Schon ein relativ schwaches elektrisches Aggregat kann im niedrigen Lastbereich den Verbrennungsmotor ersetzen. Wenn sich die notwendige elektrische Energie durch Regeneration zurückgewinnen lässt, kann diese einfache Strategie einen großen Vorteil für Kraftstoffverbrauch und Emissionen erbringen.

Es ist abzusehen, dass in Zukunft niedrigere Emissionsgrenzen für Stickoxide eingeführt werden. Die Hybridisierung eines Dieselfahrzeugs bietet durch die Vermeidung von ungünstigen motorischen Betriebspunkten die Möglichkeit, die Abgasemissionen maßgeblich zu beeinflussen. Bei niedrigen motorischen Emissionen könnten die Maßnahmen zur Abgasnachbehandlung teilweise reduziert werden.

Bild 21a zeigt, in welchen Bereichen der Verbrennungsmotor im Neuen Europäischen Fahrzyklus (NEFZ) vornehmlich betrieben wird. Der Pkw-Dieselmotor

Bild 21

a Bereich der Betriebspunkte im Fahrzyklus

b Boost: gemeinsamer Betrieb von Verbrennungsmotor und Elektromotor

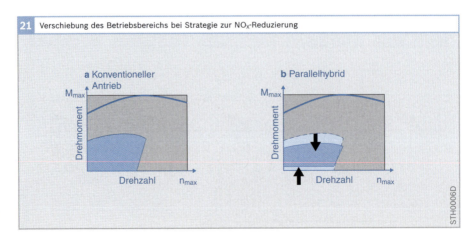

21 Verschiebung des Betriebsbereichs bei Strategie zur NO_X-Reduzierung

a Konventioneller Antrieb

b Parallelhybrid

STH0006D

wird sowohl bei niedriger Teillast (d. h. bei schlechten Wirkungsgraden und hohen HC- und CO-Emissionen) als auch bei mittlerer/höherer Last (d. h. im Bereich hoher NO_X-Emissionen) betrieben.

Bild 21b zeigt beispielhaft den Bereich der Betriebspunkte für einen Parallelhybrid, der niedrige Verbrennungsmotorlasten durch rein elektrisches Fahren und/oder Lastpunktanhebung umgeht. Dadurch wird einerseits der Kraftstoffverbrauch reduziert, andererseits werden die - in diesem Bereich hohen - CO-, HC- und NO_X-Emissionen verringert. Für eine weitere Senkung der NO_X-Emissionen können durch den gleichzeitigen Betrieb von Elektromotor und Verbrennungsmotor (Boosten) Lastpunkte im mittleren Lastbereich abgesenkt werden.

Betriebsstrategie zur CO_2-Reduzierung
Bei Fahrzeugen mit stöchiometrisch betriebenen Otto-Verbrennungsmotoren können aufgrund des eingesetzten Drei-Wege-Katalysators niedrigste Emissionswerte realisiert werden. Im Hybridfahrzeug sind niedrigste Emissionen auch bei

großvolumigen Verbrennungsmotoren durch entsprechende Warmlaufstrategien möglich. Unter Umständen können die Anforderungen an das Abgasnachbehandlungssystem sogar reduziert werden. Ziele beim Otto-Hybridfahrzeug und auch beim Diesel-Hybridfahrzeug sind somit Kraftstoffeinsparung und Leistungssteigerung.

Bild 22 zeigt für die verschiedenen HEV-Topologien eine mögliche Optimierung des Betriebsbereiches des Verbrennungsmotors hinsichtlich minimaler CO_2-Emissionen (also Verbrauchseinsparung).

Im Neuen Europäischen Fahrzyklus (NEFZ) werden Verbrennungsmotoren in konventionellen Fahrzeugen bei niedriger Teillast und damit bei suboptimalem Wirkungsgrad betrieben. Beim Fahrzeug mit parallelem Hybridantrieb können niedrige Verbennungsmotorlasten durch rein elektrisches Fahren vermieden werden (Bild 22b).
Da die benötigte elektrische Energie in der Regel nicht ausschließlich durch Rekuperation zurückgewonnen werden

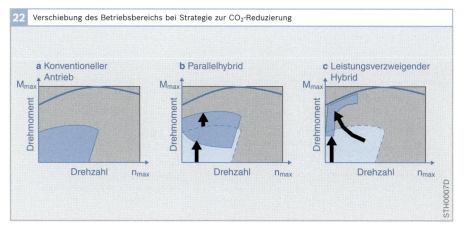

22 Verschiebung des Betriebsbereichs bei Strategie zur CO_2-Reduzierung

Bild 22
a Bereich der Betriebspunkte im Fahrzyklus
b Vermeiden niedriger Verbrennungsmotorlasten durch rein elektrisches Fahren mit anschließendem Laden
c eCVT-Effekt: Verlagerung der Betriebspunkte in den energieoptimalen Bereich des Antriebsstrangs

kann, wird die elektrische Maschine anschließend generatorisch betrieben. Hieraus resultiert im Vergleich zum konventionellen Fahrzeug eine Verschiebung des Betriebs des Verbrennungsmotors zu höheren Lasten und damit besseren Wirkungsgraden. Hierdurch kann mehr elektrische Energie zur Verfügung gestellt werden als bei der zuvor beschriebenen NO_X-Strategie beim Diesel, und infolgedessen ist elektrisches Fahren in einem größeren Maße möglich. Jedoch muss auch hier wegen der Lebensdaueranforderungen der Traktionsbatterie ein Kompromiss zwischen CO_2-Emissionen und dem Energiedurchsatz gefunden werden, denn ein großer Energiedurchsatz hat einen negativen Einfluss auf die Lebensdauer der Traktionsbatterie.

Im Fall des leistungsverzweigenden Hybridfahrzeugs (Bild 22 c) wird der Betriebsbereich des Verbrennungsmotors gegenüber dem Parallel-Hybridfahrzeug stärker eingeschränkt. Er wird in der Regel drehzahlabhängig bei der Last betrieben, bei der der gesamte Antriebsstrang energieoptimal arbeitet. Auch hier können wegen des seriellen Betriebsmodus auf dem elektrischen Pfad (gleichzeitiger generatorischer und motorischer Betrieb der beiden elektrischen Maschinen) Energiedurchsatz und Zyklisierung der Traktionsbatterie gegenüber einem Parallel-Hybrid niedriger gehalten werden.

Betriebspunktoptimierung

Aufteilung des Antriebsmoments
Unterschiedliche Ausprägungen der Hybrid-Fahrzeugsteuerung bzw. Betriebsstrategie-Optimierung haben beträchtliche Auswirkungen auf Kraftstoffverbrauch, Emissionen, verfügbares Drehmoment und die Auslegung der Komponenten (z.B. Betriebsbereich der elektrischen Maschine und des Verbrennungsmotors, Energiedurchsatz und Zyklisierung des elektrischen Speichers), da deren Betriebspunkte direkt von der Betriebsstrategie abhängen. Es ist bereits deutlich geworden, dass die systemübergreifende Hybridsteuerung von entscheidender Bedeutung ist. Es gibt eine Vielzahl von Möglichkeiten und Freiheitsgraden zur Optimierung des Betriebs. Für die Ausnutzung des Kraftstoffeinsparpotenzials ist insbesondere die Verteilung des angeforderten Antriebsmoments auf die Antriebsquellen Verbrennungsmotor und elektrische Maschine von großer Bedeutung.

Festlegung im Zustandsautomaten
Eine Momentenaufteilung ist allerdings nicht in allen Fahrzuständen notwendig. Bild 23 zeigt die verschiedenen Fahrzustände eines Hybridfahrzeugs, die abhängig vom Fahrerwunsch, dem Zustand des elektrischen Speichers und der Fahrzeuggeschwindigkeit in einem Zustandsautomaten festgelegt werden.

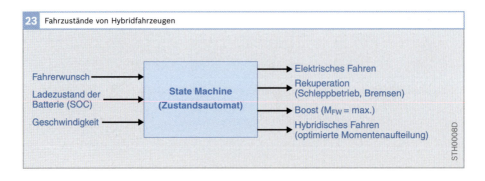

23 Fahrzustände von Hybridfahrzeugen

Fahrerwunsch

Ladezustand der Batterie (SOC)

Geschwindigkeit

State Machine (Zustandsautomat)

Elektrisches Fahren

Rekuperation (Schleppbetrieb, Bremsen)

Boost (M_{FW} = max.)

Hybridisches Fahren (optimierte Momentenaufteilung)

STH0008D

Bei rein elektrischem Fahren sowie im Falle von Rekuperation wird der Verbrennungsmotor stillgelegt und im Boost-Betrieb wird von beiden Antriebsquellen das maximal verfügbare Moment angefordert. Der rein elektrische Fahrbetrieb ist auf niedrige Fahrzeuggeschwindigkeiten und geringe Beschleunigungen begrenzt. Rekuperation tritt nur bei Fahrzeugverzögerung auf. Der Boost-Betrieb wird vor allem dann eingesetzt, wenn vom Fahrer maximaler Vortrieb gefordert wird (Kickdown).

Aufteilung durch Betriebsstrategie
Zwischen den Betriebszuständen, die durch den Zustandsautomaten festgelegt werden, liegt der weite Bereich des hybridischen Fahrens, in dem die Verteilung des Antriebsmoments vorzugeben ist. Aufgrund der vielen Freiheitsgrade und Abhängigkeiten ist eine Optimierung notwendig, die mit Hilfe modellbasierter Verfahren am effektivsten realisiert werden kann.

Bild 24 zeigt die Abhängigkeiten der Betriebsstrategie. Die Hybridsteuerung verteilt das gewünschte Antriebsmoment auf die Antriebsquellen Verbrennungsmotor und elektrische Maschine und bezieht dabei unter anderem die Fahrzeuggeschwindigkeit und den Zustand des elektrischen Speichers ein. Zusätzlich benötigt die Betriebsstrategie noch einen Äquivalenzwert der gespeicherten elektrischen Energie, der beinhaltet, wie viel Kraftstoff verbraucht wurde, um diese elektrische Energie zu generieren.

Die unterschiedlichen Arten der elektrischen Energieerzeugung (Rekuperation und verbrennungsmotorisches Laden) werden betrachtet, um dem Energieinhalt der Batterie einen Äquivalenzwert der Optimierungsgröße (z. B. Kraftstoffverbrauch) zuzuweisen. Dieser Äquivalenzwert bildet die Basis für die Entscheidung, welche Energie eingesetzt wird.

Bestimmung des Äquivalenzwertes
Eine Festlegung und Optimierung dieses Äquivalenzwertes kann auf unterschiedliche Weise erfolgen. Das Optimum kann nur gefunden werden, wenn der gesamte Fahrzyklus bekannt ist, was einem Blick in die Zukunft gleichkommt (a priori-Wissen). Dieser Blick in die Zukunft ist aber nur bei vorgegebenen Fahrzyklen oder bei der Simulation möglich. Im realen Fahrbetrieb können nur gegenwärtige und vergangene Fahrzustände für die Bestimmung des Äquivalenzwertes herangezogen werden (a posteriori-Wissen). Der unterschiedliche Optimierungshorizont für den Äquivalenzwert ist in Bild 25 veranschaulicht.

In der Abbildung ist als Beispiel der Geschwindigkeitsverlauf des NEFZ-Fahrzyklus dargestellt. Als Gegenwart ist der Zeitpunkt t = 625 s angenommen. Ohne

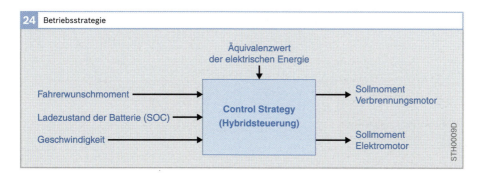

24 Betriebsstrategie

Äquivalenzwert der elektrischen Energie

Fahrerwunschmoment

Ladezustand der Batterie (SOC)

Geschwindigkeit

Control Strategy (Hybridsteuerung)

Sollmoment Verbrennungsmotor

Sollmoment Elektromotor

STH0009D

Kenntnis der gesamten Fahrstrecke kann die letzte lange Bremsung von 120 km/h bis zum Stillstand, die ein großes Rekuperationspotenzial beinhaltet, nicht zur Optimierung des Äquivalenzwertes herangezogen werden.

Die Auswirkung der unterschiedlichen Optimierungshorizonte zeigt Bild 26 anhand des kumulierten Kraftstoffverbrauchs. Zusätzlich ist der Verbrauch eines vergleichbaren konventionellen Fahrzeugs

dargestellt. Es ist erkennbar, dass eine a priori-Optimierung zusätzliches Potenzial ausschöpft, da sie u.a. die Rekuperationsphase am Ende des Zyklus optimal ausnutzen kann.

Wird die Betriebsstrategie-Optimierung mit Fahrerassistenzsystemen vernetzt, z.B. mit einem Navigations-System, kann das zukünftige Fahrprofil (insbesondere das Geschwindigkeitsprofil) bis zu einem gewissen Grade abgeschätzt werden.

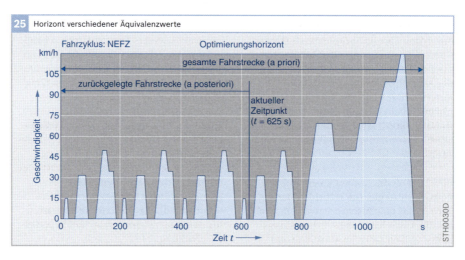

25 Horizont verschiedener Äquivalenzwerte

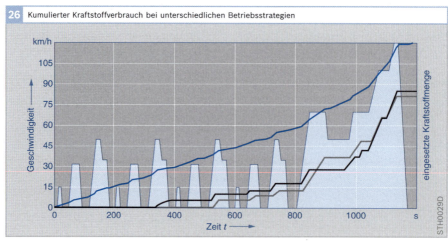

26 Kumulierter Kraftstoffverbrauch bei unterschiedlichen Betriebsstrategien

Bild 26
— konventionelles Fahrzeug
— HEV: a priori-Strategie
— HEV: a posteriori-Strategie

Strategie der elektrischen Energie-erzeugung

Im Hybridfahrzeug kann elektrische Energie durch verbrennungsmotorisches Laden der Batterie und durch Rekuperation (Rückgewinnung von Bremsenergie) erzeugt werden. Während bei der Rekuperation Energie ohne zusätzlichen Kraftstoffaufwand gewonnen wird, muss für das verbrennungsmotorische Laden Kraftstoff aufgewendet werden. Dabei hängt der Wirkungsgrad dieses Ladevorgangs vom momentanen Betriebspunkt des Verbrennungsmotors ab.

Da meist aus der Rekuperation alleine nicht ausreichend Energie generiert werden kann und außerdem die Speicherfähigkeit der Batterie begrenzt ist, lässt sich das verbrennungsmotorische Laden nicht vermeiden. Um die hierfür aufzuwendende Kraftstoffmenge möglichst gering zu halten, wird diese Art der Stromerzeugung nach Möglichkeit dann durchgeführt, wenn der Verbrennungsmotor in Betriebsbereichen mit schlechtem Wirkungsgrad betrieben wird und durch die zusätzliche Last eine möglichst große Wirkungsgradsteigerung erreicht werden kann (Bild 27). Die optimale Ausnutzung der Wirkungsgradverbesserung bei verbrennungsmotorischem Laden ist Aufgabe der Betriebsstrategie, denn es handelt sich hierbei auch um eine Momentenverteilung zwischen Verbrennungsmotor und elektrischer Maschine.

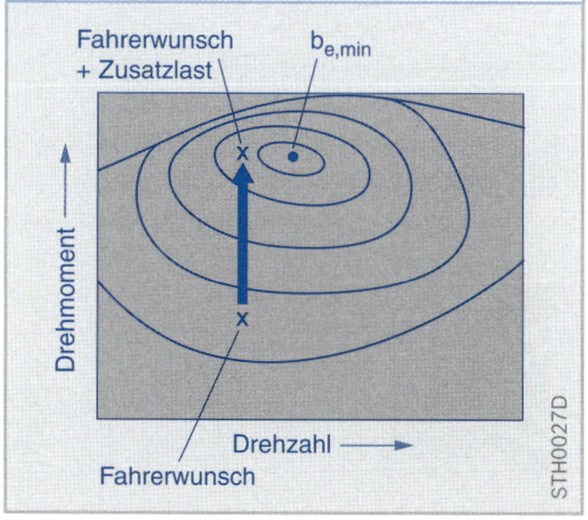

Auslegung des Verbrennungsmotors

Einsatz geeigneter Verbrennungsmotoren

Generell ist der Einsatz jedes Verbrennungsmotors aus Fahrzeugen mit konventionellem Antriebsstrang in einem Hybridfahrzeug möglich. Für eine Kombination mit einem elektrischen Antrieb bieten sich sowohl Otto-, Erdgas- als auch Dieselmotoren an, jedoch mit unterschiedlichen Optimierungszielen (siehe Abschnitte *Betriebsstrategie für Diesel-Hybridfahrzeuge / für Otto-Hybridfahrzeuge*).

Durch die zusätzlichen Möglichkeiten, die durch den HEV-Verbund beispielsweise bezüglich Betriebspunktverschiebung gegeben sind, können für Hybridfahrzeuge aber ggf. auch andere Verbrennungsmotor-Konzepte verfolgt werden als für konventionell angetriebene Fahrzeuge. Aufgrund der Verkleinerung des Betriebsbereichs kann die notwendige Wirkungsgradoptimierung auf diesen Bereich beschränkt werden und hohe Kosten für Zusatzkomponenten können vermieden werden. Beispielsweise kann auf den zweiten Lader von modernen Doppelaufladungskonzepten verzichtet werden, da seine Aufgaben (für ein schnelles Ansprechverhalten und für ein höheres Drehmoment bei niedrigen Drehzahlen zu sorgen) von der elektrischen Maschine abgedeckt werden.

Wenn vom elektrischen Speicher ausreichend Leistung zur Verfügung gestellt wird, kann der elektrische Antrieb Drehmomentdefizite und ein trägeres Ansprechverhalten von bestimmten Verbrennungsmotorkonzepten kompensieren.

27 Verschiebung des Betriebspunkts

Fahrerwunsch + Zusatzlast

$b_{e,min}$

Drehmoment

Drehzahl

Fahrerwunsch

STH0027D

Bild 27

$b_{e,min}$: minimaler effektiver Kraftstoffverbrauch

Dynamische Anforderungen an den Antriebsstrang werden durch die Kombination von elektrischem Antrieb und Verbrennungsmotor umgesetzt. Durch die vor allem bei niedrigen Drehzahlen günstige Drehmoment-Charakteristik und das schnelle Ansprechverhalten des elektrischen Antriebes kann der Verbrennungsmotor bei dynamischen Vorgängen entlastet werden. Es können also Lastspitzen am Verbrennungsmotor vermieden werden.

Atkinson-Zyklus

Die zuvor beschriebenen geänderten Anforderungen bezüglich Maximalleistung und Dynamik ermöglichen den Einsatz des Atkinson-Zyklus, der beim konventionellen Antrieb aufgrund der geringeren spezifischen Leistung (wegen schlechter

Volllastfüllung) und Schwächen bei dynamischen Vorgängen nicht zum Einsatz kommt. Der Atkinson-Zyklus (Bild 28) bedingt ein unterschiedliches Hubverhältnis von Kompressions- und Expansionshub, was geometrisch nur schwer realisierbar ist, aber mit Hilfe variabler Ventilsteuerzeiten dargestellt werden kann. Er bietet eine bessere Ausnutzung der Expansionsphase und dadurch einen gesteigerten Wirkungsgrad.

Dieses Konzept ist z. B. beim Toyota Prius umgesetzt. Zusätzlich ist hier die Höchstdrehzahl begrenzt, um durch eine schwächere Auslegung des Ventiltriebs die Grundreibung des Gesamtmotors zu reduzieren. Zudem kann dabei die erforderliche Maximaldrehzahl des Generators klein gehalten werden.

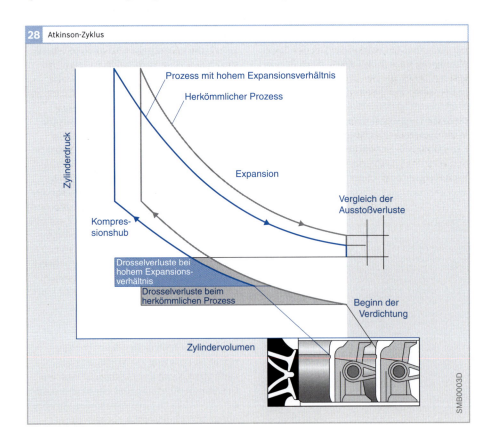

28 Atkinson-Zyklus

Prozess mit hohem Expansionsverhältnis

Herkömmlicher Prozess

Zylinderdruck

Expansion

Vergleich der Ausstoßverluste

Kompressionshub

Drosselverluste bei hohem Expansionsverhältnis

Drosselverluste beim herkömmlichen Prozess

Beginn der Verdichtung

Zylindervolumen

SMB0003D

Bild 28
Quelle: Toyota

Downsizing

Neben der Verwendung einfacher bzw. kostengünstiger Verbrennungsmotoren weist auch eine gezielte Optimierung des Verbrennungsmotors in Kombination mit einem elektrischen Antrieb Vorteile auf. Eine Möglichkeit zur Verbesserung bietet Downsizing, das eine Verkleinerung des Hubraums unter Beibehaltung der Leistung mit Hilfe von Aufladung vorsieht. Hierbei können unter Verwendung der Antriebsleistung des E-Motors ungünstige Betriebsbereiche vermieden und dynamische Drehmomentschwächen ausgeglichen werden.

Im Falle des Hybridfahrzeugs ist es beim Downsizing aber auch möglich, eine Reduzierung der Motorleistung zu tolerieren, da diese mit Hilfe des elektrischen Antriebs ausgeglichen werden kann. Die Gesamtantriebsleistung bleibt dabei gleich. Allerdings steht in diesem Fall die Höchstleistung nur für eine begrenzte Zeit zur Verfügung (bedingt durch die Batterieladung), was zu einer reduzierten Dauerhöchstgeschwindigkeit des Fahrzeugs führt.

Optimierung hinsichtlich Emissionen und Kraftstoffverbrauch

Um die Ziele von Emissions- und Verbrauchsreduktion zu erreichen, können Freiheitsgrade für den Verbrennungsmotorbetrieb ausgenutzt werden, die von der Topologie des Antriebsstranges abhängen.

Eine wichtige Strategie ist es, Betriebspunkte zu vermeiden, bei denen der Verbrennungsmotor einen ungünstigen Wirkungsgrad oder hohe Emissionen aufweist. Die zugrunde liegende Betriebsstrategie muss hinsichtlich des Verbesserungsziels (z. B. Verbrauchseinsparung bzw. CO_2- oder NO_X-Reduzierung) optimiert werden. Die geänderten Betriebsbedingungen können für eine Optimierung des Verbrennungsmotorkonzeptes und der Abgasnachbehandlung ausgenutzt werden. Aus den geänderten Anforderungen folgen Änderungen in Funktionen und in der Applikation der Motorsteuerung, die hier nicht weiter betrachtet werden.

Reiboptimierung des Verbrennungsmotors

Ein Teil der Einsparung an Primärenergie erfolgt bei einem Hybridfahrzeug durch Rückgewinnung von Bremsenergie (Rekuperation). Diese kann sowohl beim aktiven Bremsen als auch im Schubbetrieb, z. B. bei Bergabfahrt, durchgeführt werden. Um das Einsparpotenzial möglichst vollständig auszunutzen, muss der Verbrennungsmotor in diesen Betriebsbereichen stillgelegt werden. Ist dies nicht möglich, muss der Motor mitgeschleppt werden und seine Schleppreibung schränkt das Rekuperationspotenzial ein. In diesem Fall stellt die Reiboptimierung des Motors eine wichtige Anforderung an den Verbrennungsmotor dar.

Regeneratives Bremssystem

Beim regenerativen Bremsen wird kinetische Energie der Antriebsräder durch die E-Maschine - die dafür generatorisch betrieben wird - in elektrische Energie umgewandelt. So kann ein Teil der Energie, die beim Bremsen normalerweise als Reibungswärme verloren geht, in Form von elektrischer Energie in die Batterie eingespeist und anschließend genutzt werden. Gleichzeitig wird durch den generatorischen Betrieb der E-Maschine eine das Fahrzeug abbremsende Wirkung erzielt.

Zur besseren Nutzung eines Hybridantriebssystems ist es notwendig, den elektrischen Energiespeicher effizient laden zu können. Hinreichende elektrische Energie muss zur Verfügung gestellt werden für
▸ die unter bestimmten Umständen häufig auftretenden Wiederstarts der Verbrennungsmaschine beim Start/Stopp-System,
▸ die elektrische Momentenunterstützung oder den elektrischen Fahrbetrieb bei Mild- und Full-Hybrid-Systemen.

Die elektrische Energie zum Laden der Batterie kann zum einen durch eine Lasterhöhung der Verbrennungsmaschine und durch den Betrieb des Elektromotors als Generator aufgebracht werden. Zum anderen ist eine Nutzung der kinetischen Energie des Fahrzeuges während Verzögerungsvorgängen sinnvoll. Diese Energie wird bei konventionellen Fahrzeugen entweder durch das Motorschleppmoment oder bei Betätigung des Bremspedals durch die Fahrzeugbetriebsbremse in Wärme umgewandelt.
  Hybridfahrzeuge eröffnen durch generatorische Nutzung des Elektromotors die Möglichkeit, zumindest einen Teil der Energie zurückzugewinnen und sie entweder elektrischen Verbrauchern oder dem elektrischen Antrieb des Fahrzeuges zuzuführen. Dieser Vorgang wird *regeneratives* oder *rekuperatives* Bremsen genannt.

Strategien der regenerativen Bremsung

Prinzip
Bei einem Full Hybrid wird zum regenerativen Bremsen der Verbrennungsmotor abgekoppelt und das Schleppmoment durch ein äquivalentes generatorisches Moment des Elektromotors ersetzt (Schleppmomentensimulation). Die frei werdende Energie wird gespeichert.
  Lässt sich der Verbrennungsmotor nicht abkoppeln (wie bei einem Mild Hybrid), kann alternativ ein geringeres generatorisches Moment zusätzlich zum Schleppmoment des Verbrennungsmotors auf den Triebstrang aufgeprägt werden (Schleppmomentenerhöhung).

Unter Berücksichtigung des Fahrverhaltens lassen sich durch Schleppmomentensimulation bzw. -erhöhung jedoch keine großen Verzögerungen umsetzen. Problematisch ist das bei den einzelnen Bremsvorgängen unterschiedliche regenerative Bremsmoment und die daraus resultierende unterschiedliche Bremsleistung. Diese muss dem Ladezustand der Batterie und der thermischen Belastung des elektrischen Antriebs angepasst werden. Steigt zum Beispiel nach einigen Bremsungen die Batterietemperatur deutlich an, muss

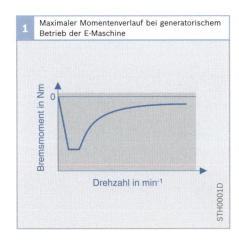

1 Maximaler Momentenverlauf bei generatorischem Betrieb der E-Maschine

Bremsmoment in Nm

Drehzahl in min⁻¹

STH0001D

unter Umständen die regenerative Leistung zurückgenommen werden, um eine thermische Überlastung des Systems zu vermeiden.

Kooperativ regeneratives Bremssystem

Zur weiteren Ausnutzung der kinetischen Energie muss bei höheren Verzögerungen das Betriebsbremssystem modifiziert werden. Dazu muss das gesamte oder ein Teil des Reibmoments der Betriebsbremse gegen regeneratorisches Bremsmoment ausgetauscht werden, ohne dass sich die Fahrzeugverzögerung bei konstant gehaltener Bremspedalstellung und -kraft ändert. Dies wird beim kooperativ regenerativen Bremssystem realisiert, bei dem Fahrzeugsteuerung und Bremssystem derart interagieren, dass stets genauso viel Reibbremsmoment zurückgenommen wird, wie generatorisches Bremsmoment vom Elektromotor ersetzt werden kann.

Anforderungen

An ein kooperativ regeneratives Bremssystem müssen folgende Anforderungen gestellt werden:
▶ Bestimmung des Verzögerungswunsches des Fahrers,
▶ Erhaltung der von konventionellen Fahrzeugen gewohnten Leistungsfähigkeit und Bedienung der Betriebsbremse,
▶ Bestimmung einer geeigneten Aufteilung des Bremsmomentes zwischen Reibbremse und regenerativer Bremse, unter Berücksichtigung von Stabilitäts-, Komfort- und Effizienzkriterien,
▶ Bestimmung einer geeigneten Aufteilung des Bremsmomentes auf die Fahrzeugachsen,
▶ Einstellung des Reibbremsmoments.

Der Austausch des regenerativen Bremsmoments gegen das Reibbremsmoment erfordert eine geeignete Datenschnittstelle zwischen den entsprechenden Steuergeräten des Antriebsstrangs und dem Bremsensteuergerät.

Kooperative Bremsmanöver

Während einer Bremsung ändert sich das maximal vom Elektromotor erreichbare generatorische Moment über einen weiten Drehzahlbereich kontinuierlich (Bild 1). Dies ergibt sich daraus, dass die Leistung des Elektromotors (also Moment * Drehzahl) in diesem Bereich konstant ist. Erst bei geringen Drehzahlen gibt es einen Bereich konstanten maximalen Drehmoments des Elektromotors. Fällt die Drehzahl weiter ab, sinkt das erreichbare regenerative Bremsmoment wieder auf Null ab.

Für eine konstante Verzögerung des Fahrzeugs ist ein konstantes Moment an den Rädern notwendig. Wird der als Generator betriebene Elektromotor bis an sein Grenzmoment ausgenutzt, muss mit sinkender Geschwindigkeit das Reibbremsmoment kontinuierlich verringert werden, weil das generatorische Moment zunimmt. In Bild 2 ist exemplarisch ein Bremsvorgang eines leistungsverzweigenden Hybrids dargestellt. Zu Beginn des Manövers wird das generatorische Moment erhöht, bis es sein Maximum erreicht (wenn dieses dem geforderten Gesamtbremsmoment entspricht). Gegen Ende des Bremsvorgangs wird das generatorische Moment zurückgenommen und vollständig durch

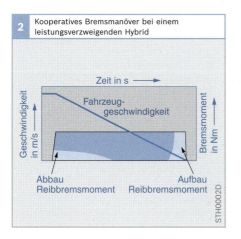

2   Kooperatives Bremsmanöver bei einem leistungsverzweigenden Hybrid

Zeit in s →

Geschwindigkeit in m/s

Fahrzeuggeschwindigkeit

Bremsmoment in Nm

Abbau Reibbremsmoment   Aufbau Reibbremsmoment

STH0002D

Bild 2
Abbau und Aufbau des Reibbremsmoments und Austausch gegen generatorisches Bremsmoment

Reibbremsmoment ersetzt, weil der Elektromotor bei sehr geringen Drehzahlen kein generatorisches Moment mehr bereitstellen kann (Bild 1).

Beim Bremsvorgang aus hoher Geschwindigkeit bis zum Stillstand wird also bei konstanter Pedalbetätigung die Verteilung zwischen Reibbremsmoment und regenerativem Bremsmoment ständig angepasst.

Bremskraftverteilung

Wie bei der Auslegung konventioneller Bremssysteme ist auch bei der Auslegung eines regenerativen Bremssystems die Bremskraftverteilung zwischen Vorder- und Hinterachse von entscheidender Bedeutung für die Fahrstabilität des Fahrzeuges. Mit zunehmender Verzögerung steigt die Normalkraft auf die Räder der Vorderachse, während die Normalkraft auf die Räder der Hinterachse sinkt.

Ist der Elektromotor mit den Rädern der Vorderachse verbunden, kann mit zunehmender Verzögerung und damit zunehmender Normalkraft an der Vorderachse auch ein größeres Radmoment übertragen werden. Daher sollte, um die Fahrstabilität zu erhalten, die Reibwertausnutzung der Vorderachse nicht die Reibwertausnutzung der Hinterachse übersteigen.

Handelt es sich um ein heckgetriebenes Fahrzeug oder um ein Fahrzeug mit elektrifizierter Hinterachse (d. h. Verbrennungsmotor an der Vorderachse und Elektromotor an der Hinterachse), so nimmt das absetzbare regenerative Moment mit zunehmender Verzögerung ab.

Auch die elektrische Leistung der Batterie hat einen großen Einfluss auf die Nutzung der Rekuperation, da sie das begrenzende Element zur Aufnahme elektrischer Energie aus der Fahrzeugbewegung ist. Mit zunehmender Leistung des Energiespeichers steigt die maximal mögliche rein rekuperative Verzögerung. Aus Gründen der Fahrzeugstabilität kann ein großes generatorisches Bremsmoment jedoch nur an der Vorderache übertragen werden. Hohe rein rekuperative Verzögerungen lassen sich daher nur mit einem Fahrzeug mit Frontantrieb oder Allradantrieb

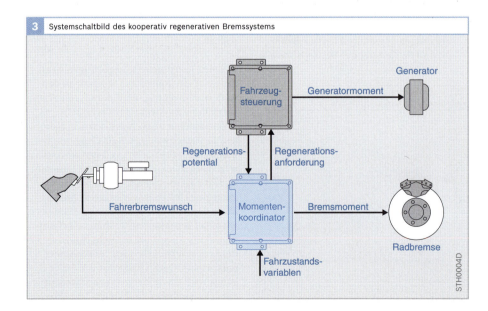

3 Systemschaltbild des kooperativ regenerativen Bremssystems

STH0004D

erreichen. Bei letzterem wird je nach Ausprägung des Mitteldifferenzialgetriebes das Bremsmoment so auf beide Achsen verteilt, dass dieses zumindest näherungsweise der idealen Bremskraftverteilung der Reibbremse entspricht.

Einflüsse auf die Stabilitätsregelung

Da das regenerative Bremssystem Einfluss auf die Bremsstabilität hat, müssen ABS- und ESP-Regelungen der veränderten Fahrphysik angepasst werden.

Es ist sinnvoll, den regenerativen Anteil der Bremsung bei Erkennen von instabilen Fahrzuständen oder zu hohem Bremsschlupf auszublenden und Verzögerung und Stabilisierungseingriffe allein durch das Reibbremssystem darzustellen. Sonst könnten Instabilitäten und Triebstrangschwingungen eine optimale Radschlupfregelung stören.

Im Verhältnis zu den Teilbremsvorgängen sind Eingriffe des Fahrzeugstabilisierungssystems über das Fahrzeugleben hinweg so selten, dass die Unterdrückung rekuperativen Bremsens in diesen Situationen keinen merklichen Einfluss auf den durchschnittlichen Verbrauch des Fahrzeuges hat.

Umsetzung der Betriebsbremse

Die Reibbremse des kooperativ regenerativen Bremssystems kann in unterschiedlichen Ausprägungen dargestellt werden.

Mehrheitlich sind es mechatronische Bremssysteme, die Bremspedal und Radbremse entkoppeln und durch Hinzufügen eines Pedalsimulators die Bremspedalcharakteristik darstellen. Dabei kann die Energiespeicherung zur Bremskraftverstärkung hydraulisch, pneumatisch oder elektrisch erfolgen.

Allen Umsetzungen gemeinsam ist das Blockschaltbild des kooperativ regenerativen Bremssystems (Bild 3). Die Fahrzeugsteuerung überwacht ständig alle relevanten Parameter des Hybridantriebs und bestimmt, welches Moment der Elektromotor zum Bremsen zur Verfügung stellen kann. Bei Betätigung des Bremspedals berechnet der Momentenkoordinator des Bremensteuergeräts eine Verteilung des Bremsmomentes auf die Reibbremse und das rekuperative Bremssystem.

Der rekuperative Momentenanteil wird der Fahrzeugsteuerung zurückgemeldet und dort an den Steller des Elektromotors weitergeleitet. Das Restbremsmoment wird von der Reibbremse eingestellt, während Fahrzeugstabilität und Radschlupf überwacht werden.

Elektroantriebe für Hybridfahrzeuge

Elektrisch angetriebene Straßenfahrzeuge sind bereits in den 1920er Jahren in geringen Stückzahlen gebaut worden, erste Hybridfahrzeuge kamen in kleinsten Stückzahlen ab ca. 1980 auf den Markt. Relevante Stückzahlen erreichte jedoch erst der Toyota Prius ab Modelljahr 1998. Während zunächst ausschließlich der Gleichstrom-Kommutatormotor eingesetzt wurde, kam in den letzten 20 Jahren aufgrund der Fortschritte in der Stromrichtertechnik dann ausschließlich der Drehstrom-Antrieb zum Einsatz.

Die Elektroantriebe können sowohl motorisch (das Fahrzeug antreibend, Energie aus dem Speicher entnehmend) als auch generatorisch (das Fahrzeug abbremsend, Energie in den Speicher zurückspeisend) betrieben werden. Sie sind damit elektromechanische Energiewandler, die in beide Richtungen arbeiten können. Als Produktbezeichnung wurde deswegen der Begriff *Motor-Generator* gewählt.

Wesentliche Komponenten des Drehstromantriebs sind der Drehfeld-Antriebsmotor (E-Maschine, Bild 1) und ein Wechselrichter (Inverter), dessen Leistungselektronik die Gleichspannung der Batterie so auf die Phasenanschlüsse der

Maschine verteilt, dass ein dreiphasiges Drehspannungssystem entsteht (Bild 2). Meist wird noch ein Sensorsystem für die Bestimmung der Drehwinkelposition des Läufers (Rotors) der E-Maschine benötigt, um bestmögliche Ausnutzung und Regelungsqualität der E-Maschine zu erzielen.

Antriebe für Parallelhybrid-Fahrzeuge

Die Bosch-Erzeugnisse IMG (Integrierter Motor-Generator) und SMG (Separater Motor-Generator) sind vorwiegend für den Einsatz in Parallelhybrid-Triebsträngen vielfältiger Ausprägung ausgelegt. Hier sind insbesondere hohes Drehmoment und Dauerbetriebsfestigkeit gefordert. Zudem ist die Versorgungsspannung durch die direkte Speisung aus der Traktionsbatterie stark abhängig vom Arbeitspunkt des E-Antriebs.

Im Folgenden wird nur der IMG-Antrieb beschrieben. Er stellt die komplexere Variante gegenüber SMG dar. SMG-Antriebe sind bezüglich ihres Einsatzgebietes wesentlich vielfältiger, arbeiten prinzipiell jedoch auf gleiche Weise.

Bild 2

1 Zwischenkreis-Kondensator
2 IGBT-Leistungstransistor (Insulated Gate Bipolar Transistor)
3 Diode
4 IMG-E-Maschine

1 Antriebsmotor: Integrierter Motorgenerator

UEL0012Y

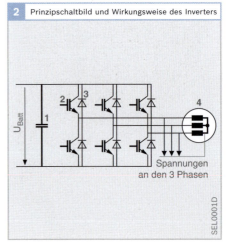

2 Prinzipschaltbild und Wirkungsweise des Inverters

U_{Batt}

Spannungen an den 3 Phasen

SEL0001D

E-Maschine für den IMG-Antrieb

Anforderungen

Durch die Anordnung der E-Maschine zwischen Verbrennungsmotor und Getriebeeingang ist hier eine axial minimal kurz bauende Maschinenart vorzusehen. Bei Verwendung einer Trennkupplung zwischen Verbrennungs- und E-Motor ist diese zusammen mit der E-Maschine bauraum-minimal zu integrieren, was heute nur mit hydraulisch betätigten Kupplungen möglich ist. Weiterhin ist eine hohe Drehmomentfähigkeit der E-Maschine erforderlich,

▸ um große Verbrennungsmotoren bei niedrigsten Temperaturen sehr schnell und sicher zu starten,
▸ um eine ausreichende Drehmomentreserve vorzuhalten für einen komfortablem Start des Verbrennungsmotors ohne Drehmomenteinbruch aus rein elektrischer Fahrt.

Bestmöglicher Wirkungsgrad der Maschine ist zu gewährleisten, da dieser unmittelbaren Einfluss auf den Kraftstoffverbrauch des Hybridfahrzeugs hat, denn es werden hier nennenswerte Anteile am Gesamt-Energiehaushalt des Fahrzeugs umgesetzt. Weitere Anforderungen sind Spannungsfestigkeit, Geräuscharmut sowie gute Wärmeabfuhr der Ständerwicklung über das Statorblechpaket an das Gehäuse.

Die Anforderungen werden am besten durch die permanentmagnet-erregte Synchronmaschine mit Einzelzahn-Wicklung erfüllt (Bild 3).

Wirkungsweise der IMG-E-Maschine

Bei der Einzelzahnbauweise wird die üblicherweise stark verschlungene Wicklung einer Drehfeldmaschine aufgelöst in einzelne, nebeneinander am Ständerumfang angeordnete Wicklungen. Diese umschließen jeweils nur einen Zahn des Stator-Blechpakets. Die aufeinander folgenden

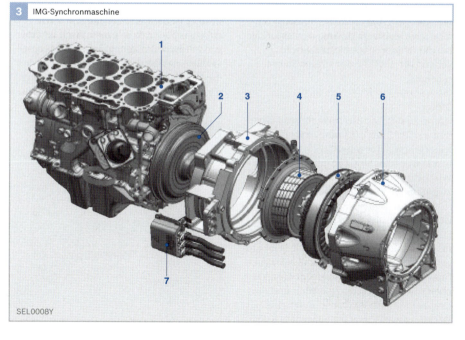

3 IMG-Synchronmaschine

1

2 3 4 5 6

7

SEL0008Y

Bild 3
1 Verbrennungsmotor
2 Kupplung motorseitig
3 Außengehäuse
4 Rotor
5 Stator / Innengehäuse
6 Wandlergehäuse
7 Anschlusskasten

Wicklungen werden in zyklischer Reihenfolge jeweils mit den Phasen 1 bis 3 der Anschlussklemmen verbunden.

Die Anschlüsse werden mit drei jeweils um 120 Grad phasenverschobenen Strömen gespeist. So bildet sich im Luftspalt zwischen Stator und Rotor ein sich gleichförmig bewegendes magnetisches Feld mit konstanter Stärke (Amplitude) aus. Man spricht von einem *Drehfeld*, da es sich im Maschinen-Arbeitsluftspalt drehend im Kreis bewegt. Die Bezeichnung *Drehfeldmaschine* ist als Überbegriff für Synchron- und Asynchronmaschinen gültig. Das Stator-Magnetfeld tritt in Wechselwirkung mit dem Magnetfeld, das bei der permanentmagnet-erregten Synchronmaschine durch Permanentmagnete im Rotor der E-Maschine gebildet wird. Es übt eine mitnehmende Kraft auf den Rotor aus, die als Drehmoment an der Welle des Rotors zur Verfügung steht. Der Rotor folgt hierbei dem Statormagnetfeld mit gleicher Drehzahl (synchron). Die Höhe von Drehmoment und Leistung wird über die Amplitude des Statorfeldes und den Verdrehwinkel zwischen Stator- und Rotor-Magnetfeld geregelt. Aus diesem Grunde ist die möglichst exakte Erfassung der Rotorlage bei der Synchronmaschine ausschlaggebend für die Güte der Drehmomentregelung.

Stator

Stator- und Rotor-Blechpakete sind aus dünnen (0,35 oder 0,5 mm), mit Silizium legierten, weichmagnetischen Elektroblechen geschichtet. Dies verhindert Wirbelstrombildung im Eisen und trägt zu gutem Wirkungsgrad bei.

Die Statorspulen sind aus doppelt lackisoliertem Kupferdraht von knapp 1 mm Stärke gewickelt. Für ein optimales Ergebnis ist es erforderlich, die für die Wicklungen (Nutquerschnitt) und für den Magnetfluss (Eisenquerschnitt) verfügbaren Flächen sowie die Windungszahlen und die Drahtstärken exakt abzustimmen. Die Wicklung wird zunächst auf einem Kunst-

stoff-Spulenträger Draht neben Draht („in Lage gewickelt") vorgefertigt. Über Verschaltungselemente, die den Strom aus den Haupt-Anschlussklemmen auf die Spulen verteilen, werden sie zu dreiphasiger Schaltung verbunden. Anschließend sorgt ein hochwertiger Tränk- oder Vergießprozess für die mechanische Fixierung, die endgültige Spannungsisolation und die Wärmeübertragung über den Spulenkörper an das Statoreisenpaket.

Rotor

Die Permanentmagnete im Läufer der E-Maschine bestehen zur Erzielung maximaler Drehmoment-Fähigkeit aus Neodym-Seltenerden-Legierung NdFeB. Bei Synchronmaschinen für übliche Anwendungen werden die Magnete auf der Oberfläche des Rotors durch Kleben oder Bandagieren fxiert. Für Hybrid-Kfz-Anwendung mit hohen Bauteiltemperaturen und hohen Fliehkräften ist jedoch eine komplexere Lösung notwendig: Die Magnete werden in Taschen geklebt, die durch ausgestanzten Löchern in den Rotorblechen entstehen (Bild 4). Weiterer Vorteil dieser Lösung ist die Reduzierung von Wirbelstromverlusten in den metallisch leitfähigen Permanentmagneten. Um die Magnetverluste nochmals zu reduzieren, werden die Magnete in Maschinen-Achsrichtung mehrfach unterteilt. Dies führt beim Bau

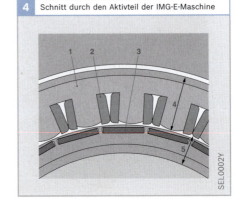

4   Schnitt durch den Aktivteil der IMG-E-Maschine

SEL0002Y

des Rotors zunächst zur Vorfertigung einzelner ca. 10 mm langer Ringe mit den Magnetstücken in den Taschen. Die endgültige Paketlänge des Rotors wird dann durch Hintereinanderschichten mehrerer solcher Ringe erzielt (Bild 5).

Zum Verbau der IMG-E-Maschine in den Triebstrang sind sowohl ein Gehäuse als auch eine Rotornabe notwendig. Im Fall des elektrisch fahrfähigen Parallel-Hybrids wird zusätzlich eine eigene Lagerung des Rotors zusammen mit der Kupplung zum Verbrennungsmotor notwendig.

Rotor-Lagerung
Die Lagerung besteht aus einem Hauptkugellager, das im gehäusefesten Lagerschild als Teil des IMG-Gehäuses montiert ist (Bild 6). Für einen einwandfreien Lauf der Trennkupplung zum Verbrennungsmotor hin wird dieses Hauptlager ergänzt durch ein Führungsnadellager in der Kurbelwelle. Die Lager der E-Maschine besitzen Fettschmierung auf Lebensdauer, wobei das Design hier besonders auf die erhöhten Temperaturen in diesem Bereich abgestimmt wird. Die abgehende Triebstrangseite wird in der Rotorstruktur der E-Maschine gelagert.

Statorgehäuse
Das Statorgehäuse erfüllt folgende Anforderungen:
▶ Bildung eines Kühlwasserkanals,
▶ drehmoment- und schwingungsfeste Fixierung des Stators,
▶ Wärmeabfuhr des Stators,
▶ schwingungsdynamisch sichere und montagefreundliche Verbindung von Verbrennungsmotor und Getriebe,
▶ Einbringung der Rotor-Lagesensorik für die Maschinenregelung,
▶ Einbringung des Lagerschilds für die Rotor-Eigenlagerung und die Kupplungsbetätigung (Nehmerzylinder),
▶ Träger für Phasenanschlüsse, Sensorikanschlüsse, Kühlwasseranschlüsse und Anschluss der Kupplungshydraulik.

Das Basisdesign bildet dabei eine zweischalige Alu-Druckguss-Ausführung aus einem kundenspezifischen Außengehäuse mit passenden Lochbildern für Verbrennungsmotor und Getriebeglocke und einem weitgehend standardisierten Innengehäuse zur Aufnahme von Stator und Rotorlage-Sensorik.

Kühlung der IMG-E-Maschine
Die Kühlung der E-Maschine ist abhängig vom Einsatzprofil des Hybridantriebs zu wählen. Beim Mild Hybrid mit i. W. intermittierendem Betrieb kann auf eine eigenständige Kühlung weitgehend verzichtet werden. Durch das Innenläufer-Design der E-Maschine steht eine hohe Wärmeübergangsfläche zum Aluminiumgehäuse zur Verfügung.

Bei Vollhybridfahrzeugen mit hohen Dauerbetriebsanforderungen für den E-Antrieb sorgt ein zusätzlicher Wassermantel zwischen Innen- und Außengehäuse für intensivierte Wärmeabfuhr. Aufgrund der eingesetzten Materialien ist die Verwendung von Verbrennungsmotorkühlwasser mit bis zu 110 °C und einem Durchfluss von min. 8 *l*/min aus dem Vorlauf möglich.

5 Aufbau des Rotorpakets aus Teilpaketen

SEL0009Y

Die Temperatur der Statorwicklung wird durch Temperatursensoren, die im Inverter-Steuergerät ausgewertet werden, überwacht. Auch im Rotor ist die Temperatur zu überwachen, da zu hohe Temperaturen zu einer irreversiblen Entmagnetisierung der Seltenerd-Permanentmagnete führen können. Diese Temperatur ist jedoch nicht direkt messbar. Ihre Überwachung erfolgt durch Beobachtersimulation in der Inverter-Software.

Von seiten der Trennkupplung ist nur ein geringer Wärmeeintrag zu erwarten, da hier nur kurzzeitiger reibungsbehafteter Betrieb stattfindet. Ein inniger Verbau der E-Maschine mit der Trennkupplung ist deshalb unkritisch. Ein kritischer Wärmeeintrag kann jedoch vom Anfahrelement am Getriebeeingang erfolgen, insbesondere wenn es sich um eine trockene Reibungskupplung handelt. Dieser Wärmeeintrag muss durch konstruktive Ansätze weitestgehend verhindert werden.

Die Leistungselektronik wird typischerweise über einen separaten Kühler entwärmt. Die maximale Kühlmitteltempe-

ratur darf maximal 65 °C betragen und der Mindestdurchsatz beträgt auch hier 8 l/min. Auch hier kommt eine elektrische Zusatz-Kühlmittelpumpe zum Einsatz.

Rotorlage-Sensorik

Die maximale Drehmomentabgabe der Synchron-Maschine erfordert eine präzise berechnete Stromeinspeisung in die Statorwicklungen, abhängig vom Arbeitspunkt und von der augenblicklichen Rotorposition. Da beim Parallelhybrid keine Drehmomentregelung im Stillstand der Maschine erforderlich ist, genügt hier i. d. R. eine weniger präzise, kostengünstige und robuste Sensorik.

Für die Anwendung beim Parallelhybrid wurde eine digitale Rotorlage-Sensorik entwickelt (Bild 6, Pos. 6; Bild 7). Sie basiert auf Hallsensoren, die ein auf der Rotornabe montiertes weichmagnetisches Geberrad abtasten. Das Geberrad besitzt abwechselnd Zähne und Zahnlücken. Diese werden durch die drei Hallsensoren jeweils digital als Eins oder Null erkannt

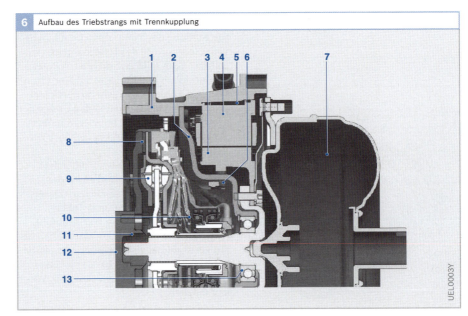

6 Aufbau des Triebstrangs mit Trennkupplung

Bild 6
1 Außengehäuse
2 Lagerschild
3 Rotor
4 Stator
5 Kühlkanal
6 Rotorlage-Sensorik
7 Hydr. Wandler (Getriebe-Eingang)
8 Kupplungsbelag
9 Dämpfer
10 Hydr. Nehmerzylinder
11 Pilotlagerung
12 Kurbelwelle
13 Hauptlager

Quelle:
LuK GmbH & Co. oHG, Bühl

UEL0003Y

7 Rotorlage-Sensorik

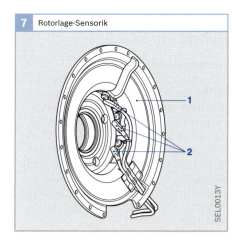

SEL0013Y

(digitaler Lagegeber). Durch die Positionierung der Hallsensoren kann mit hinreichender Genauigkeit sowohl die Position des Rotors in Bezug zum Stator als auch eine Vor- und Rückwärtsdrehung erkannt werden. Eine Drehrichtungserkennung ist notwendig, um auch nach Auspendeln des Verbrennungsmotors im Stopp-Start-Betrieb eine exakte Kenntnis der Rotorlage

zu erhalten. Die Anforderung an die Genauigkeit der Rotorlageerkennung ist so hoch, dass die Montagetoleranzen bei der Fertigung der E-Maschine nachträglich erkannt und ausgeglichen werden müssen. Dazu ist ein Einlernmodus in der Betriebssoftware des Inverters vorgesehen, der die wahre Lage der Sensoren bei einer Erst-Inbetriebnahme erfasst und softwareseitig Korrekturgrößen abspeichert.

Trennkupplung

Eine zusätzliche Trennkupplung zum Start und zur Drehmomentabkopplung des Verbrennungsmotors wird bei denjenigen Parallelhybridfahrzeugen eingesetzt, die auch rein elektrischen Fahrbetrieb ermöglichen. Der Kurbelwellenabgang ist hier drehmassenarm gestaltet (keine Schwungscheibe, kein Starterzahnkranz), um schnellstmöglichen Motor-Wiederstart zu ermöglichen. Dies hat zur Folge, dass auf die Trennkupplung wesentlich höhere maximale Drehmomente wirken als auf eine konventionelle Anfahrkupplung (ca. Faktor 2). Daher sind auch die Schließ- und

Bild 7
1 Lagerschild
2 Sensoren für die
  Rotorlage-Erkennung

8 Prinzipschaltbild der Kupplungsbetätigung mit Spindelaktor

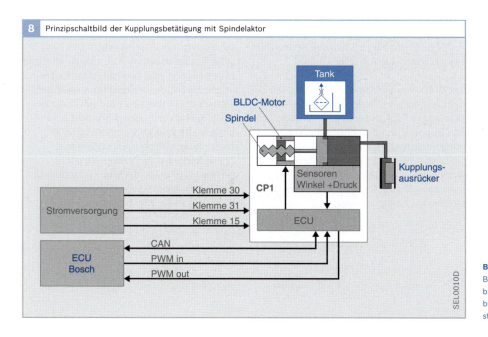

SEL0010D

Bild 8
BLDC-Motor:
brushless DC,
bürstenloser Gleichstrommotor

Betätigungskräfte der Trennkupplung entsprechend höher.

Aus Platzgründen und für optimale Integrationsmöglichkeiten in die IMG-Maschine wird die Kupplung durch einen kompakten hydraulischen Nehmerzylinder betätigt. Dieser lässt sich zusammen mit der Läuferlagerung gut in den zentralen Bauraum des Läufers integrieren.
Um einen komfortablen Start zu ermöglichen, muss die Kupplung drehmomentsteuerbar ausgeführt sein. Dabei wird aus der Stellung des Ausrückers über eine in der Triebstrangsteuerung abgelegte und betriebsabhängig nachgeführte Charakteristik auf das übertragene Drehmoment geschlossen. Ein so geregelter Betätigungsvorgang beim Warmstart dauert etwa 150 ms.

Die Anforderungen an die Kupplung (Momenten-Steuerbarkeit, Art des Reibbelags, Spitzendrehmoment, Dämpfung, mechanische Ausführung) sind in hohem Maße abhängig von den Eigenschaften und geometrischen Gegebenheiten an der Kurbelwelle des Verbrennungsmotors, der Baugröße der E-Maschine, der zulässigen axialen Triebstrangverlängerung durch den Hybridantrieb und von der Betriebsart bzw. Triebstrang-Topologie selbst.

Zur Öldruckversorgung des Kupplungsnehmers eignet sich der lineare Kolbenaktor (Spindelaktor) sehr gut. Er wirkt auf den Kupplungsnehmer über die Verschiebung einer hydrostatischen Flüssigkeitssäule. Der Weg der Säule wird dabei am Kolben gemessen oder über den Drehwinkelsensor des mit fester Übersetzung antreibenden Elektromotors.

Steuergerät für Hybridantriebe

Leistungselektronik

Phasenlage, Frequenz und Stromamplitude für die Speisung der E-Maschine werden durch die Antriebsregelung im Inverter entsprechend den Betriebsvorgaben für den Antrieb eingeprägt. Diese übergeordneten Betriebsvorgaben werden von der Hybrid-Fahrzeugsteuerung bereitgestellt, die alle am Triebstrang beteiligten Komponenten (Verbrennungsmotor, E-Antrieb, Getriebe, Bremse und Nebenaggregate) koordiniert.

Zur Einprägung der Wechselströme in den drei Phasen dienen Leistungstransistoren, die in genau berechneten Mustern die jeweilige Phasenklemme mit der Plus- oder Minus-Seite der speisenden Gleichspannung aus der Traktionsbatterie verbinden. Ziel ist es, gleiche sinus-ähnliche Stromverläufe in jeder der drei Phasen zu erzeugen.

Das Schalten der Ströme würde ohne Pufferung durch den Zwischenkreiskondensator zu starken Strom-Spitzenbelastungen der Batterie führen sowie zu hohen, die gesamte Fahrzeugelektronik störenden Störaussendungen. Der Zwischenkreiskondensator ist aufgrund seiner Lebensdauer- und Temperaturanforderungen als Folienkondensator ausgeführt. Ein weiteres Filternetzwerk am Inverter-DC-Eingang verhindert EMV-Störaussendung in die Fahrzeugumgebung (EMV: Elektromagnetische Verträglichkeit).

Der Hochspannungskreis (Batterie-Gleichspannung und Speisespannungen der E-Maschine) ist aus Sicherheitsgründen vollständig vom Potenzial der 12 V-

Bordnetzseite entkoppelt (Teil des Berühr-schutz-Sicherheitskonzepts eines Hybrid-fahrzeugs).

IGBT-Transistorschaltmodule

Als Leistungsschalter werden aufgrund der notwendigen Höhe der Gleichspan-nung der Traktionsbatterie (100 V...400 V) *Insulated Gate Bipolartransistoren* (IGBT-Transistoren) mit 600V Spannungsfestig-keit eingesetzt. Es sind jeweils ein Highside- (zum Pluspol der Gleichspan-nung) und ein Lowside-Schalter (zum Minuspol der Gleichspannung) zusammen mit den zugehörigen Freilaufdioden in einem Leistungsmodul von 100 A Strom-tragfähigkeit kombiniert. Highside- und Lowside-Schalter sind ihrerseits aus meh-reren Transistorchips zusammengesetzt. Das Leistungsmodul besitzt auf der einen Seite die Anschlüsse zu Steuerung und

Überwachung, auf der anderen Seite die Leistungsanschlüsse zu Plus, Minus und Phase. Für gute mechanische Festigkeit und gute Wärmeverteilung sind die gebon-deten Chips auf eine DBC-Verschaltplatte und diese wiederum auf einen Kupfer-Grundkörper gelötet (DBC: Direct Bonded Copper; beidseitig mit Kupfer beschichte-tes Keramiksubstrat). Das Schaltelement wird anschließend mit einer hermetischen Hülle versehen, einer Moldverpackung aus duroplastischem Kunststoff, um die Le-bensdauerstabilität zu gewährleisten. Zum Aufbau eines dreiphasigen Inverters mit 300 A Stromtragfähigkeit werden somit drei Phasen à 3 x 100 A, also 9 Module be-nötigt.

Zur Skalierung für kleinere Stromtrag-fähigkeiten, d. h. kleinere Bauleistungen des Inverters, können die Anzahl der ein-gesetzten Leistungsmodule und die Größe

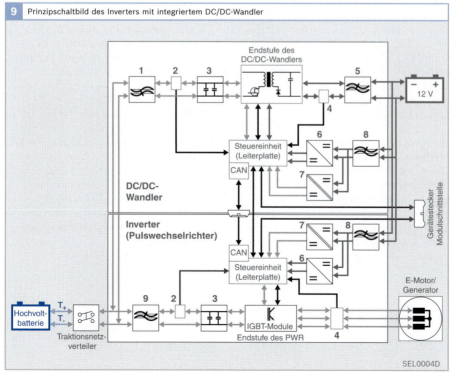

9   Prinzipschaltbild des Inverters mit integriertem DC/DC-Wandler

SEL0004D

Bild 9
1 EMV-Filter-HVS
   DC/DC-Wandler
2 HV-Stromsensor
3 HV-Zwischenkreis-
   Kondensator
4 Stromsensor 300 A
5 EMV-Filter BNS
   DC/DC-Wandler
6 BNS-Vcc-Versorgung
7 HVS-Vcc-Versorgung
8 EMV-Filter
9 EMV-Filter-HVS PWR

des Zwischenkreiskondensators verringert und damit Kosten und Bauraum reduziert werden.

Mechanischer Aufbau des Inverters

Der gesamte Aufbau des Inverters ist in einem mehrteiligen Alu-Druckguss-gehäuse mit Druckausgleichselement spritzwasserdicht untergebracht. Die Kühlung des Inverters erfolgt über eine Wasserkühlung (65 °C max.) des Gehäuse-bodens, auf dem die Leistungsmodule wärmeleitend direkt montiert sind. Die Leistungs-Anschlussklemmen sind schraub- oder steckbar in Anschluss-kästen untergebracht.

Die Aufbau- und Verbindungstechnik (AVT), d. h. die Verschaltung der Anschluss-klemmen mit den Leistungsmodulen sowie der Leistungsmodule untereinander, muss nach besonderen Gesetzmäßigkeiten für

gute mechanische Festigkeit, geringe Eigen-induktivitäten und gute Fertigbarkeit kon-struiert sein.

Die Mikrorechnersteuerung des Inver-ters befindet sich auf einer Leiterplatte nahe den Leistungsbausteinen. Als Steck-anschlüsse für Sensoren, CAN und Steuer-leitungen dienen Standard-Automotive-Stecksysteme. Je nach Anordnung der Haupt-Bauelemente Leistungsmodule, Zwischenkreiskondensator und EMV-Filter lassen sich unterschiedliche Haupt-abmessungen des Inverters darstellen.

Steuerelektronik im Pulswechselrichter

Die Regelung und Überwachung des E-An-triebs, die Auswertung der Sensoren, die Kommunikation via CAN-Schnittstelle und die Steuerung der Leistungselemente leis-tet die Steuerelektronik im Inverter. Sie ist abgeleitet aus einer Standard-Verbren-

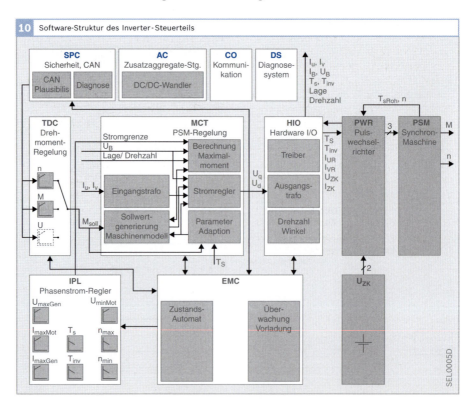

10 Software-Struktur des Inverter-Steuerteils

SEL0005D

nungsmotorsteuerung. Die Ein- und Ausgangsschaltungen sind für den spezifischen Einsatz für Hybrid-E-Antriebe angepasst. Ergänzt wird die Steuerschaltung um spezialisierte, potenzialtrennende Ansteuerbausteine für die Leistungstransistoren, die *Gatetreiber*.

Für den geregelten Betrieb der Synchronmaschinen müssen verschiedene Größen durch Sensoren erfasst werden:
▶ Traktionsnetz-Gleichspannung,
▶ 12-V-Gleichspannung (Versorgungssicherheit der Steuerung),
▶ mindestens zwei der drei Phasenströme,
▶ DC-Traktionsnetz-Gleichstrom,
▶ Rotorlage der E-Maschine,
▶ Temperatur der E-Maschine.

Die wesentlichen Funktionsbausteine der Invertersteuerung zeigt Bild 9.

Steuersoftware im Inverter

Die Steuersoftware, die auf einem Mikrocomputer auf der Steuerplatine läuft, ermöglicht den Betrieb der Synchronmaschine nach der Methode der feldorientierten Regelung. Zusammen mit der Überwachung der kritischen Temperaturen in der Maschine ermöglicht diese eine größtmögliche Drehmoment- und Leistungsausnutzung der E-Maschine. Es kann sowohl ein (über den CAN-Bus von der übergeordneten Fahrzeugsteuerung angefordertes) Soll-Drehmoment als auch eine vorgebbare Drehzahl eingestellt werden. Während des Betriebs werden über den gleichen Pfad auch Zustandsgrößen und Diagnosesignale nach Bedarf an die Fahrzeugsteuerung gemeldet.

Der E-Antrieb in einem Hybridfahrzug hat unmittelbaren Einfluss auf den Triebstrang und ist deshalb (wie bei einem drive-by-wire-System im Kfz üblich) mit einem watchdog-getriggerten mehrstufigen Monitoring-System ausgerüstet. Dieses stellt sicher, dass der Mikrorechner des Steuergeräts plausibel arbeitet und keine sicherheitskritischen, gefährdenden Zustände eintreten können.

DC/DC-Wandler für die 12-V-Versorgung

Der DC/DC-Wandler versorgt das 12-V-Bordnetz des Hybridfahrzeugs. Er ist – bei hinreichend geladener Traktionsbatterie – in der Lage, das 12-V-Bordnetz kontinuierlich mit elektrischer Leistung zu versorgen. Die der Hochspannungsbatterie entnommene Leistung wird in einen hochfrequenten Wechselstrom gewandelt, über einen Hochfrequenz-Transformator potenzialgetrennt auf Niederspannung umgesetzt, anschließend gleichgerichtet und am 12-V-Ausgang als Gleichstromleistung zur Verfügung gestellt. Die Dauerleistung des DC/DC-Wandlers beträgt 3 kW. Die Prinzipschaltung ist Bild 9 zu entnehmen.

Bei der IMG-Leistungselektronik ist der DC/DC-Wandler auf das Gehäuse des Inverters integriert und nutzt dessen Kühlungseinrichtungen und Hochspannungsanschlüsse. Alternativ ist ein Design des DC/DC-Wandlers als stand-alone-Gerät möglich.

Funktionen des E-Antriebs

Im Normalbetrieb stellt der IMG-E-Antrieb das Drehmoment zur Verfügung, das von der übergeordneten Fahrzeugregelung als Soll-Drehmoment angefordert wird, soweit die Charakteristik des Antriebs und der Batterieladezustand dies zulassen.

Bei der Drehmomentcharakteristik des E-Antriebs (Bild 11) ist zu unterscheiden zwischen
▶ Maximalmoment-Kennlinie (kurzzeitig und bei kalter E-Maschine verfügbar),
▶ Dauermoment-Kennlinie (begrenzt durch die Randbedingungen der Kühlung).

Alle Drehmomente zwischen diesen Grenzkennlinien sind, abhängig vom Erwärmungszustand vor allem der E-Maschine, zeitlich eingeschränkt verfügbar. Die Leistung des Antriebs wird mit weicher Charakteristik auf thermisch zulässige Werte reduziert.

Für die Erstinbetriebnahme ist ein Sonderbetriebsmodus des Einlernens der Rotorlage-Sensorik vorgesehen. Montagetoleranzen in Umfangsrichtung des Rotors werden erkannt und als Korrekturgrößen für den späteren Betrieb abgespeichert. Damit ist eine größtmögliche Leistungsausbeute gewährleistet.

Im Falle eines unplausiblen Betriebszustands wird der Antrieb von der Batterie getrennt (alle plusseitigen Transistoren werden gesperrt) und die Synchronmaschine wird über das Durchschalten der minusseitigen Transistoren kurzgeschlossen. Durch die Dauermagnet-Erregung der Maschine könnten sonst unzulässig hohe Klemmenspannungen auftreten. Über den CAN-Bus wird die Fahrzeugsteuerung über den Fehlerzustand informiert und es werden dort übergeordnete Schritte wie Batterietrennung, Drehzahlbegrenzungen usw. veranlasst.

Skalierung von Drehmoment und Leistung

Generell lässt sich das Drehmoment einer elektrischen Maschine über die axiale Länge und den Durchmesser des Arbeitsluftspalts sowie über die Stärke der Statorströme und die Stärke der Permanentmagnete einstellen. Der Ständerstrombelastung sind Grenzen gesetzt über die Kühlung der E-Maschine und die Stromfähigkeit des speisenden Pulswechselrichters.

Bei den Permanentmagneten sind die Grenzen durch die Qualität der verfügbaren Magnetmaterialien gesetzt. Durchmesser und Länge der Maschine sind dagegen im Entwurfsprozess relativ frei gestaltbar, müssen jedoch der Einbausituation des zu hybridisierenden Triebstrangs Rechnung tragen.

Eine Änderung der Länge der E-Maschine ist in definierten Schritten möglich durch Hinzufügen weiterer Rotorpakete und entsprechende Verlängerung des Stator-

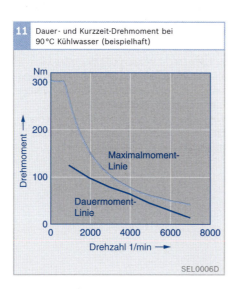

11 Dauer- und Kurzzeit-Drehmoment bei 90 °C Kühlwasser (beispielhaft)

Nm
Drehmoment
300
200
Maximalmoment-Linie
100
Dauermoment-Linie
0
0   2000   4000   6000   8000
Drehzahl 1/min →

SEL0006D

eisens. Diese Möglichkeit der Skalierung ist der am einfachsten zu beeinflussende Parameter und wird deshalb zur kundenindividuellen Anpassung der Antriebsauslegung als erstes optimiert. Um den E-Antrieb auf die Spannung unterschiedlicher Traktionsbatterien anzupassen, werden die Windungszahlen der Statorwicklungen variiert.

Eine Optimierung der Auslegung über das Drehzahl-Übersetzungsverhältnis kommt bei IMG nicht in Betracht, da dieser Maschinentyp fest an das Drehzahlniveau des Verbrennungsmotors gebunden ist.

Kühlung des IMG-E-Antriebs

Durch die zulässigen Kühlmitteltemperaturen bis zu 110 °C kann die E-Maschine direkt über das Kühlwasser am Einlass des Verbrennungsmotors gekühlt werden. Die Leistungselektronik wird typischerweise über einen separaten Kühler entwärmt. Die maximale Kühlmitteltemperatur darf 65 °C betragen. Um ein Kühlen auch bei rein elektrischem Fahrbetrieb zu gewährleisten, ist für E-Maschine und Inverter jeweils eine zusätzliche elektrische Kühlmittelpumpe notwendig, die einen Mindestdurchsatz von 8 *l*/min sicherstellt.

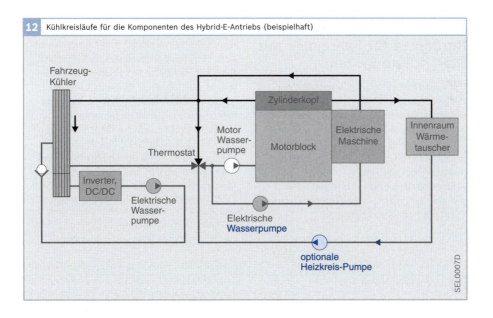

12   Kühlkreisläufe für die Komponenten des Hybrid-E-Antriebs (beispielhaft)

Bordnetze für Hybridfahrzeuge

Das Bordnetz eines Fahrzeugs mit Start/Stopp-System ist einem konventionellen Bordnetz sehr ähnlich. Bordnetze für Mild- oder Full-Hybridantriebe hingegen verfügen über eine Hochspannungsebene und unterscheiden sich damit deutlich vom Bordnetz eines konventionellen Fahrzeugs.

Das Bordnetz eines Hybridfahrzeugs hat i. W. folgende Aufgaben:
▸ Speicherung von überschüssiger elektrischer Energie aus dem Triebstrang,
▸ bei Bedarf Abgabe elektrischer Energie an den Triebstrang,
▸ sichere Versorgung der elektrischen Verbraucher.

Bordnetze für Fahrzeuge mit Start/Stopp-System

Um Kraftstoff zu sparen, wird bei Fahrzeugstillstand der betriebswarme Verbrennungsmotor abgeschaltet und beim Anfahren mit einem elektrischen Starter erneut gestartet. Diese Funktionalität bringt generell zwei Anforderungen an das Bordnetz mit sich:
▸ Sicherstellen eines schnellen Wiederstarts des Verbrennungsmotors unter allen Betriebsbedingungen,

▸ Sicherstellen eines störungsfreien und sicheren Betriebs der anderen Verbraucher während des Motorstopps und des Startvorgangs, d. h. die Versorgungsspannung ist in einem zulässigen Bereich zu halten.

Bei einem konventionellen Fahrzeug wird für den Start des Verbrennungsmotors dem Bordnetz kurzzeitig eine sehr große Leistung entnommen. Dadurch kann die Spannung im 14-V-Netz so stark einbrechen, dass das Licht flackert und das Radio kurzzeitig ausgeht. Dies ist beim Erststart tolerierbar, aber nicht bei häufigen Wiederstarts des Verbrennungsmotors während der Fahrt.

Die Startfähigkeit des Fahrzeugs kann durch die Verwendung eines Batteriesensors, der den Ladezustand und die Startfähigkeit der Batterie ermittelt, gewährleistet werden. Falls die Startfähigkeit aufgrund einer entladenen oder geschädigten Batterie nicht sichergestellt ist, wird der Verbrennungsmotor in Stopp-Phasen nicht abgestellt. Um einer Entladung der Batterie durch häufige Starts entgegenzuwirken, muss diese vom 14-V-Generator während des Betriebs des Verbrennungsmotors verstärkt geladen werden.

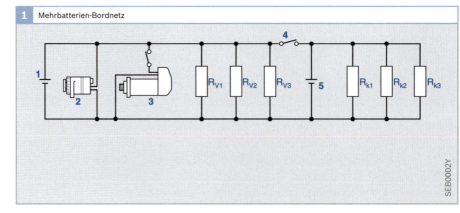

1 Mehrbatterien-Bordnetz

Bild 1
1 12-V-Starterbatterie
2 Generator
3 Starter
4 Trennschalter
5 Stützbatterie

R_V: Verbraucher
R_k: kritische
    Verbraucher

SEB0002Y

Aufgrund der erhöhten Zyklisierung (Lade- und Entladezyklen) empfiehlt sich der Einsatz einer zyklenfesteren Bleibatterie (z. B. Blei-Gel- oder AGM-Batterie).

Das Sicherstellen einer konstanten Spannungsversorgung für die Verbraucher während des Motorstarts ist aufwändig. Eine Möglichkeit hierzu ist die Verwendung einer kleinen Zusatzbatterie (z. B. einer Motorradbatterie) mit Trennschalter zur Versorgung der kritischen Verbraucher während des Starts (Bild 1).

Während des normalen Fahrbetriebs ist der Trennschalter zwischen den beiden Batterien geschlossen und beide Batterien werden vom Generator geladen. Beim Start des Verbrennungsmotors wird dieser Trennschalter kurzzeitig geöffnet, um die kritischen Verbraucher mit der Zusatzbatterie vom restlichen Bordnetz (einschließlich Starter) zu entkoppeln. Die Versorgungsspannung bricht so nur in dem Bordnetzteil ein, der den Starter enthält. Anstatt des Trennschalters kann auch eine Diode eingesetzt werden, die ein

Nachladen der Zusatzbatterie ermöglicht, aber bei einem Einbruch der Starterbatteriespannung das zweite Bordnetz entkoppelt.

Vorteil dieser Lösung mit Zusatzbatterie ist der günstige Preis, allerdings verursacht die zweite Batterie zusätzliches Gewicht und zusätzlichen Bauraumbedarf.

Falls sicherheitsrelevante Verbraucher, z. B. eine elektrohydraulische Bremse, im Hybridfahrzeug eingesetzt werden, muss deren Versorgung - wie bei einem konventionellen Fahrzeug auch - über einen redundanten Energiespeicher gesichert werden.

Energiemanagement
Unabhängig von der Topologie des Bordnetzes ist über einen Eingriff in die Erregerregelung des 14-V-Generators ein Energiemanagement bei Fahrzeugen mit Start/Stopp-System möglich (Bild 2). Dies erfordert eine Schnittstelle zur Steuerung des Verbrennungsmotors sowie einen Batteriesensor. Sobald die Motorsteuerung einen Schleppbetrieb signalisiert, wird die Gene-

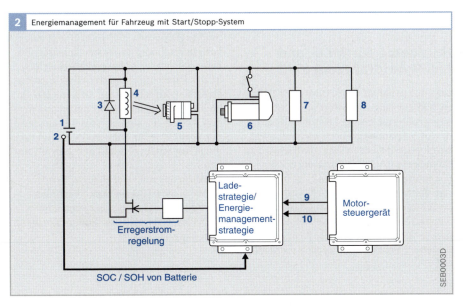

2 Energiemanagement für Fahrzeug mit Start/Stopp-System

Erregerstromregelung

Ladestrategie/Energiemanagementstrategie

Motorsteuergerät

9

10

SOC / SOH von Batterie

SEB0003D

Bild 2
1 12-V-Batterie
2 Batteriesensor
3 Freilaufdiode
4 Erregerwicklung des Generators
5 Generator
6 Starter
7 Verbraucher
8 Verbraucher
9 Schleppbit
10 Boostbit

SOC: Batterie-Ladezustand
SOH: Batterie-Alterungszustand

ratorerregung erhöht, das Fahrzeug rekuperiert verstärkt und lädt die 12-V-Batterie. Die rekuperierte Bremsenergie kann zur Versorgung von elektrischen Bordnetzverbrauchern genutzt werden oder zur Unterstützung in Beschleunigungsphasen.

Bei ausreichender Batterieladung kann während der Beschleunigung die Generatorerregung zurückgenommen werden, somit nimmt der Generator nahezu keine mechanische Leistung vom Verbrennungsmotor auf und es stehen zirka 1...3 kW zusätzliche Leistung zum Vortrieb zur Verfügung. Die Lastverringerung des Generators beim Beschleunigen des Fahrzeugs wird vom Fahrer wie ein Boost wahrgenommen.

Diese Funktionalität erfordert einen Batteriesensor, der die Wiederstartfähigkeit der Batterie überwacht und die Energieaufnahme- und Abgabefähigkeit der Batterie ermittelt.

Ein intelligentes Energiemanagement mit einer verstärkten Generatorerregung im Schleppbetrieb und reduzierter Erregung in Beschleunigungsphasen ist auch bei konventionellen Fahrzeugen ohne Start-Stopp-Anwendung möglich.

Bordnetze für Mild- und Full-Hybridfahrzeuge

Die Funktionalität eines Mild- oder Full-Hybridfahrzeugs erfordert mit 8...60 kW eine große elektrische Leistung, die auf der 14-V-Spannungsebene nicht sinnvoll bereitgestellt werden kann. Daher wird zusätzlich ein Hochvolt-Bordnetz mit einer Spannung im Bereich von 42...750 V benötigt. Zur Versorgung der 14-V-Verbraucher im Fahrzeug kann jedoch auf das 14-V-Standard-Bordnetz nicht verzichtet werden. Je nach Leistungsanforderungen der einzelnen Verbraucher werden diese aus

dem entsprechenden Bordnetz versorgt. Generell wird aus Kostengründen versucht, mit Standard-14-V-Komponenten auszukommen, da diese in großer Stückzahl günstig verfügbar sind.

Hochvolt-Bordnetz

Das Hochvolt-Bordnetz (HV-Bordnetz) besteht aus einer Hochleistungsbatterie, mindestens einem Pulswechselrichter (PWR) zur Ansteuerung der E-Maschine, sonstigen Hochleistungs- oder Hochvoltverbrauchern sowie einem DC/DC-Wandler zur Versorgung des 14-V-Bordnetzes. Der Pulswechselrichter in der Leistungsklasse von 10...200 kVA erzeugt aus einer Gleichspannung ein Drehstromsystem mit variabel einstellbarer Stromgröße und Drehfeldfrequenz für die elektrische Maschine. Ein DC/DC-Wandler überträgt elektrische Energie von einem Gleichspannungsniveau auf ein anderes.

Die Versorgung der Bordnetze erfolgt über den generatorischen Betrieb des E-Antriebs. Ein Generator wie im konventionellen Bordnetz ist nicht vorhanden. Die E-Maschine arbeitet im Mittel mehr im generatorischen Betrieb als im motorischen.

Das Bordnetz eines Mild-Hybrids kommt (im Vergleich zum Full-Hybrid) mit einer geringeren Energiespeicherfähigkeit und einer geringeren Leistungsfähigkeit aus, da das Fahrzeug allenfalls sehr kurzzeitig elektrisch kriechen kann. Daher kann ein kleinerer Energiespeicher eingesetzt werden. Ansonsten sind sich die Topologien der Bordnetze für Mild- und Full-Hybride mit je nur einem elektrischen Antrieb ähnlich.

Fahrzeuge mit zwei elektrischen Maschinen, die teilweise seriell betrieben werden (z. B. leistungsverzweigende Hybride), erfordern eine andere Bordnetz-Topologie.

HV-Bordnetz für parallele oder parallel-ähnliche Hybridantriebe

Über Schütze in der Hochvoltbatterie können der Batteriezellenblock und das restliche Bordnetz voneinander getrennt werden. Im ausgeschalteten Zustand des Fahrzeugs oder bei einem Unfall wird das HV-Bordnetz spannungslos geschaltet. Die Versorgung der nötigen Steuergeräte und Schütze muss daher über das 14-V-Bordnetz erfolgen. Ist das 14-V-Bordnetz nicht intakt, so kann auch das Hochvolt-Bordnetz nicht zugeschaltet werden.

Zusätzliche Komponente des Hochvolt-Bordnetzes kann z. B. ein elektrischer Klimakompressor sein (Bild 3). Dieser benötigt je nach Fahrzeug maximal 3...6 kW elektrische Leistung. Die Leistungsregelung des Kompressors erfolgt über die Kompressordrehzahl. Die Maximalleistung wird zum Cool-Down, d. h. zum Herunterkühlen eines durch die Sonne stark er-hitzten Fahrzeugs, kurzzeitig benötigt. Im stationären Betrieb ist meist eine deutlich geringere Kühlleistung ausreichend. Vorteile des elektrischen Klimakompressors gegenüber einem konventionellen riemengetriebenen Kompressor sind die bedarfsgerechtere Regelung, das Vermeiden von Leerlaufverlusten sowie die Möglichkeit, auch im Stopp-Betrieb oder bei elektrischem Fahren zu kühlen. Aufgrund der begrenzten Energiespeicherkapazität der Batterie ist dies jedoch jeweils nur wenige Minuten möglich. Nachteile sind die höheren Kosten des elektrischen Aggregats, der schlechtere Wirkungsgrad bei Volllast und die zusätzliche Zyklisierung der Batterie.

Falls das Fahrzeug elektrisch fahren oder kriechen kann, müssen alle unterstützenden Funktionen, wie z. B. die Servolenkung, elektrisch betrieben werden, damit sie auch bei stehendem Verbrennungsmotor verfügbar sind.

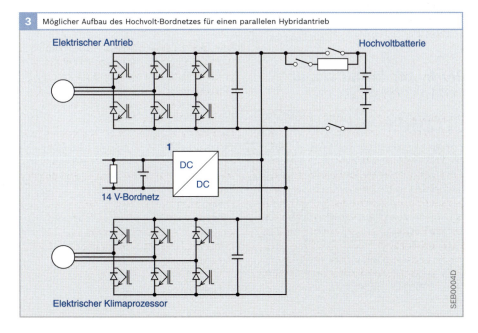

3   Möglicher Aufbau des Hochvolt-Bordnetzes für einen parallelen Hybridantrieb

Elektrischer Antrieb

Hochvoltbatterie

1

DC / DC

14 V-Bordnetz

Elektrischer Klimaprozessor

SEB0004D

Bild 3
1   potenzialgetrennter DC/DC-Wandler

HV-Bordnetz für leistungsverzweigende oder teilweise serielle Hybridantriebe

Bei leistungsverzweigenden Hybridfahrzeugen oder bei Parallelhybrid-Fahrzeugen mit einer zweiten elektrischen Maschine zum Antrieb einer zusätzlichen Achse tritt serieller oder teilweise serieller Betrieb auf. Dies bedeutet, dass der eine E-Antrieb überwiegend generatorisch und der andere überwiegend motorisch betrieben wird. Aufgrund der hierbei auftretenden Übertragung großer Energie über die beiden Maschinen und Pulswechselrichter sollten diese Komponenten in ihrem optimalen Arbeitsbereich betrieben werden.

Die Batteriespannung ist bei definierter Leistung der Batterie festgelegt. Um die Zwischenkreisspannung von der Batteriespannung zu entkoppeln und eine größere Motorenleistung bei gegebener Batteriespannung zu ermöglichen, bietet sich der Einsatz eines Hochleistungs-DC/DC-Wandlers zwischen Batterie und Zwischenkreis an (Bild 4, Pos. 1). Damit kann die Zwischenkreisspannung bedarfsgerecht zwischen der Höhe der Batteriespannung und einem deutlich höheren Spannungswert (2...2,5-fache Batteriespannung) eingestellt werden. Die maximale Spannung wird über die benötigte maximale Leistung und die Auslegung der elektrischen

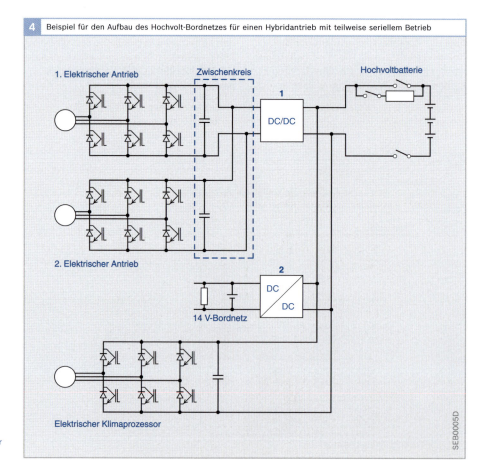

4   Beispiel für den Aufbau des Hochvolt-Bordnetzes für einen Hybridantrieb mit teilweise seriellem Betrieb

1. Elektrischer Antrieb   Zwischenkreis   Hochvoltbatterie

1

DC/DC

2. Elektrischer Antrieb

2

DC
DC

14 V-Bordnetz

Elektrischer Klimaprozessor

SEB0005D

Bild 4
1   Hochleistungs-DC/DC-Wandler
2   potenzialgetrennter DC/DC-Wandler

Maschinen festgelegt. Die aktuell einge-
stellte Zwischenkreisspannung kann so
gewählt werden, dass sie knapp über dem
Maximalwert der gleichgerichteten indu-
zierten Spannungen der elektrischen Maschinen liegt. Auf diese Art können die
Schalthäufigkeit der Wechselrichterschal-
ter und somit die elektrischen Wechsel-
richterverluste minimiert werden.

Niedervolt-Bordnetz

Das Niedervolt-Bordnetz ist für alle Hybridfahrzeuge, die sowohl Hoch- als auch
Niedervolt-Bordnetz aufweisen, ähnlich
aufgebaut. Es ist dem 14-V-Bordnetz eines
konventionell angetriebenen Fahrzeugs

sehr ähnlich mit dem Unterschied, dass
meist kein Starter vorhanden ist und die
Versorgung statt durch einen Generator
über einen DC/DC-Wandler aus dem Hochvolt-Bordnetz erfolgt (Bild 5).

Aufbau des Batteriesystems

Das Batteriesystem von Mild- und Full-
hybrid-Fahrzeugen besteht aus dem Batteriezellenblock, dem Batteriemanagementsystem, der Kühlung, einer Gasableitung
und der Schütz- und Sicherungseinheit
(Bild 6).

Das Batteriegehäuse dient nicht nur dem
Zusammenhalt und Schutz der Zellen ge-

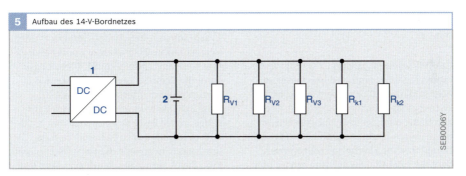

5 Aufbau des 14-V-Bordnetzes

SEB0006Y

Bild 5
1 potenzialgetrennter
   DC/DC-Wandler
2 12-V-Batterie
R_V, R_k: 14-V-Verbraucher

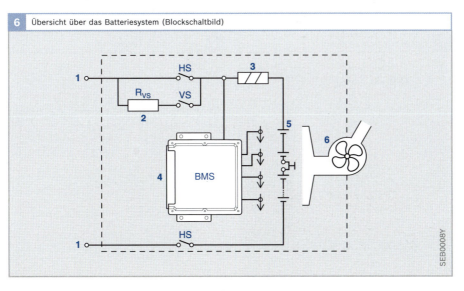

6 Übersicht über das Batteriesystem (Blockschaltbild)

SEB0008Y

Bild 6
1 Batterieklemmen
2 Vorladewiderstand
3 Sicherung
4 Batterie-
   managementsystem
5 Zellenblock
6 Kühlgebläse

HS: Hauptschütz
VS: Vorladeschütz

gen mechanische Belastungen, sondern auch dem Berührschutz gegen die Spannungen von 60...500 V, die für Traktionsanwendungen erforderlich sind. An den Zellklemmen liegt die Batteriespannung immer an, es ist keine Freischaltung möglich.

Um die Sicherheit bei der Montage im Werk oder beim Kfz-Service zu gewährleisten, wird der Zellenblock durch einen Sicherheitsstecker in zwei getrennte Blöcke geteilt. Dieser Stecker ist so ausgeführt, dass er vor jedem Öffnen des Batteriegehäuses entfernt werden muss. Bei entferntem Stecker liegt zwischen den beiden Batterieklemmen keine Spannung an. Außerdem wird die Maximalspannung des Zellenblocks bei entferntem Stecker durch die Aufteilung in zwei Blöcke reduziert (Bild 7).

Bei Zellsystemen, die im Fahrzeuginnenraum eingebaut sind und bei denen im Fehlerfall (zum Beispiel bei starker Überlastung oder Überhitzung) giftige, entzündliche oder ätzende Substanzen austreten können, muss durch eine Gas- oder Dampfableitung sichergestellt werden, dass die schädlichen Substanzen nicht in den Innenraum austreten können, sondern z.B. in einen Karosserieholm abgeleitet werden. Hierzu wird jede Zelle oder jedes Modul mit einem Überdruckventil versehen und der Auslass aus der Fahrzeugkabine geleitet.

Um das Bordnetz außerhalb des Batteriegehäuses spannungsfrei schalten zu können (z.B. um bei einem Unfall zu verhindern, dass an beschädigten Leitungen usw. eine gefährliche Spannung offen anliegt), wird durch eine Schützschaltung das Bordnetz vom Zellenblock getrennt. Die Schütze werden über eine Steuerlogik angesteuert, die im Batteriemanagementsystem (BMS) oder in einem anderen Fahrzeugsteuergerät integriert sein kann. Diese Steuerlogik öffnet die Schütze, wenn ein Crash-Sensor einen Unfall detektiert oder eine Isolationsüberwachung potenziell gefährliche Zustände erkennt. Diese Logik kann die Schütze auch öffnen, wenn das Batteriesystem überlastet ist (Bild 8).

Im ausgeschalteten Zustand des Fahrzeugs ist die Batterie ebenfalls vom Bordnetz getrennt, um zu vermeiden, dass Bordnetzruheströme die Batterie entladen. Eine Zuschaltung des Bordnetzes mit den

Bild 7
1 Batterieklemmen
2 Sicherheitsstecker

Bild 8
1 Batterieklemmen
2 Vorladewiderstand
3 positives Hauptschütz
4 Vorladeschütz
5 Sicherung
6 negatives Hauptschütz

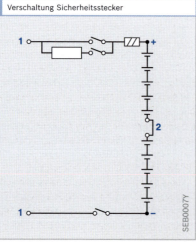

7 Verschaltung Sicherheitsstecker

SEB0007Y

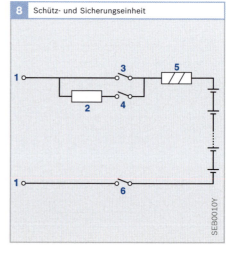

8 Schütz- und Sicherungseinheit

SEB0010Y

Bordnetzkapazitäten beim Start des Fahrzeugs erfolgt über einen Ladeschütz und einen Vorladewiderstand. Hierbei wird die entladene Bordnetzkapazität über einen Vorladewiderstand aufgeladen, um einen zu großen Anfangsladestrom bei leerer Kapazität zu verhindern. Hat die Bordnetzkapazität eine bestimmte Spannung erreicht, so wird der Vorladewiderstand durch das positive Hauptschütz überbrückt. Im normalen Betrieb ist die Batterie über die Hauptschütze mit dem Bordnetz niederohmig verbunden (Bild 9).

Batteriemanagementsystem

Für einen sicheren und zuverlässigen Betrieb der Batterie sind die Bestimmung mehrerer Kenngrößen und die Überwachung verschiedener Grenzen des Batteriesystems sowie die Sicherstellung der Kühlung notwendig. Dies sind Aufgaben des Batteriemanagementsystems (BMS).

Aufgaben des BMS

Das BMS misst den Batteriestrom und die Spannung einzelner Zellen, einzelner Module oder der gesamten Batterie sowie deren Temperatur und ermittelt daraus den Ladezustand der Batteriezellen (SOC, State of Charge), den Schädigungszustand der Batteriezellen (SOH, State of Health) und die zulässige Batterieleistung. Bei Überlastung, bei Verlassen des SOC-Fensters oder bei Übertemperatur schützt es die Batteriezellen durch Abschalten des Systems oder Ausgabe einer Abschaltanweisung.

Das Batteriemanagementsystem kann den Ladestrom oder Ladezustand nicht direkt beeinflussen; es übermittelt über eine Busschnittstelle (CAN) lediglich den Batteriezustand an den Steuergeräteverbund und empfängt von diesem Ansteuerbefehle. Hierbei gibt es Lade- und Entladestrom- oder Leistungsgrenzen vor. Es ist Aufgabe der Lade- oder Betriebsstrategie, den SOC in einem vorgegebenen Fenster zu halten und die angegebenen Leistungsgrenzen des BMS nicht zu überschreiten (Ladezustandsregelung). Es gibt Systemkonfigurationen, bei denen das BMS bei gefährlichen Zuständen die Batteriezellen über Schütze vom restlichen Bordnetz trennen kann. Bei anderen Konfigurationen gibt das BMS nur Leistungsgrenzen aus, während ein anderes Steuergerät über die Abschaltung entscheiden muss.

Das BMS stellt darüber hinaus die Kühlung der Zellen und den Zellausgleich (SOC-Abgleich) sicher. Bei speziellen Batteriezelltypen können noch zusätzliche Aufgaben anfallen.

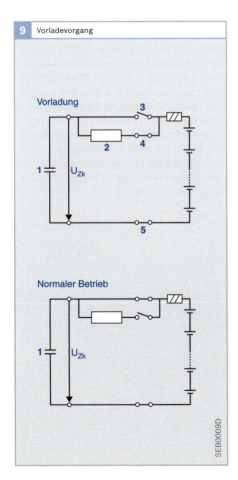

9 Vorladevorgang

Vorladung

U_{Zk}

Normaler Betrieb

U_{Zk}

SEB0009D

Bild 9
1 Bordnetz
2 Vorladewiderstand
3 positives Hauptschütz
4 Vorladeschütz
5 negatives Hauptschütz

Kühlung

Um einen sicheren Betrieb der Batterie auch unter stark schwankender Belastung sicherzustellen, sollte diese eine Temperatur von 45...60°C (je nach System) nicht überschreiten. Die Lebensdauer einer Batterie sinkt stark mit steigender mittlerer Batterietemperatur, da viele Alterungsprozesse temperaturabhängig sind. Daher sollte die Batterie im Mittel unter ca. 40°C betrieben werden.

Die Kühlung der Batterie kann auf verschiedene Arten erfolgen. Eine Möglichkeit ist die Kühlung über die Klimaanlage. Hierbei wird ein Verdampfer der Klimaanlage in die Batterie integriert und die Kühlleistung wird über ein Ventil, das vom BMS angesteuert wird, eingestellt. Dies erfordert eine Zuleitung der Klimaanlage zur Batterie und einen häufigeren Betrieb der Klimaanlage (zur Batteriekühlung).

Eine andere gängige Methode ist die Kühlung der Batterie mit Innenraumluft (Bild 10). Dies bietet sich an, da sich Batteriesysteme bei ähnlichen Temperaturen „wohlfühlen" wie Menschen. Die Kabinenluft wird durch einen BMS-gesteuerten Lüfter angesaugt und durch die Batterie geblasen. Die Temperatur der angesaugten Luft wird gemessen; liegt sie höher als die Batterietemperatur, so wird die Lüftung der Batterie eingestellt.

Als weitere Möglichkeit zur Batteriekühlung kommt auch eine Flüssigkeitskühlung infrage.

Bestimmte Batteriezellsysteme haben bei tiefen Temperaturen eine eingeschränkte Leistungsfähigkeit. Dies kann zusätzliche Maßnahmen zur Aufwärmung der Zellen erforderlich machen.

SOC-Abgleich

Aufgrund von Nebenreaktionen, die von den Zellparametern und der Zelltemperatur abhängen, haben die einzelnen Zellen mit der Zeit einen unterschiedlichen Ladezustand. Dies ist problematisch, da die Zelle mit dem niedrigsten Ladezustand die Entladegrenze vorgibt und die Zelle mit dem höchsten Ladezustand die Ladegrenze. Im ungünstigsten Fall ist eine Zelle noch fast vollständig geladen, während eine andere Zelle fast vollständig entladen ist. In diesem Fall kann die Batterie praktisch weder geladen noch entladen werden, ohne eine Zelle unzulässig zu betreiben. Aus diesem Grund müssen die Zellen einer Batterie von Zeit zu Zeit equilibriert (ausgeglichen) werden.

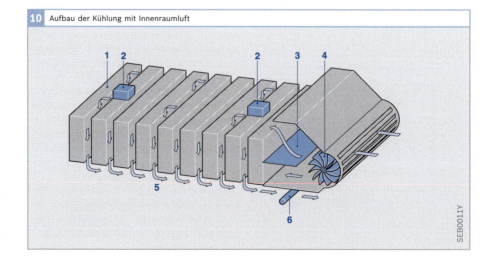

10 Aufbau der Kühlung mit Innenraumluft

Bild 10
1 Zellen
2 Zelltemperatur-
   sensor
3 Ansaugluft-
   temperatursensor
4 Lüfter
5 Luftfluss
6 Abluftemperatur-
   sensor

SEB0011Y

Langsames Überladen

Nickel-Metallhydrid-Batterien (NiMH) sind Systeme mit ausgeprägten Nebenreaktionen, d. h. bei Überladung werden die überschüssigen Ladungen durch Nebenreaktionen abgebaut. Daher kann der Zellausgleich durch ein Überladen mit einem sehr geringen Überladestrom durchgeführt werden. Bei zu großem Überladestrom besteht allerdings die Gefahr, dass die Batterie ausgast oder überhitzt.

Entladen im Ruhezustand

Bei Lithium-Ionen-Batterien sind die Nebenreaktionen nicht ausgeprägt, sodass sich die Methode des langsamen Überladens verbietet. Zum Ausgleich des Ladezustands wird bei diesen Zellsystemen die Ruhespannung der einzelnen Zellen gemessen. Über einen parallelen Transistor und Widerstand werden die Zellen mit höherer Spannung (d. h. mit höherem Ladezustand) langsam entladen, bis die Spannungsdifferenz zwischen den Zellen einen festgelegten Wert unterschreitet (Bild 11).

Ladestrategie

Generell gilt, dass die Batterie durch Zyklisierung (zyklisches Laden und Entladen) geschädigt wird. Diese Schädigung ist umso größer, je größer die Zyklenhübe sind. Die Zyklisierung ist jedoch erforderlich, um den Wirkungsgrad des Triebstrangs z. B. durch elektrisches Fahren und anschließende Rekuperation zu erhöhen. Die Auslegung der Ladestrategie und die gewählte Größe der Batterie stellen somit einen Kompromiss dar zwischen Batterielebensdauer, Batteriekosten und Gewicht einerseits und einem guten Wirkungsgrad des Triebstrangs andererseits.

Normalerweise wird versucht, die Batterie in einem SOC-Fenster von ca. 50…70 % zu halten. Wird dieses Fenster nach oben überschritten, so findet keine Betriebspunktverschiebung des Verbrennungsmotors oder keine Rekuperation mehr statt; die Bremsenergie wird ggf. in der Verschleißbremse umgesetzt.

Bei Erreichen der unteren SOC-Grenze von ca. 50 % muss dafür gesorgt werden,

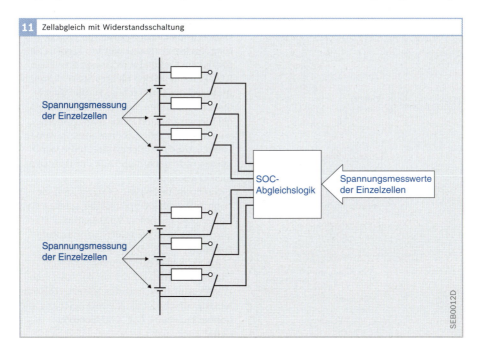

11   Zellabgleich mit Widerstandsschaltung

Spannungsmessung der Einzelzellen

SOC-Abgleichslogik

Spannungsmesswerte der Einzelzellen

Spannungsmessung der Einzelzellen

SEB0012D

dass eine angemessene Batterieentlade-
leistung ermöglicht wird, da diese über
den Boost und somit die Beschleunigungsfähigkeit des Fahrzeugs entscheidet. Daher wird bei Erreichen der unteren SOC-
Grenze verstärkt die Batterie nachgeladen.
Die Entladeleistung wird erst bei Erreichen
einer viel tieferen SOC-Grenze langsam bis
auf Null reduziert. Im normalen Fahrbetrieb erreicht das Fahrzeug diese untere
Entladegrenze praktisch nie und der Fahrer findet immer ein annähernd identi-
sches Beschleunigungsverhalten vor. Lediglich nach einer länger dauernden Voll-
lastfahrt mit Boost könnte es zu einer
spürbaren Verringerung der Beschleunigungsfähigkeit kommen.

Die untere SOC-Grenze spielt auch für
die sichere Erhaltung der Startfähigkeit
und das Vermeiden einer lebensdauer-
schädlichen Tiefentladung eine wichtige
Rolle. Die Sicherstellung der Startfähigkeit
des Fahrzeugs erfordert je nach Zellsystem
und Auslegung einen SOC von mindestens
ca. 20 %. Die Funktionalität der Ladestrategie (Bild 12) wird meist im Motorsteuergerät oder in einem speziellen Hybrid-
steuergerät umgesetzt.

Elektrische Energiespeicher

Für Hybridfahrzeuge werden heute serien-
mäßig Nickel-Metallhydrid-Batterien
(NiMH) eingesetzt. Nickel-Cadmium-Batte-
rien werden aufgrund der Umweltschäd-
lichkeit und Giftigkeit des Werkstoffes
Cadmium für moderne Hybridfahrzeuge
nicht in Betracht gezogen.

Lithium-Batterie-Systeme werden für
den Einsatz in Hybridfahrzeugen entwickelt.

Nickel-Metallhydrid-Systeme (NiMH)

Für Hybridfahrzeuge sind Nickel-Metallhydrid-Batterien vor allem deshalb interessant, weil mit den verwendeten Materialien Konstruktionen mit hoher Leistungsdichte realisiert werden können. Der
alkalische Elektrolyt (wässrige Kalilauge,
KOH) nimmt an den Elektrodenreaktionen
nicht teil (im Unterschied zu Blei/Säure-
Systemen). Zudem hat ein Betrieb im teil-
geladenen Zustand keine negativen Auswirkungen auf die Lebensdauer. In weiten
Ladezustandsbereichen sind hohe Wirkungsgrade bei hohen Lade-/Entladeströ-
men erreichbar.

Nachteile des NiMH-Systems sind die
hohe Selbstentladung und der starke Leis-
tungsabfall bei tiefen Temperaturen. Un-
günstig ist auch die relativ geringe Ruhespannung der NiMH-Zellen.

Als aktives Elektrodenmaterial wird
Nickeloxidhydroxid verwendet sowie ein
Wasserstoff speicherndes Material (Misch-
metall). Mischmetall ist eine Legierung mit
hohem Lanthan-, Cer- und Neodym-
Gehalt.

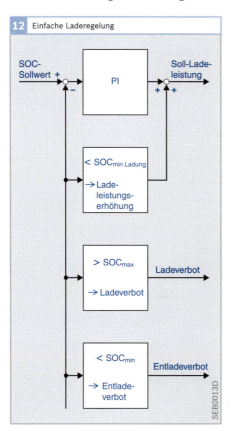

12 Einfache Laderegelung

SOC-Sollwert +

PI

Soll-Lade-leistung

$< SOC_{min\ Ladung}$

→ Lade-leistungs-erhöhung

$> SOC_{max}$

Ladeverbot

→ Ladeverbot

$< SOC_{min}$

Entladeverbot

→ Entlade-verbot

SEB0013D

Die Zelle wird bei leichtem Wasserstoff-überdruck betrieben und besitzt ein Über-druckventil oder eine Berstscheibe, um in kritischen Betriebszuständen Wasserstoff abblasen zu können. Im Betrieb muss da-rauf geachtet werden, dass keine zu hohen Überladungen stattfinden und dass Belüf-tungsmöglichkeiten gegeben sind.

Lithium-Ionen-Systeme (Li-Ionen)

Lithium-Systeme erlauben gegenüber NiMH-Systemen nochmals höhere Ener-gie- und Leistungsdichten bei Zellspan-nungen von ca. 3,6 V. Daher haben sich solche Systeme vor allem im Bereich trag-barer elektrischer Systeme (Mobiltelefon, Laptop) durchgesetzt und dort NiMH-Bat-terien weitgehend verdrängt.

Zurzeit werden Anstrengungen zur Wei-terentwicklung solcher Zellen zur Anwen-dung in Hybridfahrzeugen unternommen. Besonderes Augenmerk wird auf preis-werte und sichere Elektrodenmaterialien gelegt (z. B. $LiMn_2O_4$, $LiFePO_4$).

Durch den Einsatz des leichten Li-Me-talls und die Eigenschaften der anderen beteiligten Materialien (Graphit als Ano-denmaterial) lassen sich äußerst dünne Elektroden herstellen (< 0,5 mm), die Kon-struktionen mit sehr hohen Leistungen er-lauben (z. B. 3 kW/kg bei SOC 60 %, 25 °C und 10 s Pulsdauer). Wegen des hohen Energieinhalts der Elektrodenmaterialien und der hohen Zellspannung sind beson-dere Maßnahmen erforderlich:

▸ Einsatz organischer Elektrolyte mit speziellen Leitsalzen,
▸ Sicherheitskonstruktionen, die z. B. bei Beschädigung eine Explosion der Zelle verhindern,
▸ Überwachung der Einzelzellen zur Vermeidung von Überladung und Über-hitzung.

Die positive Elektrode besteht aus speziel-len Metalloxiden (Ni, Mn, Co oder Mischun-gen aus diesen), die Li-Ionen einlagern können. Diese Ionen können in einem reversiblen Mechanismus beim Entlade-/

Ladevorgang zur Gegenelektrode und zu-rück wandern. Die Gegenelektrode besteht aus Graphit und kann durch ihre Schichten-struktur ebenfalls Li-Ionen aufnehmen.

Lithium-Polymer-Batterien

Eine spezielle Ausführung der Li-Ionen-Batterie ist die Li-Polymer-Batterie. Sie enthält den Elektrolyt in nichtflüssiger Form. Diese Ausführung eignet sich besonders, um biegsame, flexible Zellen herzustellen. Zur Zeit wird untersucht, ob Li-Polymer-Batterien in Hybridfahrzeugen eingesetzt werden können.

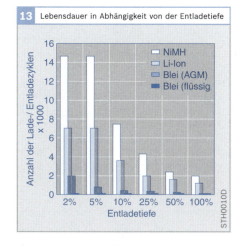

13 Lebensdauer in Abhängigkeit von der Entladetiefe

Bild 13
NiMH: Nickel-Metall-hydrid-System
Li-Ion: Lithium-Ionen-System
AGM: Absorbent Glass Mat
Blei flüssig: Blei-Säure-System/Flüssig-batterie

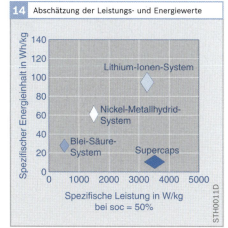

14 Abschätzung der Leistungs- und Energiewerte

Bild 14
Der Vergleich gibt nur eine Abschätzung der prinzipiellen Möglich-keiten der verschie-denen Systeme an. Jedes elektroche-mische System kann, innerhalb gewisser Grenzen, entweder in Richtung Energie oder in Richtung Leistung optimiert werden.

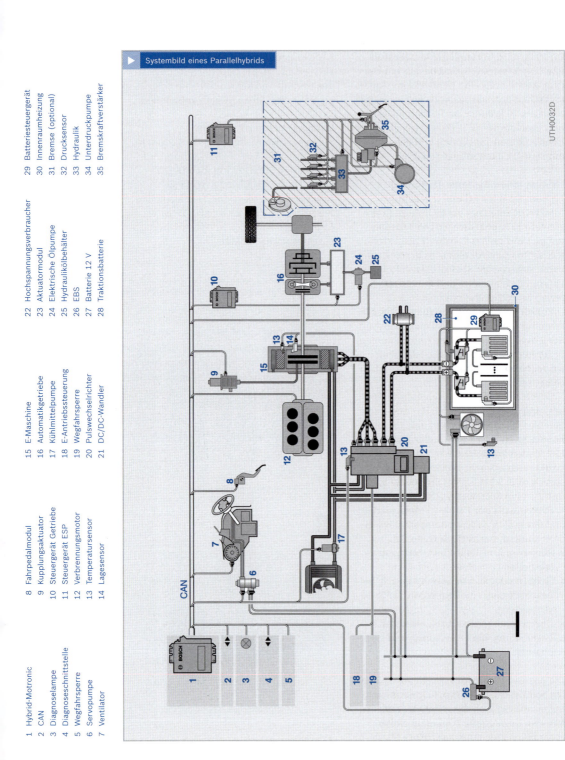

Systembild eines Parallelhybrids

UTH0032D

1 Hybrid-Motronic
2 CAN
3 Diagnoselampe
4 Diagnoseschnittstelle
5 Wegfahrsperre
6 Servopumpe
7 Ventilator

8 Fahrpedalmodul
9 Kupplungsaktuator
10 Steuergerät Getriebe
11 Steuergerät ESP
12 Verbrennungsmotor
13 Temperatursensor
14 Lagesensor

15 E-Maschine
16 Automatikgetriebe
17 Kühlmittelpumpe
18 E-Antriebssteuerung
19 Wegfahrsperre
20 Pulswechselrichter
21 DC/DC-Wandler

22 Hochspannungsverbraucher
23 Aktuatormodul
24 Elektrische Ölpumpe
25 Hydrauliköölbehälter
26 EBS
27 Batterie 12 V
28 Traktionsbatterie

29 Batteriesteuergerät
30 Innenraumheizung
31 Bremse (optional)
32 Drucksensor
33 Hydraulik
34 Unterdruckpumpe
35 Bremskraftverstärker

Brennstoffzellen für den Kfz-Antrieb

Wasserstoff als Energieträger kann auf zwei Arten für den Fahrzeugantrieb genutzt werden. Eine Möglichkeit ist die direkte Nutzung in einem Verbrennungsmotor, der das Fahrzeug antreibt. Alternativ kann mit dem Wasserstoff in einer Brennstoffzelle elektrischer Strom erzeugt werden, der zum Antrieb eines Elektromotors eingesetzt wird.

Brennstoffzellen sind elektrochemische Wandler, die die im Wasserstoff enthaltene chemische Energie direkt in elektrische Energie umwandeln. Dadurch verfügen sie über einen höheren Wirkungsgrad als andere stromerzeugende Prozesse.

Wasserstoff als Energieträger reagiert in einer kalten Verbrennung mit dem Sauerstoff der Luft und produziert dabei Strom. Brennstoffzellen funktionieren ohne bewegliche Teile, ohne mechanische Reibung und arbeiten effizient, geräuscharm und ohne Emission von Schadstoffen.

Funktionsprinzip

Eine Brennstoffzelle besteht aus zwei Elektroden (Anode und Kathode), die durch einen Elektrolyt voneinander getrennt sind (Bild 1). Der Elektrolyt ist nur für Ionen durchlässig. Die Elektroden sind über einen äußeren Stromkreis miteinander verbunden. An der Anode wird der Brennstoff oxidiert, an der Kathode wird Sauerstoff reduziert. Als Brennstoff eingesetzt werden Wasserstoff, wasserstoffhaltige Gasmischungen, Alkohole oder Kohlenwasserstoffe. Die Wahl des Brennstoffs richtet sich nach dem Brennstoffzellentyp. Die einzelnen Brennstoffzellentypen werden im Wesentlichen durch den eingesetzten Elektrolyt bestimmt.

Für mobile Anwendungen werden meist Polymer-Elektrolyt-Membran-Brennstoffzellen verwendet (PEM-BZ, engl. Polymer Electrolyte Membran Fuel Cell, PEM-FC).

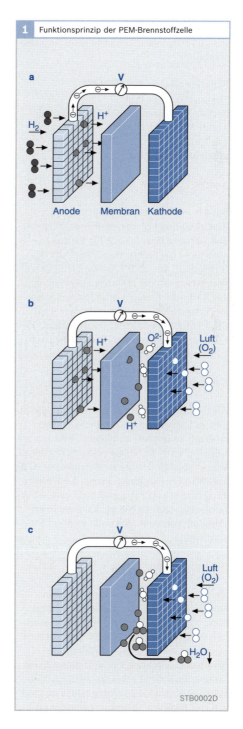

1 Funktionsprinzip der PEM-Brennstoffzelle

a

H_2

H^+

Anode   Membran   Kathode

b

H^+ O^{2-} Luft (O_2)

H^+

c

Luft (O_2)

H_2O

STB0002D

Das Funktionsprinzip der Brennstoffzelle wird im Folgenden anhand dieses Typs beschrieben.

Funktionsweise der PEM-BZ
Chemische Reaktionen
Bei der PEM-Brennstoffzelle wird an der Anode Wasserstoff zugeführt, der dort oxidiert wird. Es entstehen H^+-Ionen und Elektronen (Bild 1a).

Anode: $\quad 2\,H_2 \quad \rightarrow \quad 4\,H^+ + 4\,e^-$

Bei der PEM-BZ ist der Elektrolyt als protonenleitende Polymermembran ausgebildet. Diese ist durchlässig für Protonen, aber nicht für Elektronen. Die H^+-Ionen (Protonen), die an der Anode gebildet werden, passieren die Membran und gelangen zur Kathode. An der Kathode wird Sauerstoff zugeführt, der dort reduziert wird (Bild 1b). Die Reduktion erfolgt mittels der Elektronen, die von der Anode über den äußeren Stromkreis zur Kathode gelangen.

Kathode: $\quad O_2 + 4\,H^+ + 4\,e^- \quad \rightarrow \quad 2\,H_2O$

Als Gesamtreaktion der Brennstoffzelle ergibt sich so die Umsetzung von Wasserstoff mit Sauerstoff zu Wasser (Bild 1c). Im Gegensatz zur Knallgasreaktion, bei der Wasserstoff und Sauerstoff explosionsartig miteinander reagieren, findet die Umsetzung hier in einer sogenannten kalten Verbrennung statt, da die Reaktionsschritte räumlich getrennt an Anode und Kathode stattfinden.

Gesamtreaktion: $\quad 2\,H_2 + O_2 \quad \rightarrow \quad 2\,H_2O$

Die Spannung einer einzelnen Wasserstoff-Sauerstoff-Brennstoffzelle beträgt theoretisch 1,23 V bei einer Temperatur von 25 °C (dieser Wert ergibt sich aus den Standardelektrodenpotenzialen). Im Brennstoffzellenbetrieb wird diese Spannung jedoch nicht erreicht, sie liegt hier bei ca. 0,5...1,0 V. Spannungsverluste sind z. B. auf Reaktionshemmungen oder ge-

störte Gasdiffusion zurückzuführen. Im Wesentlichen hängt die Spannung von Temperatur, Stöchiometrie, Druck und Stromdichte am Betriebspunkt ab. Um die für eine technische Anwendung notwendigen höheren Spannungen zu erreichen, werden aus Einzelzellen Stacks („Stapel") hintereinander geschaltet (Bild 2).

Weiterer Aufbau der PEM-BZ
In den Elektroden der Brennstoffzelle laufen die beschriebenen Reaktionen an Katalysatoren ab. Neben der elektrischen Leitfähigkeit muss auch eine protonische Leitfähigkeit gegeben sein. Außerdem muss der Zugang der Reaktanden (Wasserstoff, Sauerstoff) zu den Elektroden gewährleistet sein. Um diese Anforderungen zu erfüllen, werden die Elektroden der Brennstoffzelle aus einer porösen Matrix aus Katalysatormaterial und protonenleitendem Polymer gebildet (Bild 3). Katalytisch aktive Materialien sind kohlenstoffgeträgerte Edelmetallkatalysatoren. Hierfür kommt sowohl in der Anode als auch in der Kathode als häufigstes Material Platin auf hochoberflächigen[1] Rußpartikeln zum Einsatz.

Für den Aufbau der PEM-BZ werden zusätzlich Bipolarplatten (BPP; Bild 4) und

---

[1] Rußpartikel mit hoher spezifischer Oberfläche

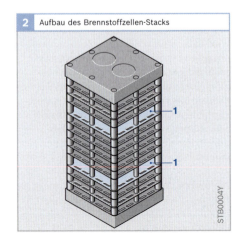

2 Aufbau des Brennstoffzellen-Stacks

STB0004Y

Gasdiffusionslagen (GDL) benötigt. Aufgabe der Bipolarplatten ist die Zuführung von Reaktionsgasen zu den aktiven Flächen (Oberflächen der Elektroden) und die elektrische Anbindung der Elektrodenräume (Ableitung von Elektronen auf der Anodenseite, Zuleitung von Elektronen auf die Kathodenseite). Als Material kommt hierbei entweder graphitgefüllter Kunststoff oder Metall zum Einsatz. Die Gasdiffusionslagen (GDL) aus Kohlefasern in Form von Vliesen oder Geweben erfüllen mehrere Aufgaben. Neben der gleichmäßigen Verteilung der Reaktionsgase auf die Elektroden stellt die GDL durch ihre elastische Struktur eine gute mechanische und elektrische Anbindung an die Katalysatorschicht sicher. Um ein Ausströmen der gasförmigen Reaktanden (Wasserstoff und Sauerstoff) zu verhindern, werden zusätzlich Dichtungen zwischen den Bipolarplatten und den aktiven Flächen benötigt.

Brennstoffzellen-Stacks für den automobilen Antriebsstrang
Zur Realisierung eines Antriebsstrangs auf Basis von Brennstoffzellen werden Stacks im Leistungsbereich von 60...100 kW eingesetzt. Die Stacks bestehen aus ca. 300 bis 450 Zellen, sodass die maximale Betriebsspannung bei 300...450 V liegt. Damit werden Leistungsdichten von

1500...2000 Watt/Liter Stackvolumen erreicht.

Für eine kommerzielle Nutzung als Fahrzeugantrieb müssen die Brennstoffzellenstacks sowohl in technischer als auch in wirtschaftlicher Hinsicht noch verbessert werden. Bezüglich der technischen Eigenschaften muss die Alltagstauglichkeit nachgewiesen werden. Dies betrifft insbesondere die Lebensdauer und Betriebstemperatur des Brennstoffzellenstacks. Aufgrund der relativ niedrigen Betriebstemperatur sind große Kühlerflächen erforderlich und das Fahrzeug kann nicht in extrem heißen Gegenden betrieben werden.

Notwendig ist eine weitere Vereinfachung des Gesamtsystems durch robustere Brennstoffzellenstacks. Ein Ansatz wäre die Entwicklung neuer Elektrolyt-Membranen, bei denen auf eine Befeuchtung der Reaktionsgase verzichtet werden könnte und die gleichzeitig eine Erhöhung der Betriebstemperatur erlauben würden.

In Bezug auf die Wirtschaftlichkeit müssen die Kosten für Brennstoffzellenstacks deutlich verringert werden. Dabei liegen die größten Einsparpotenziale beim Platingehalt der katalytischen Beschichtung. Hieraus resultiert der Ansatz, platinfreie Katalysatoren oder Katalysatoren mit geringem Platinanteil zu entwickeln.

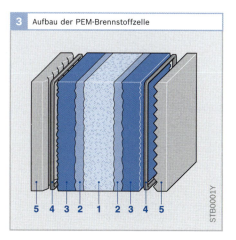

3 Aufbau der PEM-Brennstoffzelle

5 4 3 2 1 2 3 4 5

STB0001Y

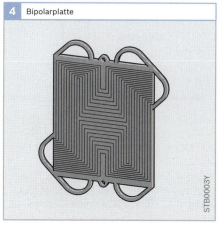

4 Bipolarplatte

STB0003Y

Bild 3
1 Membran
   (Elektrolytschicht)
2 Elektroden
   (Katalysatorschicht)
3 Gasdiffusionslagen
4 Dichtungen
5 Bipolarplatten

Hybridisierte Brennstoffzellen-Fahrzeuge

Hybridisierte Brennstoffzellen-Fahrzeuge haben als Antrieb einen Elektromotor, der von einem Brennstoffzellensystem mit elektrischer Energie versorgt wird (Bild 5). Ein weiterer wichtiger Bestandteil ist die Traktionsbatterie, in der elektrische Energie aus der Brennstoffzelle oder aus der Rekuperation von Bremsenergie zwischengespeichert wird.

Der Antrieb des Brennstoffzellenfahrzeugs erfolgt durch einen direkt übersetzten Elektroantrieb. Der Antrieb besteht aus einer Synchron- oder Asynchronmaschine, die von einem Umrichter so bestromt wird, dass das geforderte Motormoment eingeregelt wird. Aufgrund der hohen Leistung für den Elektroantrieb (bis zu 100 kW) wird in einem Brennstoffzellenfahrzeug ein Traktionsnetz eingesetzt, das mit höherer Spannung betrieben wird (HV, High Voltage; bis zu 450 V). Im Traktionsnetz sind der Elektroantrieb sowie die Hochleistungsverbraucher mit Brennstoffzelle und Traktionsbatterie verbunden, wobei zwischen BZ-Stack und Batterie ein Traktions-DC/DC-Wandler geschaltet ist. Zusätzlich gibt es - wie bei konventionellen Fahrzeugen - ein 12-V-Bordnetz für die

elektrischen Verbraucher mit kleiner Leistung (LV, Low Voltage), das über einen weiteren DC/DC-Wandler aus dem Traktionsnetz versorgt wird.

Der Brennstoffzellenantrieb des Fahrzeugs wird im Wesentlichen von den Systemen Hydrogen Air Management (HAM), Thermisches Management (THM), Elektrisches Energiemanagement (EEM) und dem elektrischen Fahrantrieb gesteuert.

Aufgabe des Hydrogen Air Managements (HAM) ist es, der Brennstoffzelle Luft und Kraftstoff, hier also Wasserstoff, zuzuführen. Der Wasserstoff ist im Hochdrucktank auf 700 bar verdichtet. Über einen Druckminderer wird der Wasserstoff auf ca. 10 bar entspannt und über den Hydrogen Gas Injector der Anode zugeführt.

Der zur elektrochemischen Reaktion notwendige Sauerstoff wird der Umgebungsluft entnommen. Die Luft wird auf der Kathodenseite der Brennstoffzelle über einen Luftfilter von einem Kathodenverdichter angesaugt und auf ca. 2 bar verdichtet. Die Regelung des Luftmassenstroms übernimmt hierbei i. W. der Verdichter. Der Druck wird über ein Staudruckregelventil, das dem Drosselklappensteller des Verbrennungsmotors ähnlich ist, eingestellt. Um ein Austrock-

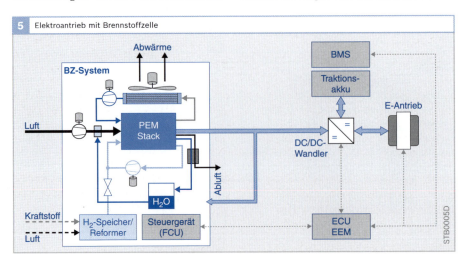

5 Elektroantrieb mit Brennstoffzelle

STB0005D

nen der Membran zu verhindern, wird die dem Brennstoffzellenstack zugeführte Luft über einen Gas-Gas-Befeuchter mit Wasser angereichert.

PEM-Brennstoffzellen mit einer Betriebstemperatur von ca. 85 °C arbeiten auf einem niedrigeren Temperaturniveau als Verbrennungsmotoren. Aufgrund des niedrigeren Temperaturniveaus müssen hier Kühler und Lüfter größer ausgelegt werden. Da das eingesetzte Kühlmittel in direktem Kontakt mit den Elektroden der Brennstoffzelle steht, muss es elektrisch nichtleitend (deionisiert) sein. Das THM hat neben der Temperierung der Brennstoffzellenkomponenten auch die Aufgabe, alle elektrischen Aggregate zu kühlen.

Das Elektrische Energiemanagement (EEM) übernimmt die Verteilung der elektrischen Energieströme im Fahrzeug und regelt den Strom, der aus der Brennstoffzelle entnommen wird. Es sind drei wesentliche Energielieferanten/-speicher zu berücksichtigen: Das Brennstoffzellenstack, die Traktionsbatterie und die E-Maschine.

Die elektrischen Energieflüsse werden mittels Umrichtern, Wechselrichtern und DC/DC-Wandlern gesteuert. Eine weitere Aufgabe des EEM ist die Regelung der E-Maschine auf ein gewünschtes Drehmoment.

Betrieb des BZ-Systems

Startvorgang

Für den Startvorgang eines hybridisierten Brennstoffzellenfahrzeugs wird elektrische Energie aus der 12-V-Bordnetzbatterie und aus der Traktionsbatterie (HV-Akku) genutzt. Das 12-V-Bordnetz versorgt die Steuergeräte, die nach dem Wecken durch die Fernentriegelung oder den Zündschlüssel das Traktionsbordnetz hochfahren. Hierzu fordert die Triebstrangsteuerung (PTM, Powertrain Management) elektrische Energie vom Elek-

trischen Energiemanagement (EEM) an, das wiederum eine Anforderung an die Brennstoffzellen-Steuerung (FCM, Fuel Cell Management) sendet. Das FCM muss nun den Brennstoffzellen-Stack so vorkonditionieren, dass er möglichst schnell in der Lage ist, elektrische Leistung abzugeben. In der Zwischenzeit wird das Traktionsbordnetz alleine aus der Traktionsbatterie gespeist, sodass das Fahrzeug bereits anfahren kann.

Vorkonditionierung des BZ-Stacks

Sobald das EEM Energie vom FCM anfordert, läuft der BZ-Luftverdichter an, die Wasserstoffversorgung aus dem Hochdrucktank wird freigegeben und die Kühlmittelpumpe beginnt zu fördern. Bei Temperaturen über 0 °C ist der BZ-Stack innerhalb weniger Sekunden in der Lage, elektrische Energie abzugeben. Bei Temperaturen unter 0 °C dauert die Konditionierungsphase wesentlich länger und kann sich bei heutigem Stand der Technik im Bereich einiger Minuten bewegen.

Um den BZ-Stack schnell auf Betriebstemperatur zu bringen, muss er elektrisch belastet und so betrieben werden, dass er möglichst viel Wärme und wenig elektrische Leistung liefert. Dabei sind alle elektrischen Zuheizer von Vorteil. Sobald der BZ-Stack eine bestimmte Leistungsfähigkeit erreicht hat, kann er dem Traktionsnetz zugeschaltet werden und die Brennstoffzellenleistung wird über einen DC/DC-Wandler geregelt. Von diesem Zeitpunkt an werden die 12-V-Bordnetz-Batterie sowie die Traktionsbatterie geladen und der Elektroantrieb und weitere elektrische Verbraucher werden mit Energie versorgt.

Fahrbetrieb

Während der Fahrt variiert die erforderliche elektrische Leistung in Abhängigkeit von Fahrgeschwindigkeit, Steigungen, Gefällen usw. Das EEM regelt den Fluss der elektrischen Ströme so, dass die Batterien ausreichend geladen bleiben, die Brennstoffzelle nicht überlastet wird und die

Verbraucher mit genügend elektrischer Energie versorgt werden. Dazu berechnet das EEM eine elektrische Leistungsanforderung und sendet diese an das FCM. Das FCM stellt die Gasversorgung und das Kühlsystem so ein, dass der Stack die geforderte Leistung im optimalen Betriebspunkt abgeben kann. Dabei wird die Stacktemperatur in einem definierten Temperaturbereich geregelt und die Abwärme der Brennstoffzelle wird über einen Kühlmittelkreislauf abgeführt.

Kurzfristige Leistungsspitzen, z. B. beim Anfahren oder Beschleunigen, werden von der Traktionsbatterie abgedeckt, da das Brennstoffzellensystem elektrische Leistung nur mit einer kurzen Verzögerung abgeben kann.

Beim Bremsen des Fahrzeugs kann der elektrische Antrieb generatorisch betrieben werden, sodass er kinetische Energie der Räder in elektrische Energie umwandelt, die in der Traktionsbatterie gespeichert wird (regeneratives Bremsen). Das regenerative Bremsen verbessert die Effizienz des Brennstoffzellenfahrzeugs erheblich, da ein Teil der Energie, die sonst beim Bremsen als Reibungswärme verloren geht, hier genutzt werden kann. Regeneratives Bremsen ist jedoch nur möglich, solange die Traktionsbatterie elektrische Energie aufnehmen kann.

Anpassung der Stack-Leistung über die Wasserstoffmenge

Ziel der Betriebsstrategie des FCM ist es,

▶ die angeforderte Leistung möglichst schnell zur Verfügung zu stellen,
▶ den Betrieb des Brennstoffzellensystems mit optimalem Wirkungsgrad zu gewährleisten,
▶ eine Leistungsreserve zur Verfügung zu stellen, die unmittelbar genutzt werden kann.

Das EEM teilt dem FCM die erforderliche elektrische Nettoleistung mit. Das FCM steuert Druck und Massenstrom von zugeführtem Wasserstoff und Luft so, dass das BZ-System die angeforderte Nettoleistung bei optimalem Wirkungsgrad bereitstellt. Um die Brennstoffzelle gegen Überlastung zu schützen, teilt das FCM dem EEM die aktuell mögliche elektrische Leistungsfähigkeit des BZ-Systems mit.

Das BZ-System wird physikalisch über eine Strom-Spannungsschnittstelle repräsentiert. Bild 6 zeigt den charakteristischen Verlauf von Spannung, Leistung und Wirkungsgrad einer Zelle des BZ-Stacks über der Belastung (Stromdichte). Die einzelne Zelle – und damit auch der gesamte BZ-Stack – hat ihren besten Wirkungsgrad bei kleiner Last. Der Stack-Wirkungsgrad ist definiert als Quotient aus der abgegebe-

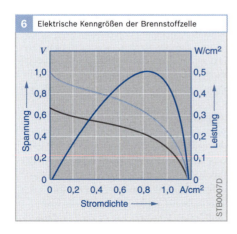

6 Elektrische Kenngrößen der Brennstoffzelle

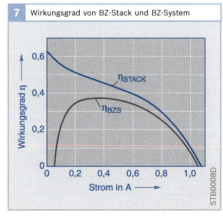

7 Wirkungsgrad von BZ-Stack und BZ-System

nen elektrischen Leistung des BZ-Stacks und der pro Zeiteinheit zugeführten, im Wasserstoff chemisch gebundenen Energie.

Bei der Betrachtung des Wirkungsgrades muss berücksichtigt werden, dass zum Betrieb des BZ-Stacks auch Nebenaggregate versorgt werden müssen. So benötigt z.B. der Kathodenluftverdichter zum Verdichten und Fördern des Luftmassenstroms mehrere Kilowatt Leistung (parasitäre Leistung). Der beste Systemwirkungsgrad (im Gegensatz zum Stack-Wirkungsgrad) verschiebt sich dadurch in den Bereich mittlerer Stromdichtewerte. Bild 7 zeigt den Wirkungsgradverlauf des gesamten BZ-Systems.

Das FCM stellt für den angeforderten Lastpunkt die optimalen Betriebsbedingungen des BZ-Stacks ein; dazu gibt es Druck und Massenstrom der Gase *Wasserstoff* und *Luft* vor, die der Brennstoffzelle zugeführt werden. Zusätzlich wird das optimale Betriebstemperaturniveau eingestellt. Die BZ wird jetzt mit optimalem Wirkungsgrad betrieben (Bild 8), jedoch in der Regel nicht mit maximaler Ausnutzung der erreichbaren elektrischen Leistung. Die maximale elektrische Leistungsabgabe liegt bei höherer Last und könnte ohne Änderung der Gasströme kurzfristig als Leistungsreserve zur Verfügung gestellt werden, allerdings auf Kosten des Gesamtwirkungsgrades.

Thermomanagement

Brennstoffzellen haben einen elektrischen Wirkungsgrad von ca. 50 % bei Nennbetrieb. Dies bedeutet, dass etwa gleich viel Wärmeleistung wie elektrische Nennleistung bei der Umwandlung von chemischer Energie anfällt. Die Wärme muss i. W. an die Umgebung abgeführt werden (Verlustwärme), ein Teil wird auch zur Beheizung der Fahrgastzelle eingesetzt.

Bei Verbrennungsmotoren wird ein großer Teil der Verlustwärme über das Abgas nach außen abgegeben. Da dies bei der Brennstoffzelle nicht der Fall ist, muss dort nahezu die gesamte Verlustwärme über die Kühlflüssigkeit abgeführt werden (Bild 9). Hinzu kommt, dass BZ-Stacks auf einem relativ niedrigen Temperaturniveau von heute maximal 85 °C betrieben werden, also deutlich unter dem Temperaturniveau von Verbrennungsmotoren. Deshalb müssen Kühler und Kühlerlüfter bei der Brennstoffzelle größer dimensioniert werden.

Im Gegensatz zu Verbrennungsmotoren darf das Kühlmittel bei der Brennstoffzelle elektrisch nicht leitend sein, weil es in direktem Kontakt mit den Elektroden des BZ-Stacks steht. Deshalb wird deionisiertes Kühlmittel verwendet, das allerdings hohe Anforderungen an die Korrosionsfestigkeit der eingesetzten Komponenten stellt. Zudem sind Einrichtungen erforderlich, die die elektrische Nichtleitfähigkeit über die gesamte Betriebsdauer sicherstellen.

Die wesentlichen Elemente zur Regelung der Stacktemperatur sind die elektrische Haupt-Kühlmittelpumpe, das elektrische Kühlmittel-Regelventil und der Kühlerlüfter. Die Temperaturregelung ist energetisch optimiert, d. h. die Stellelemente werden so angesteuert, dass möglichst wenig Energie für den Betrieb des Kühlsystems benötigt wird. Die Kühlung der Nebenaggregate erfolgt auf einem niedrigeren Temperaturniveau bei ca. 50...70 °C in einem unabhängigen Kühlmittelkreislauf.

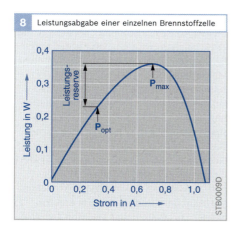

8 Leistungsabgabe einer einzelnen Brennstoffzelle

Leistungsreserve

P_{max}

P_{opt}

Leistung in W

Strom in A

STB0009D

9 Thermomanagement - Kühlung von Stack und Nebenaggregaten

Management des elektrischen Antriebs und des Bordnetzes

Ziel des EEM ist die ausreichende und sichere Versorgung des elektrischen Antriebs und der Verbraucher. Dabei müssen die zulässige Brennstoffzellenbelastung, der Wasserstoff-Verbrauch sowie die Ladezustände von Traktions- und Bordnetzbatterie berücksichtigt werden. Hierzu werden die elektrischen Leistungsflüsse zwischen Brennstoffzelle, Traktionsbatterie, Elektroantrieb sowie HV- und LV-Verbrauchern geregelt. Die Regelung muss dabei die Bordnetzstabilität und die Einhaltung von Spannungsgrenzen berücksichtigen. Als Stellelemente stehen dem EEM der Traktions-DC/DC-Wandler, der Elektroantrieb, Verbraucherbegrenzung oder -abschaltung und das BZ-System über Leistungsstellung zur Verfügung.

Das EEM führt folgende Funktionen aus:
▸ Bilanzierung der elektrischen Leistungen,
▸ Berechnung der optimalen Aufteilung der elektrischen Last auf Brennstoffzelle und Traktionsbatterie,
▸ Generierung der Sollwerte für das BZ-System,
▸ Bestimmung der elektrischen Grenzwerte für den Elektroantrieb,
▸ Bestimmung der Soll- und Grenzwerte für die DC/DC-Konverter,
▸ Begrenzung oder Abschaltung von elektrischen Verbrauchern.

In Abhängigkeit von der Fahrgeschwindigkeit und der Momentenanforderung errechnet die Elektronik des Elektroantriebs die benötigte Antriebsleistung und sendet diese an das EEM. Dort werden alle elektrischen Verbraucher im Fahrzeug bilanziert und eine optimale Aufteilung der elektrischen Last auf BZ und Batterien berechnet. Die resultierende Leistungsanforderung an die BZ wird dem FCM übermittelt. Vom BZ-System und der Traktionsbatterie wird kontinuierlich die zulässige Belastung zurückgemeldet, sodass ggf. die Traktionsbatterie ein Leistungsdefizit der BZ überbrücken kann. Ist das Defizit nicht auszugleichen, werden elektrische Verbraucher und notfalls auch der Elektroantrieb begrenzt oder völlig abgeschaltet, um das Bordnetz stabil zu halten und BZ sowie Batterien zu schützen. Hierzu sendet das EEM Leistungs- und Spannungs-Grenzwerte an die Verbraucher. Besonders zu berücksichtigen ist dabei die Interaktion zwischen den großen elektrischen Verbrauchern und Erzeugern: Elektroantrieb, BZ-System und Traktionsbatterie.

Komponenten des Brennstoffzellensystems

Komponenten des Hydrogen-Air-Managements (HAM)

Betankung

Als Wasserstofftank für Fahrzeuge haben sich Druckgasspeicher (CH_2) und Flüssiggasspeicher (LH_2) durchgesetzt (s. Abschnitt *Wasserstoffspeicherung für mobile Anwendungen*).

Der im Tank unter Hochdruck stehende Wasserstoff muss für den Betrieb auf ca. 10 bar entspannt werden. Dies erfolgt über einen Tankdruckminderer. Obwohl Wasserstoff sich (im Gegensatz zu anderen Gasen) aufgrund des Joule-Thomson-Effekts bei der adiabatischen Entspannung um wenige Grad Celsius erwärmt, überwiegt an der Drosselstelle der Abkühleffekt durch die hohe Strömungsgeschwindigkeit des Gases. Erst wenn sich die Gasströmung wieder verlangsamt, überwiegt die Erwärmung des Gases. Die lokale Abkühlung an der Drosselstelle muss bei der Konstruktion berücksichtigt werden, da das abgekühlte Gas hier Wärme aufnimmt, was zu einer zusätzlichen Temperaturerhöhung des entspannten Gases führt.

Wasserstoffzuführung

Der Hydrogen Gas Injector (HGI) ist ein elektrisch ansteuerbares Druckregelventil, über das anodenseitig der Druck des Wasserstoffs eingestellt wird. Das Ventil wird entsprechend einem Drucksensorsignal angesteuert. Im Gegensatz zu Einspritzventilen bei Verbrennungsmotoren muss das HGI kontinuierliche Massenströme einstellen können. Während beim Verbrennungsmotor das Ventil im richtigen Moment die gewünschte Treibstoffmenge einspritzen oder einblasen muss, muss beim Brennstoffzellensystem die ausreichende Bevorratung an Wasserstoff bei dem richtigen Druckniveau eingeregelt werden.

Dies kann bei Taktventilen über eine zeitliche Modulation von Ansteuerung und Nichtansteuerung im 20-ms-Takt realisiert werden. Geeigneter ist es jedoch, mit Proportionalventilen den Massenstrom über die Drosselöffnung einzustellen. Ein typischer Durchflusswert liegt bei 2,1 g/s Wasserstoff. Der einzuregelnde Druck beträgt maximal 2,5 bar.

Der Brennstoffzellenstack benötigt eine Durchströmung mit Wasserstoff auf der Anodenseite, um die Leistungsfähigkeit des Stacks zu erhöhen (Homogenisierungsmaßnahme). Damit möglichst kein Wasserstoff nach außen abgegeben wird, wird er innerhalb des Systems durch ein Rezirkulationsgebläse im Kreis gefördert.

Störende Fremdgase auf der Anodenseite werden über ein elektrisch ansteuerbares Ventil, das Purgeventil, abgelassen. Dieses *Purgen* verhindert eine Anreicherung von störenden Fremdgasen aus dem Tank oder von Diffusionsgasen von der Kathodenseite (z. B. Stickstoff). Das Ventil ist anodenseitig am Stackausgang angebracht. Auch zum Ausblasen unerwünschter Wassermengen im Anodenpfad wird das stromlos geöffnete Ventil eingesetzt.

Der über das Purgeventil nach außen abgegebene Wasserstoff wird in einem Katbrenner mit dem Luftsauerstoff zu Wasser umgesetzt. Die dabei freiwerdende Wärme wird bei manchen Systemen z. B. zum Heizen genutzt.

Luftzuführung

Der elektrische Kathodenverdichter hat die Aufgabe, entsprechend der geforderten Brennstoffzellenleistung einen Luftmassenstrom zu erzeugen und auf Systemdruck zu verdichten. Die Luft wird durch die Verdichtung erwärmt und muss über einen Kathodenluftkühler temperiert werden. Die angesaugte Luft wird mit einem Luftfilter von Fremdpartikeln gereinigt.

Ein Luftmassenstromsensor misst die Luftmenge, die der Kathode zugeführt wird. Er ist in der Regel als Heißfilmluftmassenmesser (HFM) ausgeführt. Der

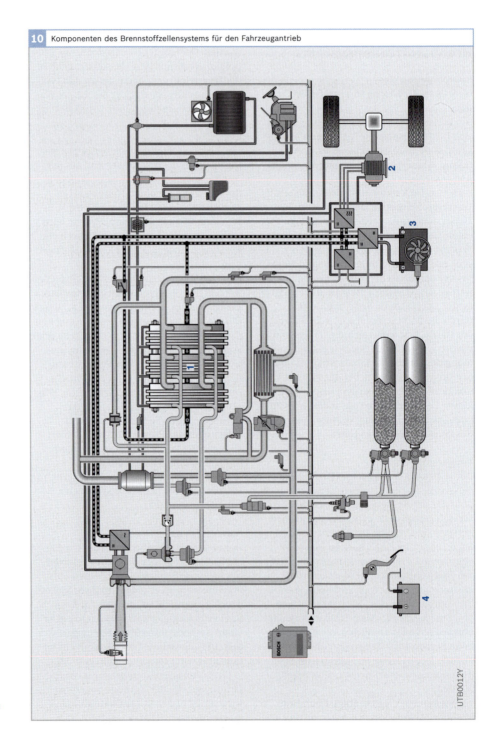

10 Komponenten des Brennstoffzellensystems für den Fahrzeugantrieb

UTB0012Y

Bild 10
1 Brennstoffzelle
2 Elektromotor
3 Traktionsbatterie
4 Batterie 12 V

Luftmassenstrom hat bei einer 85-kW-Brennstoffzelle eine Größenordnung von 400 kg pro Stunde.

Während der Verdichter im Wesentlichen für die Erzeugung eines vorgegebenen Massenstroms zuständig ist, regelt das Staudruckregelventil (Drosselklappe) den Druck ein. Die Regelstrategie berücksichtigt, dass Druck und Massenstrom prinzipbedingt nicht unabhängig voneinander eingestellt werden können.

Der Druck der zugeführten Gasströme auf beiden Eingangsseiten der Brennstoffzelle wird von Anoden- bzw. Kathodendrucksensoren gemessen. Bei der Druckregelung muss beachtet werden, dass eine festgelegte Druckdifferenz zwischen Anoden- und Kathodenseite nicht überschritten werden darf. Schon eine Druckdifferenz von 0,5 bar kann zu Schädigungen an der Brennstoffzellen-Membran führen.

Aus Sicherheitsgründen sind mehrere Wasserstoffsensoren im Fahrzeug angebracht. Wasserstoff kann schon ab einem Anteil von 4 Vol.-% in der Luft zu einem zündfähigen Gemisch führen; die Sensoren sprechen schon ab 1 Vol.-% an.

Befeuchtung der Luft

Brennstoffzellen arbeiten nur innerhalb eines bestimmten Feuchtebereichs optimal. Daher muss der trockene Luftmassenstrom auf der Kathodenseite befeuchtet werden. Dies kann über einen Gas-Gas-Befeuchter geschehen. Für die Befeuchtung wird der Wasserdampf verwendet, der infolge der elektrochemischen Umsetzung in der Brennstoffzelle entsteht und der mit einer Temperatur von ca. 80 °C die Kathode verlässt.

Der Gas-Gas-Befeuchter besteht aus Bündeln von Trennmembranen, die ein gutes Übertragungsverhalten für Wasser, jedoch eine weniger gute Übertragung für Sauerstoff haben. Durch dieses selektive Verhalten kann über das Partialdruckgefälle aus dem feuchten Abgas die trockene Luft aus dem Verdichter befeuchtet werden, ohne dass Sauerstoff in großen Mengen auf die Abgasseite diffundiert.

Ein Kathoden-Bypassventil stellt die Menge der dem Gas-Gas-Befeuchter zugeführten feuchten Kathodenabluft ein und steuert damit die Feuchte der Kathodenluft am Stackeintritt. Indirekt wird damit auch die Feuchte der Brennstoffzellenmembran eingestellt.

Zur Regelung der optimalen Feuchte der Kathodenluft wird ein Feuchtesensor eingesetzt.

Komponenten des thermischen Managements (THM)
Kühlung des Stacks

Die elektrische Kühlmittelpumpe fördert einen definierten Kühlmittelstrom durch alle in den Kühlmittelkreislauf eingebundenen Komponenten. Wesentliche Aufgaben sind die Kühlung und homogene Temperierung des Stacks. Abhängig von der Wärmeabgabe des Stacks wird dabei ein definierter Kühlmittelstrom gefördert, so dass sich die Temperaturdifferenz zwischen Kühlmitteleingang und -ausgang auf einen gewünschten Wert einstellt. Die hydraulische Auslegung der Kühlmittelpumpe ist stark abhängig vom Aufbau und der Betriebsstrategie des Stacks. Die Nenn-Fördermenge liegt bei 10 000 bis 12 000 l/h.

Die Kühlmittelpumpe ist als hermetische Kreiselpumpe mit integrierter Antriebselektronik ausgeführt. Sie hat eine elektrische Leistungsaufnahme von ca. 1 kW und wird aus dem Hochspannungsbordnetz versorgt.

Das Haupt-Kühlmittelregelventil ist das zentrale Stellglied zur Einstellung des gewünschten Kühlmittel-Temperaturniveaus im Stack. Es übernimmt die definierte Aufteilung des im Kühlmittelkreislauf umgewälzten Kühlmittelstroms auf Kühlerzweig und (Kühler-) Bypasszweig entsprechend dem Ansteuersignal. Nach der Wiedervereinigung beider Teilvolumenströme ergibt sich eine Mischtemperatur entsprechend der Volumenstromverhältnisse, die die Vorlauftemperatur des Stacks darstellt.

Das Kühlmittel muss elektrisch nichtleitend sein, da es in direktem Kontakt mit den Elektroden des Stacks steht. Es wird Kühlmittel auf Basis eines deionisierten Wasser-Glykol-Gemischs verwendet. Dieses Kühlmittel ist jedoch korrosiv und löst aus vielen Werkstoffen bei Kontakt Ionen heraus. Infolge des Ioneneintrags steigt die elektrische Leitfähigkeit des Kühlmittels an. Obwohl durch gezielte Auswahl der Werkstoffe im Kühlmittelkreislauf dieser Prozess stark eingeschränkt werden kann, ist eine permanente Kühlmittelreinigung erforderlich. Das Kühlmittel strömt dabei über einen mit Mischbettharz gefüllten Ionenaustauscher und wird durch Ionenentzug gereinigt.

Ein Leitfähigkeitssensor misst die elektrische Leitfähigkeit des Kühlmittels und meldet den Istwert an das Steuergerät des Brennstoffzellensystems. Der Sollwert der Kühlmittelleitfähigkeit liegt bei < 5...50 µS/cm.

Ein Ausgleichsbehälter bevorratet Kühlmittel, nimmt thermische Volumenänderungen des Kühlmittels auf und hält das Kühlsystem unter Druck. Er befindet sich an der geodätisch höchsten Stelle des Kühlmittelkreislaufs. Ggf. im Kühlkreislauf vorhandene Gase wie Luft oder Wasserstoff werden dorthin transportiert und gesammelt. Zur Befüllung des Systems befindet sich ein Deckel im Ausgleichsbehälter, in dem ein Über- und ein Unterdruckventil integriert sind.

Hauptkühler (Hochtemperaturkühler)
Der Hauptkühler dient der Abfuhr der vom Brennstoffzellenstack und dem Kathodenluftwärmetauscher in den Kühlmittelkreislauf eingetragenen Wärme an die Umgebungsluft. Die Betriebstemperatur des Stack liegt bei ca. 80...85 °C und darf nicht nennenswert überschritten werden.

Da Brennstoffzellensysteme – anders als Verbrennungsmotoren – nur einen geringen Abgaswärmestrom aufweisen, muss praktisch die gesamte Verlustwärme über den Kühlmittelkreislauf abgeführt werden. Das niedrigere Temperaturniveau sowie der höhere Kühlmittelwärmeeintrag bedingen eine größere Kühlerauslegung als beim Verbrennungsmotor. Deshalb ist auch der maximale Kühlluftbedarf des Brennstoffzellensystems im Vergleich zum Verbrennungsmotor erhöht.

Der Hauptkühler bildet zusammen mit dem Kühlerlüfter, der Kühlerzarge und dem Gaskühler der Fahrzeugklimaanlage das Kühlermodul. Das Kühlermodul ist im Fahrzeugvorbau angeordnet, um bestmöglich mit Fahrtwind als Kühlluft beaufschlagt zu werden.

Niedertemperaturkühler E-Kühlung
Die Betriebstemperatur des Stacks liegt über der Betriebstemperatur der elektrischen Nebenaggregate und EEM-Komponenten. Der Hauptkühler wird deshalb auch als Hochtemperatur-Kühler bezeichnet, wohingegen für die Kühlung der Elektronik ein separater Niedertemperaturkühler vorhanden ist. Der Niedertemperaturkühler dient der Wärmeabfuhr aus dem sekundären Kühlmittelkreislauf, der für die Kühlung der elektrischen Nebenaggregate und EEM-Komponenten verantwortlich ist.

Eine elektrische Sekundär-Kühlmittelpumpe fördert den notwendigen Kühlmittelstrom und wälzt diesen in einem eigenständigen Niedertemperatur-Kühlmittelkreislauf um. Der Temperaturbereich beträgt etwa 50...70 °C. Die Verwendung von elektrisch nichtleitendem Kühlmittel ist im Niedertemperatu-Kühlmittelkreislauf nicht erforderlich.

Haupt-Kühlerlüfter
Der Haupt-Kühlerlüfter unterstützt die Versorgung des Haupt- und Niedertemperaturkühlers sowie des Gaskühlers der Fahrzeugklimaanlage mit Kühlluft, sobald

die Kühlluftbereitstellung durch den Staudruck (Fahrtwind) nicht ausreicht, z. B. bei Bergfahrt oder Fahrzeugstillstand. Die elektrische Aufnahmeleistung des Kühlgebläses liegt in der Größenordnung von ca. 750...1200 W. Im Falle des separat angeordneten Niedertemperaturkühlers der E-Kühlung ist ein zusätzlicher Sekundär-Kühlerlüfter erforderlich.

Heizungswärmetauscher

Der Heizungswärmetauscher hat die Aufgabe, bei Bedarf Wärme aus dem Stack-Kühlmittelkreislauf an die Klimatisierungsluft für den Fahrzeuginnenraum abzugeben.

Insbesondere im Teillastbetrieb, in dem das Brennstoffzellensystem sehr effizient arbeitet, wird teilweise nicht genügend Wärme vom Stack erzeugt, um eine ausreichende Beheizung der Fahrgastzelle sicherzustellen. In diesem Fall wird die Klimatisierungsluft durch nachgeschaltete elektrische PTC-Luftzuheizer (PTC: Positive Temperature Coefficient) zusätzlich erwärmt, bevor sie in den Fahrzeuginnenraum geleitet wird. Die elektrische Aufnahmeleistung der Luftzuheizer liegt im Bereich von 3...5 kW.

Ein Absperrventil öffnet oder schließt die Kühlmittelleitung zum Heizungswärmetauscher, damit dieser nur bei einer Heizleistungsanforderung mit Kühlmittel durchströmt wird.

Kathodenluftwärmetauscher

Der Kathodenluftwärmetauscher heizt oder kühlt (je nach Kühlmitteltemperatur, Betriebspunkt des Kathodenverdichters und Umgebungstemperatur) die Kathodenluft vor Eintritt in den Stack. Er ist als Kühlmittel/Luft-Wärmetauscher ausgeführt. Dadurch wird die Kathodenluft ungefähr auf das Temperaturniveau des Stack-Kühlmittelkreislaufs temperiert. Im Kühlleistungsfall muss der Kathodenluftwärmetauscher bei einem 60-kW-Stack eine Wärmeleistung von ca. 5 kW abführen können.

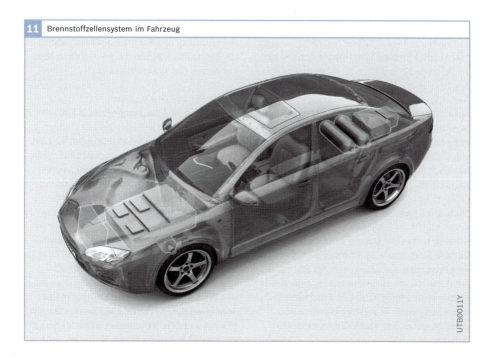

11 Brennstoffzellensystem im Fahrzeug

UTB0011Y

Die kühlmittelseitige Zuheizung ist insbesondere für die Kaltfahrt bei niedriger Außentemperatur (ab ca. - 20 °C) notwendig, da dann die Temperaturanhebung der Kathodenluft infolge der Verdichtung nicht ausreicht.

Elektrischer Stack-Zuheizer

Zur schnellen Aufwärmung des Stacks bei Temperaturen unter 0 °C wird mittels einer elektrischen Widerstandsheizung zugeheizt. Die Zuheizung erfolgt möglichst nahe an der BZ-Membran, um eine unnötige Erwärmung stackexterner thermischer Massen zu vermeiden. Insbesondere in den Bereichen der Stackendplatten sind Zuheizmaßnahmen notwendig, da sich diese Bereiche am langsamsten erwärmen und generell niedrigere Temperaturen aufweisen als die mittleren Bereiche des Stacks.

Komponenten des elektrischen Energiemanagements (EEM)

Elektrischer Fahrantrieb

Der Elektroantrieb erzeugt das gewünschte Fahrmoment und ist aufgrund der hohen erforderlichen Antriebsleistung bis zu 100 kW als elektronisch kommutierter Antrieb ausgeführt. Er besteht aus einer Leistungselektronik (Umrichter) und dem Elektromotor. Während der Fahrt arbeitet der Antrieb im motorischen Betrieb; beim Bremsen oder im Schubbetrieb wird er in den generatorischen Betrieb umgeschaltet und erzeugt elektrischen Strom, der in der Traktionsbatterie gespeichert wird.

Die Gleichspannung des Traktionsbordnetzes wird im Umrichter in einen mehrphasigen Wechselstrom gewandelt, wobei die Amplitude in Abhängigkeit vom gewünschten Antriebsmoment geregelt wird. Da das Traktionsnetz aufgrund der hohen Antriebsleistungen eine Gleichspannung von bis zu 450 V aufweist, werden getaktete IGBT-Endstufen eingesetzt.

Eine Synchron- oder Asynchronmaschine wandelt die mehrphasige Wechselspannung des Umrichters in das gewünschte Antriebsmoment.

Traktionsbatterie

Zur Überbrückung von Leistungsspitzen und hochdynamischen Lastwechseln sowie zur Wirkungsgradsteigerung verfügt das Brennstoffzellensystem über einen Hochleistungsakku. Es werden NiMH oder Li-Ionen-Akkus mit Maximalleistungen von ca. 50 kW eingesetzt. Aufgrund der hohen Leistungen werden bis zu 240 Hochleistungszellen in Reihe geschaltet und somit eine Spannung von ca. 200 bis 300 V erreicht.

Zur Überwachung und Zustandsdiagnose des Akkusatzes ist ein Batterie-Management-System (BMS) an dem Zellpack angebracht, das den Ladezustand sowie die Leistungsfähigkeit berechnet. Ferner sind im BMS die Temperatur-, Spannungs- und Stromsensorik sowie Hochleistungsschütze integriert.

Zur Kühlung des Batteriesystems fördert ein drehzahlgeregeltes 12-V-Gebläse Kühlluft durch die Traktionsbatterie.

Traktions-DC/DC-Wandler

Ein nicht-potenzialgetrennter DC/DC-Wandler regelt die Lade- und Entladeströme des Traktionsakkus sowie die Last des Brennstoffzellenstacks. Üblicherweise liegt die Spannung zwischen 150...450 V, wobei Maximalströme von bis zu 300 A übertragen werden.

Bordnetz-DC/DC-Wandler

Das 12-V-Bordnetz wird aus dem Traktionsnetz versorgt. Dazu wird ein DC/DC-Wandler eingesetzt, der die Hochvolt-Spannung in eine 12-V-Spannung wandelt. Aus Sicherheitsgründen muss dabei ein potenzialgetrennter DC/DC-Konverter eingesetzt werden. Er arbeitet unidirektional mit einer Leistung von ca. 2...3 kW.

Das 12-V-Bordnetz des Brennstoffzellen-Fahrzeugs ist identisch zum Bordnetz von konventionellen Fahrzeugen aufgebaut. Aufgrund des Zwei-Spannungsbordnetzes ist ein getrennter Kabelbaum für Traktionsnetz (HV, High Voltage) und 12-V-Bordnetz erforderlich. In beiden Kabelbäumen werden Schmelzsicherungen zur Vermeidung von Überlastung der Stromkabel eingesetzt.

High Voltage Monitoring System (HVMS) für den Brennstoffzellenstack

Das HVMS ist am Brennstoffzellenstack angeordnet und beinhaltet die Strom- und Spannungssensorik sowie zwei Hochleistungsschütze für die Gleichspannungsanschlüsse der Brennstoffzelle. Es treten Spannungen bis 450 V und Ströme von über 300 A auf.

Wasserstoffspeicherung für mobile Anwendungen

Anforderungen

Für die Nutzung von Brennstoffzellen als Energiequelle eines Kraftfahrzeugs muss der für den Betrieb benötigte Wasserstoff gespeichert an Bord mitgeführt werden. An den Speicher werden verschiedene Anforderungen gestellt, wobei man sich weltweit an den Vorgaben des US Department of Energy (DOE) als Zielvorgaben orientiert. Diese Anforderungen können bis jetzt aber nur unvollkommen erfüllt werden. Die wichtigsten technischen Ziele sind:

▶ Begrenzung der H_2-Verluste, die z.B. durch Permeation von H_2 durch die Speicherwand entstehen.
▶ Hohe gravimetrische und volumetrische Speicherdichte, d.h. gespeicherte H_2-Masse bezogen auf das Gewicht bzw. das Volumen des Speichers.
▶ Fahrstrecke größer als 500 km zwischen zwei Tankstops. Dafür ergibt sich eine notwendige H_2-Speichermenge von mindestens 5 kg.

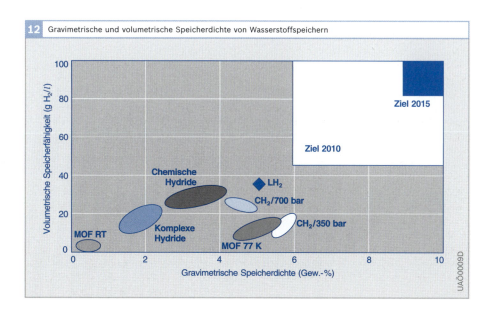

12 Gravimetrische und volumetrische Speicherdichte von Wasserstoffspeichern

UAÖ0009D

▸ Vollständige Betankung innerhalb weniger Minuten.
▸ Sicherheit im Betrieb und bei Unfällen (z. B. bei Freisetzung von H_2 hinsichtlich der Brennbarkeit und Toxizität des Speichermaterials.)

Diese Anforderungen können bis heute nur unvollständig erfüllt werden.

Gravimetrische und volumetrische Speicherdichte

Wasserstoff hat zwar eine sehr hohe gewichtsbezogene Energiedichte (etwa $1,2 \cdot 10^5$ kJ/kg und damit fast dreimal so hoch wie die von Benzin), die volumenbezogene Energiedichte ist jedoch aufgrund der geringen spezifischen Dichte gering.

Trotz der hohen gewichtsbezogenen Energiedichte des Wasserstoffs ist die Gewichtsfrage nicht unerheblich; entscheidend ist hierbei aber nicht das Gewicht des Wasserstoffs alleine, sondern das Gewicht des gesamten Tanksystems (Speichermaterial, Tankwand und Komponenten wie z. B. Ventile und Druckregler).

Neben Sicherheitsaspekten, die selbstverständlich erfüllt werden müssen, sind gravimetrische und volumetrische Speicherdichte die vorrangigen technischen Kriterien für den Wasserstoffspeicher. Daneben spielen die Kosten des Speichers eine entscheidende Rolle.

Wasserstoffspeicher

Weltweit wird eine große Vielfalt von Speichersystemen untersucht und entwickelt. Bild 12 zeigt die derzeit als aussichtsreich eingestuften Speichersysteme mit den Eigenschaften gravimetrische und volumetrische Speicherdichte.

Flüssigwasserstoff (Liquid Hydrogen, LH_2) und Druckwasserstoff bei 700 bar (Compressed Hydrogen, CH_2) kommen den vom DOE gesteckten Zielen sowohl hinsichtlich der gravimetrischen als auch der volumetrischen Speicherdichte zurzeit am nächsten.

Andere Systeme wie Metallhydride, komplexe Hydride oder Metal Organic Frameworks (MOF) sind bisher entweder in

Bild 13
1 Innenbehälter
2 Außenbehälter
3 Füllrohr
4 Aufhängung
5 Flüssigwasserstoff (-253 °C)
6 Entnahme von gasförmigem Wasserstoff (+20 °C bis +80 °C)
7 Warmventilbox
8 Superisolierung
9 Hitzeschild
10 Gasentnahme
11 Niveaufühler
12 Flüssigentnahme
13 Elektroerhitzer
14 Füllanschluss
15 Kaltventilbox
16 Kühlwasser- wärmetauscher
17 Ventilbox (Sicherheit und Druckbegrenzung)

Bild: Linde, Hydrogen Solutions

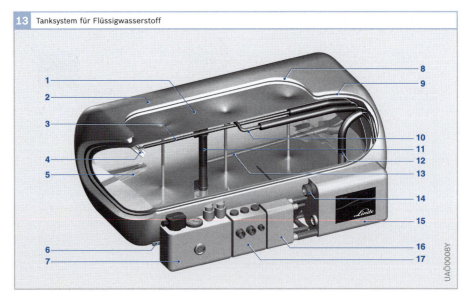

13 Tanksystem für Flüssigwasserstoff

ihren Speicherwerten deutlich schlechter oder erfordern einen hohen Aufwand zum Betrieb des Systems. Erheblicher Energieaufwand kann z. B. bei chemischen Speichern und Adsorptionsspeichern zur Kühlung notwendig werden, um die beim Betanken freiwerdende Reaktionsenergie abzuführen. Umgekehrt muss ggf. erhebliche Energie zur Erwärmung des Speichers aufgebracht werden, um den Wasserstoff wieder freizusetzen.

Auch sind diese Speicher empfindlich gegen Verunreinigungen wie z. B. Wasserdampf oder Kohlenmonoxid im Wasserstoff-Gas. Diese Verunreinigungen können irreversibel H_2-Speicherplätze belegen, wodurch die Speicherkapazität des Materials reduziert wird.

Flüssigwasserstoffspeicher

Um Wasserstoff bei einem Druck von 1 bar zu verflüssigen, muss er auf 20 K (- 253 °C) abgekühlt werden. Dies erfordert einen großen Energieaufwand, der etwa einem Drittel des Energieinhalts des gespeicherten Wasserstoffs entspricht.

Bild 13 stellt einen Flüssigwasserstoff-Tank mit einem geometrischen Volumen von 120 Litern dar. Der maximal zulässige Betriebsdruck beträgt 8 bar. Die doppelwandige Speicherwand ist evakuiert und enthält eine isolierende Füllung.

Trotz der optimalen Isolierung ist ein Wärmeeintrag über die Speicheroberfläche unvermeidlich. Um den Wärmeeintrag möglichst klein zu halten, kommen für den Speicher nur Kugel- oder Zylinderformen in Frage. Mit diesen Geometrien lassen sich bei vorgegebenem Volumen die kleinsten Oberflächen und damit auch minimale Wärmeeinträge realisieren. Die Unterbringung des Tanks im Fahrzeug wird durch diese Formgebung jedoch erschwert.

Boil-off-Effekt

Durch den verdampfenden Wasserstoff nimmt der Druck im Speicher stetig zu. Bei einem definierten Überdruck öffnet ein Sicherheitsventil. Dadurch kann Wasserstoff entweichen, der dabei katalytisch in Wasser umgewandelt wird. Dieser boil-off-Effekt führt dazu, dass trotz bester thermischer Isolierung der Tank bei ruhendem Fahrzeug nach einigen Wochen entleert ist.

Druckspeicher

Druckspeicher bis 700 bar stellen eine weitere Lösung zur Speicherung von Wasserstoff dar. Diese Druckbehälter sind in Deutschland vom TÜV geprüft und für den Gebrauch zugelassen.

Um die notwendige mechanische Stabilität bei den hohen Speicherdrücken zu erzielen, kommen nur kugel- oder zylinderförmige Tankformen infrage. Dadurch wird der nutzbare Raum im Fahrzeug für Passagiere und Gepäck eingeschränkt. Durch die Anordnung mehrerer parallel geschalteter kleinerer Speicherzylinder kann das erforderliche Tankvolumen platzsparender im Fahrzeug untergebracht werden; dies ist aber mit höheren Kosten verbunden.

Alternative Kraftstoffe

Neben alternativen Antriebskonzepten werden auch verschiedene Ansätze zur Nutzung alternativer Kraftstoffe verfolgt. Der Begriff „alternativ" bezieht sich dabei nicht auf bestimmte Eigenschaften oder Vorzüge eines Kraftstoffs, sondern besagt lediglich, dass es sich um eine Alternative zu konventionellem Otto- oder Dieselkraftstoff handelt. Zu den alternativen Kraftstoffen zählen sowohl regenerative Kraftstoffe, die aus Biomasse oder mittels Windkraft und Solarstrom erzeugt werden, als auch Kraftstoffe auf der Basis fossiler Energieträger.

Einsatz alternativer Kraftstoffe im Kfz

Motivation
Für den Einsatz alternativer Kraftstoffe anstelle von herkömmlichen Otto- und Dieselkraftstoffen gibt es verschiedene Motivationen. Neben der Verringerung der CO_2-Emissionen und weiterer Schadstoffemissionen geht es auch um die Versorgungssicherheit. So soll durch den Einsatz alternativer Kraftstoffe die Abhängigkeit vom Erdöl verringert werden. Der Einsatz von Kraftstoffen aus unterschiedlichen Primärenergieträgern hilft auch, die Reichweite der begrenzten Erdölvorkommen zu erhöhen. Die Europäische Kommission hat im Jahr 2000 in ihrem Grünbuch „Hin zu einer europäischen Strategie für Energieversorgungssicherheit" als Ziel für 2020 festgelegt, 20 % der konventionellen Kraftstoffe durch alternative Kraftstoffe zu ersetzen.

Kriterien
Ökologische Bewertung
Zur Beurteilung eines Kraftstoffs darf nicht nur seine Verbrennung betrachtet werden. Maßgeblichen Einfluss auf die ökologische Bewertung haben auch der Energieverbrauch und die Emissionen, die bei der Herstellung, Verteilung und Speicherung des Kraftstoffs entstehen (s. Abschnitt *Well-to-Wheel-Analyse*).

Der Wirkungsgrad des jeweils eingesetzten Fahrzeugantriebs bestimmt den Kraftstoffverbrauch und wirkt sich somit auf die ökologische Bewertung des Kraftstoffs aus. So können für einige Kraftstoffe optimierte Verbrennungsmotoren oder effizientere Antriebsquellen (z. B. Brennstoffzellen) zum Einsatz kommen, sodass sich ein geringerer Kraftstoffverbrauch ergibt.

Kosten für den Verbraucher
Der Einsatz alternativer Kraftstoffe wird jedoch nicht allein durch ökologische Gesichtspunkte bestimmt. Wesentliches Kriterium für den Verbraucher sind die Kosten für den Kraftstoff und das Fahrzeug (Mehrkosten bei Neuanschaffung oder Nachrüstung). Daher hängt die Akzeptanz eines alternativen Kraftstoffs wesentlich von Steuervergünstigungen gegenüber herkömmlichen Otto- und Dieselkraftstoffen ab.

> ▶ **Energieträger**
>
> **Primärenergieträger**
> Primärenergieträger sind natürlich vorkommende Energieträger, z. B. die fossilen Energieträger Erdöl, Erdgas und Kohle sowie nukleare Energieträger wie z. B. Uran als Kernbrennstoff. Im weiteren Sinne zählen zu den Primärenergieträgern auch erneuerbare Energiequellen wie z. B. Wasserkraft und Sonnenenergie.
>
> **Sekundärenergieträger**
> Sekundärenergieträger können – im Gegensatz zu vielen Primärenergieträgern – direkt zur Energiebereitstellung eingesetzt werden und werden daher auch als Nutzenergieträger bezeichnet. Sie müssen meist durch Umwandlungsprozesse aus Primärenergieträgern erzeugt werden. Einige Primärenergieträger – wie z. B. Erdgas – können hingegen direkt genutzt werden. Zu den sekundären Energieträgern zählen z. B. Otto- und Dieselkraftstoffe, Wasserstoff und elektrischer Strom.

Nutzungspotenzial

Die möglichen Anteile der einzelnen alternativen Kraftstoffe am gesamten Kraftstoffverbrauch hängen wesentlich davon ab, in welchem Umfang und zu welchen Kosten die zur Herstellung eingesetzten Primärenergieträger verfügbar sind. Inwieweit sich die verfügbaren Ressourcen tatsächlich wirtschaftlich nutzen lassen, hängt dabei auch von den politischen Rahmenbedingungen (z. B. Steuervergünstigungen, Quotenregelungen) ab.

Praktische Kriterien für den Einsatz alternativer Kraftstoffe

Neben ökologischen und wirtschaftlichen Kriterien spielen auch rein praktische Aspekte eine Rolle, wenn es um die Akzeptanz alternativer Kraftstoffe durch den Verbraucher geht. Den Maßstab bilden dabei die herkömmlichen Otto- und Dieselkraftstoffe, mit denen das Fahrzeug einfach, sicher, sauber und schnell betankt werden kann. Die Betankung mit einem alternativen Kraftstoff sollte vergleichbar komfortabel sein und muss ohne Gefährdung von Personen und Umwelt ablaufen.

Darüber hinaus sollte ein Fahrzeug mit einer Tankfüllung des alternativen Kraftstoffs eine Strecke zurücklegen können, die der gewohnten Reichweite mit Otto- oder Dieselkraftstoff entspricht. Geringe Reichweiten hingegen erfordern häufiges Tanken und ein enges Netz an Tankstellen. Die Reichweite hängt sowohl von fahrzeugspezifischen als auch von kraftstoffspezifischen Faktoren ab:

- Kraftstoffverbrauch des Fahrzeugs (u. a. abhängig vom Wirkungsgrad des Antriebs),
- Energiedichte des Kraftstoffs, d. h. Energieinhalt pro Volumeneinheit, sowie Größe des Tanks bzw. des Kraftstoffspeichers.

▶ Reserven, Ressourcen und Reichweiten

Reserven

Als Reserven werden die aktuell bekannten Mengen eines Rohstoffs bezeichnet, die mit den derzeitigen technischen Möglichkeiten wirtschaftlich abgebaut werden können. Reserven sind somit eine dynamische Größe: So führt beispielsweise ein steigender Ölpreis dazu, dass eine größere Menge Öl mit wirtschaftlichem Gewinn gefördert werden kann, d. h. die Reserven wachsen. Auch können neue Technologien, die eine kostengünstigere Förderung ermöglichen, zu steigenden Reserven führen. Darüber hinaus lässt auch die Entdeckung neuer Lagerstätten die Reserven wachsen.

Ressourcen

Zu den Ressourcen zählen auch die in Lagerstätten vorhandenen Rohstoffmengen, die entweder derzeit nicht wirtschaftlich abbaubar sind oder deren Existenz noch nicht zweifelsfrei nachgewiesen ist.

Statische Reichweite eines Rohstoffs

Die statische Reichweite eines Rohstoffs ist die Reserve geteilt durch den aktuellen Jahresverbrauch. Sie wird in Jahren angegeben. Die statische Reichweite beantwortet jedoch nicht die Frage, wie lange ein Rohstoff noch verfügbar sein wird. Vielmehr ist sie eine rechnerische Kenngröße, die eine Momentaufnahme eines dynamischen Systems darstellt. Sie berücksichtigt nicht, dass sowohl Reserven als auch Verbrauch sich im Laufe der Zeit ändern können.

Dynamische Reichweite eines Rohstoffs

Die dynamische Reichweite eines Rohstoffs gibt an, wie lange dieser Rohstoff voraussichtlich noch für die Nutzung zur Verfügung stehen wird. Dabei werden u. a. die voraussichtliche Entwicklung der Reserven und des Verbrauchs berücksichtigt sowie die erwarteten technischen Möglichkeiten und wirtschaftlichen Bedingungen der Förderung. Aufgrund der vielen ungesicherten Faktoren, die in die dynamische Betrachtung einfließen, ist die Angabe der dynamischen Reichweite mit sehr großen Unsicherheiten behaftet.

Primärenergiequellen und Herstellungspfade

Herkömmliche Otto- und Dieselkraftstoffe werden in Raffinerien aus Rohöl gewonnen. Erdgas kann mit relativ geringem Aufwand (Reinigung, Entfeuchtung) als Kraftstoff aufgearbeitet werden. Daneben gibt es verschiedene Verfahren zur Herstellung alternativer Kraftstoffe aus unterschiedlichen Energieträgern. Dabei unterscheidet man fossile Kraftstoffe, die auf der Basis von Erdöl, Erdgas oder Kohle produziert werden (Bild 2), und regenerative Kraftstoffe, die aus erneuerbaren Energieträgern wie Biomasse, Windkraft oder Solarstrom erzeugt werden (Bild 1).

Zu den fossilen alternativen Kraftstoffen gehören Erdgas, aus Erdgas und Kohle erzeugte Synfuels (synthetische flüssige Kraftstoffe), Flüssiggas sowie aus Erdgas hergestellter Wasserstoff.
    Zu den regenerativen Kraftstoffen zählen Methan und Ethanol, sofern diese Kraftstoffe aus Biomasse erzeugt werden. Weitere regenerative Kraftstoffe auf der Basis von Biomasse sind Biodiesel, Bioparaffine und Sunfuels® (synthetische flüssige Kraftstoffe). Durch Elektrolyse gewonnener Wasserstoff gilt dann als regenerativ, wenn der eingesetzte Strom aus erneuerbaren Quellen stammt (Windenergie, Solar-

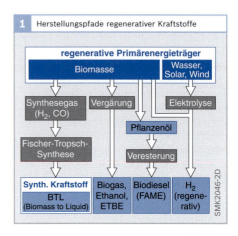

1 Herstellungspfade regenerativer Kraftstoffe

energie). Regenerativer Wasserstoff kann zudem auch auf der Basis von Biomasse hergestellt werden.

Mit Ausnahme von Wasserstoff sind alle regenerativen und fossilen Kraftstoffe kohlenstoffhaltig und setzen daher bei der Verbrennung CO_2 frei. Bei Kraftstoffen aus Biomasse kann jedoch das während des Wachstums von den Pflanzen aufgenommene CO_2 aufgerechnet werden gegen die Emissionen, die bei der Erzeugung und Verbrennung des Kraftstoffs entstehen. Dadurch verringern sich die CO_2-Emissionen, die der Nutzung des jeweiligen Kraftstoffs zuzurechnen sind.

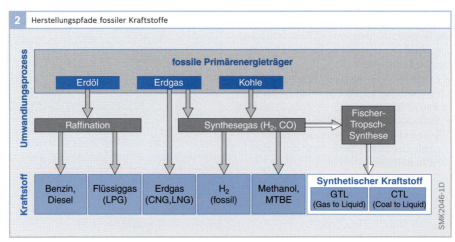

2 Herstellungspfade fossiler Kraftstoffe

Alternative Kraftstoffe für Dieselmotoren

Biodiesel

Unter dem Begriff Biodiesel werden Fettsäureester zusammengefasst, die durch Spaltung von Ölen oder Fetten und anschließende Konvertierung mit Methanol oder Ethanol erzeugt werden. Es entsteht Fettsäuremethylester (Fatty acid methyl ester, FAME) bzw. Fettsäureethylester (Fatty acid ethyl ester, FAEE). Die Moleküle des Biodiesels sind hinsichtlich Größe und Eigenschaften dem Dieselkraftstoff sehr viel ähnlicher als dem Pflanzenöl. Biodiesel ist also keinesfalls mit Pflanzenöl gleichzusetzen.

Herstellung

Für die Biodieselherstellung können Pflanzenöle oder tierische Fette eingesetzt werden. Die Wahl der Ausgangsstoffe wird im Wesentlichen von der jeweiligen Verfügbarkeit bestimmt. In Europa wird überwiegend Rapsöl eingesetzt (Bild 3), in Nord- und Südamerika Sojaöl, in den ASEAN-Staaten[1] Palmöl und auf dem indischen Subkontinent das Öl der Purgiernuss (Jatropha).

Da die Veresterung mit Methanol technisch deutlich einfacher durchgeführt werden kann als mit Ethanol, werden bevorzugt die Methylester dieser Öle hergestellt. Altspeisefettmethylester (Used frying oil methyl ester, UFOME) wird weltweit produziert. Da Methanol in der Regel aus Kohle produziert wird, ist Fettsäuremethylester streng genommen nicht als völlig biogen anzusehen. Fettsäureethylester besteht dagegen zu 100 % aus Biomasse, wenn zur Herstellung Bioethanol verwendet wird.

Die Eigenschaften von Biodiesel werden durch verschiedene Faktoren bestimmt. Öle unterschiedlicher pflanzlicher Herkunft unterscheiden sich in der Zusammensetzung der Fettsäurebausteine und weisen typische Fettsäuremuster auf. Die Art und Menge an ungesättigten Fettsäuren hat zum Beispiel einen entscheidenden Einfluss auf die Stabilität des Biodiesels.

Auch die Vorbehandlung des Pflanzenöls sowie der Herstellungsprozess des Biodiesels wirken sich auf die Eigenschaften aus.

Qualitätsanforderungen

Die Qualität von Biodiesel wird in Kraftstoffnormen geregelt. Grundsätzlich werden die Qualitätsanforderungen an Biodiesel über die Stoffeigenschaften beschrieben. Dabei ist zu berücksichtigen, dass Einschränkungen bezüglich der Ausgangsstoffe möglichst vermieden werden.

Die europäische Norm EN 14214 (Tabelle 1) ist die umfassendste Beschreibung von Biodiesel weltweit. Darin wird Biodie-

[1] Association of Southeast Asian Nations

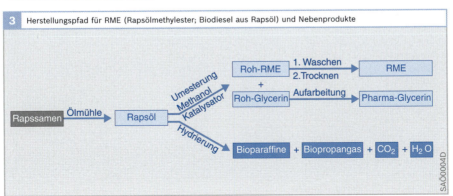

3 Herstellungspfad für RME (Rapsölmethylester; Biodiesel aus Rapsöl) und Nebenprodukte

SA00004D

sel guter Qualität definiert. Die Qualität von Biodiesel weicht stark von der von Mineralöldiesel ab, da Biodiesel aus einem engen Spektrum von Fettsäureestern besteht, die polar und chemisch reaktiv sind. Konventioneller Dieselkraftstoff dagegen ist ein inertes und unpolares Gemisch aus Paraffinen und Aromaten.

Die amerikanische Biodieselnorm ASTM D6751 ist weniger qualitätsorientiert. Zum Beispiel wird darin die Mindestanforderung an die Oxidationsstabilität nur halb so hoch wie in der EN 14214 definiert. Dadurch steigt das Risiko, dass Probleme durch Kraftstoffalterung auftreten, insbesondere unter grenzwertigen Applikations- und Feldbedingungen.

Andere Länder wie Brasilien, Indien und Korea haben sich weitgehend an der europäischen B 100-Norm EN 14214 orientiert.

Einsatz im Kfz

Reiner Biodiesel (B 100) wird insbesondere in Deutschland überwiegend in Nutzfahrzeugen eingesetzt. Die hohe jährliche Fahrleistung garantiert einen schnellen Verbrauch, wodurch Probleme mit unzureichender Oxidationsstabilität vermieden werden können.

Aus motorischer Sicht ist es günstiger, Biodiesel im Blend (d. h. als Mischung) mit Mineralöldiesel einzusetzen. Durch den Dieselanteil wird beispielsweise die Stabilität in der Regel erhöht, gleichzeitig bleibt aber die gute Schmierwirkung von Biodiesel erhalten.

Für die Praxis ist es wichtig, dass nicht nur die Reinkomponente B 100 spezifiziert wird, sondern auch die am Markt angebotenen Diesel / Biodiesel-Blends. Dabei geht die Tendenz zu kleinen Beimengungen bis maximal 7 % Biodiesel (B 7 in Europa). In geschlossenen Flotten kommen auch höhere Biodieselanteile zum Einsatz (B 30 in Frankreich, B 20 in den USA). Bei höheren Gehalten kann allerdings der hohe Siedepunkt von Biodiesel dazu führen, dass es nach der Einspritzung in den Brennraum über Kondensation an den Zylinderwänden zu einem starken Eintrag ins Motoröl kommt. Dies betrifft vor allem Fahrzeuge, die mit Dieselpartikelfilter ausgerüstet sind, und bei denen die Regeneration über eine späte Nacheinspritzung erfolgt. Abhängig von der Applikation kann insbesondere bei langem Teillastbetrieb ein unzulässig hoher Biodieseleintrag auftreten, der verkürzte Ölwechselintervalle erforderlich macht.

1	Eigenschaften von Dieselkraftstoff und FAME (Biodiesel)			
Parameter	Einheit	Diesel EN 590 (2005)	Diesel (typisch deutsche Qualität 2005/2006)	FAME EN 14214 (2003)
Cetanzahl	–	≥ 51	49,6...53,3	≥ 51
Dichte bei 15 °C	kg/m^3	820...845	821,3...838,2	860...900
Gesamtaromaten*	% (m/m)	–	18,1...26,5	(<0,1)
Polyaromaten	% (m/m)	≤ 11	1,1...4,1	(<0,1)
Schwefelgehalt	mg/kg	≤ 50 2009: ≤ 10	4...17	≤ 10
Wassergehalt	mg/kg	≤ 200	7...114	≤ 500
Schmierfähigkeit	μm	≤ 460	205...434	(≤ 460)
Viskosität bei 40 °C	mm^2/s	2,0...4,5	2,3...3,4	3,5...5,0
FAME-Gehalt	% (v/v)	$\leq 5,0$	<0,1...5,0	$\geq 96,5$
H/C-Verhältnis (molar)*	–	–	1,78	1,69
Lower heating value*	MJ/kg	–	42,7	37,1
* nicht Teil von EN 590 und EN 14214				

Tabelle 1

Rapsöl

Einsatzmöglichkeiten

Rapsöl kann recht erfolgreich in älteren Motoren, die z. B. mit Reihenpumpen ausgestattet sind, eingesetzt werden. Bei schwachen Emissionsanforderungen und unter der Prämisse, dass eine erhöhte Anzahl an Fahrzeugausfällen akzeptiert wird, ist Rapsöl ein kostengünstiger Kraftstoff (solange die steuerlichen Rahmenbedingungen dies zulassen).

Das 100-Traktorenprogramm des Bundesministeriums für Ernährung, Landwirtschaft und Verbraucherschutz (BMELV), das in den Jahren 2000 – 2005 durchgeführt wurde, hat gezeigt, dass es stark vom Hersteller bzw. Motortyp und der Umrüstung abhängt, ob die Verwendung von Rapsöl akzeptabel ist. Von den 107 Traktoren erreichten 63 das Ende der Projektlaufzeit ohne oder nur mit geringen Störungen (Reparaturkosten unter 1000 Euro), während schwere und damit kostenintensive Störungen bei 44 Traktoren auftraten.

Grenzen des Einsatzes

Rapsöl ist wegen seiner hohen Dichte und Viskosität sowie seiner schweren Flüchtigkeit in der Regel nicht für den Einsatz in Dieselmotoren geeignet. Der direkte motorische Einsatz von reinem Rapsöl sowie von anderen Pflanzenölen wird limitiert durch eine unzureichende Kraftstoffförderbarkeit bei tiefen Temperaturen, durch die Rückstandsbildung durch thermische Verkokung an der Injektordüse aufgrund mangelnder Verdampfbarkeit sowie durch eine ungenügende Sprayaufbereitung im Brennraum und die damit verbundene Nichteinhaltung der Euro 4 bzw. Euro 5 Emissionsgrenzen.

Nachhaltigkeit

Weltweit ist mit einer erheblichen Ausweitung der Pflanzenölproduktion zu rechnen. Der Bedarf an Pflanzenölen als Ausgangsprodukt für die Biodieselherstellung sowie für die Erzeugung von Bioparaffinen wird in Zukunft erheblich zunehmen. Für Pflanzenöle wird derzeit ein Nachhaltigkeitszertifikat entwickelt. Mit dessen Einführung sollen negative Auswirkungen auf das Klima vermieden werden. So darf z. B. die Anlage von Plantagen zur Palmölgewinnung nicht zur Rodung von Urwald führen.

Bioparaffine

Bioparaffine werden aus Fetten und Ölen unterschiedlicher Herkunft und Qualität durch Hydrierung gewonnen (s. Bild 3). Die Hydrierung mit Wasserstoff führt zu einer Spaltung der Fette und Öle, bei der auch alle Sauerstoffatome und ungesättigten Bindungen entfernt werden. Aus den Fettsäuren entstehen langkettige Alkane, der Glycerinanteil wird in Propangas konvertiert. Dieses chemische Verfahren stellt nur geringe Qualitätsanforderungen an die Ausgangsstoffe und führt zu Kohlenwasserstoffen mit exzellenten motorischen Eigenschaften. Die Pflanzenölhydrierung ist damit eine Alternative zur Herstellung von Biodiesel, bei dessen Produktion die eingesetzten Pflanzenöle qualitativ hochwertig sein müssen. Außerdem sind die Produkteigenschaften von Bioparaffinen denen von Biodiesel weit überlegen. Da die Herstellung von Bioparaffinen sowohl in Stand-alone-Anlagen erfolgen kann als auch in bestehende Prozesse einer Mineralölraffinerie integriert werden kann, wird mit einer starken Zunahme der Pflanzenölhydrierung gerechnet. Die Pflanzenölhydrierung ist zudem kostengünstiger als die Biodieselherstellung.

Derzeit bestehen insbesondere in Deutschland Hemmnisse für die Pflanzenölhydrierung dadurch, dass die Anrechnung von Bioparaffinen auf die Bioquote eingeschränkt ist. Diese Einschränkung soll die bestehende Struktur der heimischen Biodieselindustrie stützen.

Synthetische Kraftstoffe (Synfuels)

Herstellung

Synthetische Kraftstoffe werden aus einzelnen chemischen Bausteinen aufgebaut. Kohle, Erdgas oder Biomasse können thermisch in Synthesegas konvertiert werden, das aus Kohlenmonoxid und Wasserstoff besteht. Aus diesen beiden Komponenten werden dann an Fischer-Tropsch-Katalysatoren unverzweigte, geradkettige Kohlenwasserstoffe, die n-Paraffine, aufgebaut. Um die Eigenschaften des synthetischen Dieselkraftstoffs zu verbessern, insbesondere dessen Kältefestigkeit, kann ein zusätzlicher Isomerisierungsschritt nachgeschaltet werden.

Dieser Ansatz, Kraftstoffe neu aufzubauen, unterscheidet sich grundlegend von den gängigen Methoden, die darauf basieren, bestehende Komponenten wie Fette oder Öle durch chemische Veränderung (Veresterung, Hydrierung) in Kraftstoffe zu transformieren. Daher spricht man bei den synthetischen Kraftstoffen auch von Kraftstoffen der 2. Generation.

Die Fischer-Tropsch-Synthese ist recht unspezifisch, so dass man eine Vielzahl unterschiedlicher Komponenten erhält, angefangen bei Gasen über kurzkettige Ottokraftstoff-Komponenten, Kerosin und Dieselparaffine bis hin zu hochmolekularen Ölen und Wachsen. Aus Gründen der Wirtschaftlichkeit wird die Auftrennung des Produktionsgemisches auf eine maximale Dieselausbeute optimiert. In der Anfangsphase hat man von *Designerfuels* gesprochen, weil die Vorstellung bestand, man könnte die Zusammensetzung von synthetischem Dieselkraftstoff exakt am Bedarf der Dieselmotorentechnik ausrichten. Prinzipiell besteht natürlich die Möglichkeit, über die Wahl der Katalysatoren die Zusammensetzung des Kraftstoffs zu verändern. Aber angesichts des breiten Produktspektrums, das man aus der Fischer-Tropsch-Synthese erhält, und auch aus Kostengründen erscheint die Vorstellung, Kraftstoffe mit maßgeschneiderter Zusammensetzung zu produzieren, nicht mehr gerechtfertigt.

CtL, GtL, BtL

Wirtschaftlich bedeutsam ist die Herstellung von synthetischem Diesel (Synfuel) aus Kohle und Erdgas. Diese Kraftstoffe werden als Coal-to-Liquid (CtL) bzw. Gas-to-Liquid (GtL) bezeichnet.

Die Herstellung aus Erdgas lohnt sich nur bei großen Erdgasvorkommen, bei denen das Erdgas keiner direkten Verwendung zugeführt werden kann. CtL und GtL sind allerdings fossile Energieträger, sodass keine Verringerung der CO_2-Emissionen erreicht wird. Wird der Kraftstoff hingegen aus Biomasse hergestellt (BtL, Biomass-to-Liquid), ergibt sich ein CO_2-Vorteil, und man spricht von *Sunfuel*®. Das von der Firma Choren entwickelte Umwandlungsverfahren ist allerdings erst in kleinem Maßstab erprobt. Derzeit wird eine Anlage mit einer Jahreskapazität von 15 000 Tonnen errichtet. Von den Erfahrungen mit dieser Produktionsanlage wird es abhängen, ob die Verwendung von Biomasse zur Herstellung von synthetischen Kraftstoffen auch im großindustriellen Maßstab einen gangbaren Weg darstellt. Zum Vergleich: 2006 wurden etwa 5 Mio. Tonnen GtL produziert.

Eigenschaften und Einsatz im Kfz

Fischer-Tropsch-Produkte sind wertvolle Kraftstoffkomponenten. Sie sind rein paraffinisch, also aromaten- und schwefelfrei, und besitzen zudem eine hohe Cetanzahl. Fischer-Tropsch-Diesel liegt mit seiner niedrigen Dichte von ca. 800 kg/m³ unterhalb des Dichtebereichs der europäischen Dieselkraftstoff-Norm EN 590. Deshalb muss eine sorgfältige Validierung erfolgen, bevor reiner Fischer-Tropsch-Diesel in Fahrzeugen, insbesondere im Feldbestand, eingesetzt werden kann.

Durch die niedrigeren Emissionen, insbesondere bei Stickoxiden sowie HC und CO, bietet sich der Einsatz von reinen synthetischen Kraftstoffen vor allem in geschlossenen Flotten in Ballungszentren mit starker Luftverschmutzung an. Allerdings könnte mit der gleichen Menge synthetischen Dieselkraftstoffs eine gleiche oder teilweise noch größere Emissionsminderung erzielt werden, wenn diese Menge als Blendkomponente in Mineralöldiesel beigemischt würde. Motorversuche mit verschiedenen Blends aus GtL und Mineralöldiesel haben gezeigt, dass sich in bestimmten Betriebspunkten durch nicht-lineare Effekte größere Einsparungen an Emissionen erzielen lassen, als es dem rein rechnerischen Anteil von GtL entspricht.

GtL lässt sich als Blendkomponente in den Premium-Dieselkraftstoffen sehr gut vermarkten. Außerdem können Dieselkraftstoffe, die die festgelegten Grenzwerte nicht erreichen, durch Zusatz von GtL soweit verbessert werden, dass sie der Norm entsprechen.

Für die Reinanwendung von GtL ist derzeit noch keine Geschäftsgrundlage gegeben. Die Emissionsvorteile bei der Verwendung von reinem GtL können genutzt werden, um den technischen Aufwand bei der Abgasnachbehandlung zu reduzieren. Dies ist insbesondere dann interessant, wenn die Emissionen eine niedrigere Stufe der Emissionsgesetzgebung erreichen. Dazu müssen motorische Änderungen vorgenommen werden.

Es kommt darauf an, dass die Emissionsvorteile im gesamten Fahrzyklus bestehen, langzeitstabil sind und die Fahrbarkeit des Fahrzeugs in allen Lastzuständen gegeben ist.

Vielleicht ergeben sich zukünftig Chancen für die Reinanwendung von GtL in stärker homogen ausgelegten Brennverfahren. Allerdings bieten auch hier Blends aus GtL mit gezielt optimierten Mineralölfraktionen ein interessantes Potenzial.

Dimethylether

Dimethylether (DME) ist ein brennbares und explosibles Gas mit einem Siedepunkt von $-25\,°C$ bei 1 bar. DME lässt sich aus Synthesegas oder aus Methanol erzeugen. Mit einer Cetanzahl von etwa 55 kann DME im Motor rußarm und mit reduzierter Stickoxidbildung verbrannt werden. Aufgrund seiner niedrigen Dichte und des hohen Anteils an Sauerstoff ist jedoch der Heizwert gering. Die Verwendung von Gasen wie DME erfordert ein angepasstes Einspritzsystem mit einem aufwendigen Niederdrucksystem sowie einen druckfesten Kraftstofftank.

Der Aufbau einer Infrastruktur für DME ist wenig wahrscheinlich, zumal schon ein enges Tankstellennetz für Erdgas besteht.

Alternative Kraftstoffe für Ottomotoren

Erdgas
Eigenschaften und Herstellung
Der Hauptbestandteil von Erdgas ist Methan (CH_4) mit einem Anteil von 83...98 %. Weitere Bestandteile sind Inertgase wie Kohlendioxid, Stickstoff und niederkettige Kohlenwasserstoffe.

Erdgas ist weltweit verfügbar und erfordert nach der Förderung nur einen relativ geringen Aufwand zur Aufbereitung. Je nach Herkunft variiert jedoch die Zusammensetzung des Erdgases, wodurch sich Schwankungen bei Dichte, Heizwert und Klopffestigkeit ergeben. Die Eigenschaften von Erdgas als Kraftstoff sollen für Deutschland in der Norm DIN 51624 festgelegt werden, die sich z. Zt. in Bearbeitung befindet.

Methan lässt sich auch aus Biomasse gewinnen, z. B. aus Gülle oder Abfällen (Bild 4). Dieser Weg ermöglicht durch einen geschlossenen CO_2-Kreislauf geringere CO_2-Gesamtemissionen.

Emissionen

Das Wasserstoff-Kohlenstoff-Verhältnis von Erdgas beträgt ca. 4:1, das von Benzin hingegen 2,3:1. Bedingt durch den geringeren Kohlenstoffanteil des Erdgases entsteht bei seiner Verbrennung weniger CO_2 und mehr H_2O als bei Benzin. Ein auf Erdgas umgestellter Ottomotor erzeugt schon ohne weitere Optimierung ca. 25 % weniger CO_2-Emissionen als ein Benzinmotor (bei Annahme eines vergleichbaren Fahrzeug-Wirkungsgrades).

Darüber hinaus ist das Abgas eines Erdgasmotors sehr sauber. Der Anteil an giftigen Kohlenwasserstoffen ist gegenüber Benzin deutlich reduziert und es entstehen bei der Verbrennung praktisch keine Rußemissionen, so dass kein Partikelfilter erforderlich ist.

Betankung des Fahrzeugs mit Erdgas

Erdgas hat gegenüber Flüssigkraftstoffen eine um den Faktor 1000 geringere Energiedichte (35 kJ/l im Vergleich zu 32,5 MJ/l bei Superbenzin). Um das Tankvolumen zu begrenzen, wird Erdgas daher bei einem Druck von 200 bar in Stahl- oder Kohlefasertanks gespeichert. Trotz dieser Hochdruckspeicherung ergibt sich ein um den Faktor 4 vergrößertes Tankvolumen gegenüber Benzin. Erdgas erfordert daher spezielle Tankkonzepte, bei denen die Tanks vorzugsweise unter dem Fahrzeugboden angebracht werden, um das volle Kofferraumvolumen beizubehalten.

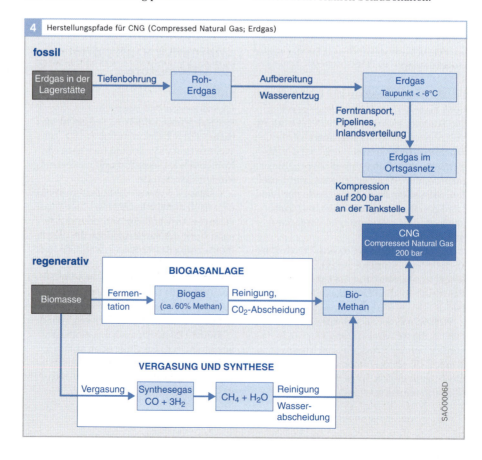

4   Herstellungspfade für CNG (Compressed Natural Gas; Erdgas)

Durch ein erhöhtes Tankvolumen werden mit Erdgasfahrzeugen derzeit Reichweiten von ca. 350...450 km erreicht. Ziel ist es, durch weitere Optimierung der Tankkonzepte Reichweiten von ca. 600 km zu ermöglichen.

Zur Betankung des Fahrzeugs wird die Erdgaszapfpistole auf den Tankstutzen des Fahrzeugs aufgesetzt und verriegelt. Durch die Verriegelung wird die Verbindung zwischen Zapfpistole und Tank gasdicht verschlossen. Die Betankung erfolgt innerhalb von ca. 2...3 Minuten. Erdgas kann praktisch beliebig lange und ohne Kraftstoffverluste oder Qualitätseinbußen im Drucktank gespeichert werden.

Die gasförmige Speicherung bei 200 bar und variablen Umgebungstemperaturen wird vom deutschen TÜV als sehr sicher eingestuft. Rückschlagventile am Füllstutzen verhindern, dass Gas in die Atmosphäre entweicht. Zusätzliche Sicherheitseinrichtungen an den Tankventilen, wie eine Schmelz- und Überdrucksicherung sorgen dafür, dass der Tank z. B. bei einem Fahrzeugbrand nicht bersten kann. Eine Überströmsicherung gewährleistet, dass bei einem Leitungsbruch kein Erdgas aus dem Tank entweicht. Crashtests haben gezeigt, dass die Erdgastanks eine weitaus größere Stabilität haben als Benzin- oder Dieseltanks.

Erdgasfahrzeuge

Für Erdgasfahrzeuge stehen heute drei verschiedene Motorkonzepte zur Auswahl:
▶ monovalente Motoren,
▶ Monovalentplus-Motoren,
▶ bivalente Motoren.

Monovalente Erdgasfahrzeuge fahren ausschließlich mit Erdgas. Bivalente Fahrzeuge (Bifuel-Konzept) können sowohl mit Erdgas als auch mit Benzin betrieben werden und besitzen sowohl einen Erdgastank als auch einen Benzintank. Monovalentplus-Motoren sind auf den Kraftstoff Erd-

gas optimiert und verfügen über einen gesteigerten Motorwirkungsgrad sowie eine höhere Motorleistung gegenüber den Bifuel-Konzepten. Trotz der höheren Verdichtung können diese Fahrzeuge auch mit Benzin betrieben werden, allerdings sind sie mit einem reduzierten Benzintankvolumen von max. 15 l ausgestattet.

Optimierung des Ottomotors für Erdgasbetrieb

Durch die extrem hohe Klopffestigkeit des Erdgases von bis zu 130 ROZ (Benzin 91...100 ROZ) eignet sich der Erdgasmotor ideal zur Turboaufladung. In speziell auf den Erdgasbetrieb ausgelegten, monovalenten bzw. Monovalentplus-Motoren kann die hohe Klopffestigkeit von Erdgas zur Erhöhung der Verdichtung auf Werte bis zu 1:14 und damit zur Wirkungsgradsteigerung genutzt werden. Im Erdgas-Turbomotor ist durch Downsizing eine weitere CO_2-Reduzierung möglich, wenn der Hubraum verkleinert und gleichzeitig der Motor auf die ursprüngliche Leistung aufgeladen wird. Wegen der sehr geringen Klopfneigung bei Erdgas sind dabei Ladedrücke von über 1,5 bar (ü)[2] möglich.

Flüssiggas (LPG), Autogas

Eigenschaften

Flüssiggas (Liquid Petroleum Gas, LPG) ist ein Gemisch aus den Hauptkomponenten Propan und Butan. Es lässt sich bei Raumtemperatur unter vergleichsweise niedrigem Druck verflüssigen. LPG wird auch als Autogas bezeichnet.

LPG fällt bei der Gewinnung von Rohöl bzw. bei Raffinerieprozessen an. Durch die Kopplung an die fossile Kraftstoffherstellung sind Verfügbarkeit und Reichweite von LPG begrenzt.

LPG kann als Kraftstoff in Ottomotoren eingesetzt werden. Durch den geringeren Kohlenstoffanteil gegenüber Benzin entstehen bei der Verbrennung ca. 10 %

---

[2] 1,5 bar Überdruck ≙ 2,5 bar absolut

weniger Kohlendioxid. Die Oktanzahl beträgt ca. 100…110 ROZ.

Die Anforderungen an LPG für den Einsatz in Kraftfahrzeugen sind in der europäischen Norm EN 589 festgelegt.

Einsatz im Kfz

Die Speicherung von LPG im Fahrzeugtank erfolgt flüssig bei einem Druck von ca. 3…20 bar, wobei der Druck abhängig von der Umgebungstemperatur variiert. Bei gleichem Energieinhalt wird gegenüber Benzin ein um 30% größeres Tankvolumen benötigt. Durch den relativ niedrigen Speicherdruck im Vergleich zu Erdgas sind einfache und preiswerte Drucktanks möglich, die häufig in der Reserveradmulde des Fahrzeugs untergebracht werden.

Die Reichweite von LPG-Fahrzeugen beträgt, bei gleichem Tankvolumen, 75 % gegenüber Benzin. Da jedoch fast ausschließlich bivalente Fahrzeuge im Einsatz sind, also Fahrzeuge, die sowohl mit Benzin als auch mit LPG betrieben werden können, und diese neben dem Serienbenzintank über einen zusätzlichen Flüssiggastank verfügen, ist die Gesamtreichweite höher als bei reinen Benzinfahrzeugen. Der Wirkungsgrad der LPG-Motoren ist vergleichbar mit Benzinmotoren.

Die Betankung des Fahrzeugs mit LPG erfolgt vergleichbar mit Benzin innerhalb von ca. 2…3 Minuten komfortabel durch das Aufsetzen und Verriegeln der Zapfpistole. LPG kann praktisch beliebig lange ohne Kraftstoffverluste oder Qualitätseinbußen im Drucktank gespeichert werden.

Bioethanol

Herstellung aus Zucker und Stärke

Bioethanol kann aus allen zucker- und stärkehaltigen Produkten gewonnen werden und ist der weltweit am meisten produzierte Biokraftstoff. Zuckerhaltige Pflanzen (Zuckerrohr, Zuckerrüben) werden mit Hefe fermentiert, der Zucker wird dabei zu Ethanol vergoren. Bei der Bioethanolgewinnung aus Stärke werden Getreide wie Mais, Weizen oder Roggen mit Enzymen vorbehandelt, um die langkettigen Stärkemoleküle teilzuspalten. Bei der anschließenden Verzuckerung erfolgt eine Spaltung in Dextrosemoleküle mit Hilfe von Glucoamylase. Durch Fermentation mit Hefe wird in einem weiteren Prozessschritt Bioethanol erzeugt (Bild 5).

Die größten Produzenten von Bioethanol sind Brasilien und die USA. In diesen beiden Ländern wurden 2006 jeweils 14 Mio. m³ Bioethanol hergestellt. Die Produktion in Europa ist mit 6 Mio. m³ deutlich geringer. Für Europa und die USA werden erhebliche Ausweitungen der Pro-

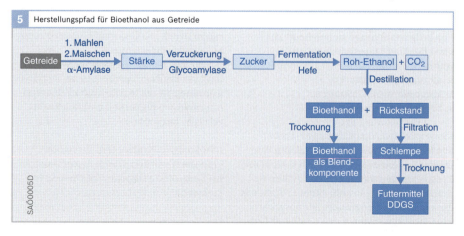

5   Herstellungspfad für Bioethanol aus Getreide

SAÖ0005D

duktion erwartet, weil der Bedarf durch die Gesetzgebung zu Biokraftstoffen über die Jahre steigen wird.

Herstellung aus Lignocellulose [3]

Auch die Herstellung von Bioethanol aus Lignocellulose erfolgt enzymatisch. Das Verfahren hat den Vorteil, dass die ganze Pflanze verwendet werden kann und nicht nur der zucker- oder stärkehaltige Anteil. Der unter dem Namen *Iogen-Verfahren* bekannte Prozess verspricht daher hohe Ausbeuten und eine gute Wirtschaftlichkeit. Wegen des neuartigen Ansatzes spricht man auch von Bioethanol der 2. Generation. Allerdings sind die bisher entwickelten Enzyme noch recht sensibel hinsichtlich der verwertbaren Biomasse, so dass dieses Verfahren derzeit noch keine wirtschaftliche Bedeutung besitzt.

Einsatz als Blendkomponente für Ottokraftstoff

Bioethanol ist aufgrund seiner hohen Flüchtigkeit sehr gut für Ottomotoren geeignet. In der Regel wird es als Blendkomponente verwendet, um die Oktanzahl von reinem Ottokraftstoff anzuheben. Die europäische Ottokraftstoffnorm EN 228 lässt eine Beimengung bis zu 5 Vol.-% (E 5) zu. Auf dem amerikanischen Markt enthält etwa ein Drittel aller Ottokraftstoffe 10 Vol.-% Bioethanol (E 10). Die Biofuel-Direktive der Europäischen Kommission und die Bioquotenregelungen einzelner europäischer Staaten erfordern eine Erhöhung der Ethanolgehalte bis 10 %. In Deutschland wurde die geplante Einführung von E 10 ausgesetzt, weil Kompatibilitätsprobleme bei bestimmten Fahrzeugen auf dem Markt zu erwarten sind. Auch auf Grund der Konkurrenz von Biokraftstoffen zur Versorgung mit Nahrungsmitteln werden hohe Biokraftstoffquoten zunehmend kritisch gesehen. Vorschläge für eine Änderung der Bioquotenanteile bestehen

derzeit aber noch nicht (Stand: Mai 2008). Die Position in Europa wird derzeit neu bewertet, und eine europäische Kraftstoffnorm für E 10 muss noch erarbeitet werden.

Eignung der Fahrzeuge für E 10

Fahrzeuge, die in den amerikanischen Markt oder in andere Länder mit ethanolhaltigen Ottokraftstoffen exportiert werden, sind E 10-kompatibel und entsprechend appliziert. In Europa wurden die Fahrzeuge in der Regel nicht für den Einsatz von E 10 ausgelegt. Deshalb muss abgeschätzt werden, wie der Fahrzeugbestand auf die Verdopplung des Ethanolanteils reagieren wird. Motoren mit Saugrohreinspritzung (SRE) werden als relativ unkritisch betrachtet. Bei grenzwertig ausgelegten Fahrzeugen muss unter Umständen durch den bei höheren Temperaturen deutlich angestiegenen Dampfdruck mit Problemen beim Heißstartverhalten gerechnet werden. Nicht E 10-kompatibel sind die Fahrzeuge mit Benzin-Direkteinspritzung (BDE) der 1. Generation, die mit Hochdruckkomponenten aus Aluminium gefertigt wurden. Bei der BDE herrschen im Vergleich zur SRE höhere Temperatur- und Druckverhältnisse vor, unter denen bereits bei einer 10 %igen Ethanolbeimengung ein chemischer Angriff von Ethanol auf die Aluminiumbauteile ausgelöst werden kann. Die betroffenen Komponenten wie beispielsweise die Hochdruckpumpe oder das Rail können dann stark korrodieren. Diese sogenannte Ethanolkorrosion beeinflusst die Festigkeit der betroffenen Bauteile erheblich, so dass auch ein Kraftstoffaustritt nach außen nicht ausgeschlossen werden kann. Da das Risiko von Fahrzeugbränden gegeben ist, muss die Einführung von E 10 in Europa auf diesen Fahrzeugtyp Rücksicht nehmen, d. h. es muss auch zukünftig europaweit eine Ottokraftstoffsorte mit einem garantierten Ethanolgehalt von maximal 5 % zur Verfügung stehen.

In den USA sind aus der jahrzehntelangen Verwendung von E 10 nur wenige Pro-

---

[3] Kombination aus Lignin, Hemicellulosen und Cellulose, die das Strukturgerüst der pflanzlichen Zellwand bildet.

bleme bekannt. Um den erfolgreichen Einsatz auch in Europa sicherzustellen, wurde eine europäische Norm für Ethanol (EN 15376) erarbeitet. Die Norm gilt für Ethanol als Blendkomponente bis zu 5 Vol.-% und zielt im Wesentlichen darauf ab, produktionsbedingte Verunreinigungen wie Säuren und Metallionen sowie korrosionsauslösende Substanzen wie Chlorid streng zu limitieren.

Einsatz als Reinkraftstoff für Ottomotoren

Bioethanol kann auch als Reinkraftstoff in entsprechend ausgelegten Ottomotoren, in den sogenannten Flexible Fuel Vehicles (FFV), verwendet werden. Diese Fahrzeuge können sowohl mit Ottokraftstoff als auch mit jeder Mischung aus Ottokraftstoff und Ethanol betrieben werden. Aufgrund der Kaltstartproblematik bei tiefen Temperaturen hat sich eine maximale Ethanolkonzentration von 85 % (E 85) im Sommer und 70 bis 75 % im Winter als Optimum erwiesen. Für E 85 existiert in den USA die Kraftstoffnorm ASTM D 5798; in Europa befindet sich ein entsprechender Standard auf der Basis des bereits vorliegenden CEN Workshop Agreements (CWA 15293) von 2005 in Vorbereitung.

Einsatz als Blendkomponente für Dieselkraftstoff

Der Einsatz von Bioethanol als Blendkomponente für Dieselkraftstoffe hat sich nicht bewährt. Während sich Ethanol in Ottokraftstoff direkt löst, benötigt man für Dieselkraftstoff Lösevermittler (Emulgatoren). Die Emulgatoren verhindern jedoch nicht, dass das niedrig siedende Ethanol unter den Temperatur- und Druckverhältnissen (Entspannung von 2000 auf 7 bar) im Dieseleinspritzsystem ausdampft und Gasblasen bildet. Neben Problemen mit der Kraftstoffzufuhr muss bei der Verwendung von ethanolhaltigen Dieselkraftstoffen vor allem mit Verschleiß und Kavitation in den Hochdruck-Komponenten gerechnet werden.

Positive Erfahrungen mit Ethanol (E 95) im Dieselmotor werden von schwedischen Busflotten berichtet. Dort wird Ethanol, dem 5 % Zündverbesserer zugesetzt werden, in Dieselmotoren mit höherem Verdichtungsverhältnis und adaptiertem Einspritzsystem verbrannt.

Transport und Lagerung

Der Transport und die Lagerung von ethanolhaltigen Ottokraftstoffen erfordern zusätzliche qualitätssichernde Maßnahmen. E 10 kann bei Zutritt von Wasser zwei Phasen bilden, ethanolarmen Ottokraftstoff oben und darunter ein Ethanol/Wasser-Gemisch. Die Entmischung ist abhängig von der Temperatur und Grundzusammensetzung des Ottokraftstoffs. Bei 10 °C kann die Phasentrennung von E 10 bereits ab einem Wassergehalt von 0,5 % eintreten. Der niedrige Wasseranteil von 0,5 % führt dann zu etwa 10 Vol.-% Ethanol/Wasser-Gemisch, das zudem hoch korrosiv wirkt.

Methanolkraftstoffe

Methanolkraftstoffe sind meist nicht regenerativ, weil Methanol in der Regel aus Kohle oder Erdgas gewonnen wird. Da sie im Wesentlichen aus fossilen Energieträgern erzeugt werden, leisten sie keinen Beitrag zur Reduzierung der CO_2-Emissionen. Aus Gründen der Verfügbarkeit werden jedoch Länder wie China, die ihren hohen Kraftstoffbedarf aus Kohle decken müssen, zukünftig verstärkt auf Methanol setzen. Dabei scheint M 15 eine Obergrenze für den Einsatz in konventionellen Ottomotoren darzustellen. In China ist für FFV ein zu E 85 analoges M 85 in der Diskussion.

Bei gleichem Alkoholgehalt wirken Methanolkraftstoffe deutlich stärker korrosiv als Ethanolkraftstoffe. Auch tritt die Entmischung beim Zutritt von Wasser deutlich schneller ein. Aufgrund der Erfahrungen mit Methanolkraftstoffen während der Ölkrise 1973 ist man in Deutschland von der Verwendung von Methanol als Blendkomponente wieder abgekommen. Weltweit betrachtet werden derzeit nur vereinzelt Methanolbeimengungen durchgeführt, dann meist mit einem Anteil von deutlich unter 5 % (M 5).

Methyl-tertiär-butyl-ether (MTBE), Ethyl-tertiär-butyl-ether (ETBE)

Die Ether Methyl-tertiär-butyl-ether (MTBE) und Ethyl-tertiär-butyl-ether (ETBE) werden durch Umsetzung von Methanol bzw. Ethanol mit Isobuten gewonnen und sind hochwertige Blendkomponenten für Ottokraftstoffe. Sie werden – wie Ethanol – zur Erhöhung der Oktanzahl genutzt und besitzen die den Alkoholen eigenen Nachteile nicht.

MTBE und ETBE senken den Dampfdruck des Kraftstoffblends; aufgrund dieses Effekts kann von den Raffinerien mehr Butangas eingemischt werden. Butangas ist eine schlecht zu verwertende Raffineriekomponente, die im Ottokraftstoff nur begrenzt untergebracht werden kann, da sie den Dampfdruck des Blends erhöht.

Das Problem der Entmischung bei Wassereintrag besteht bei den Ethern nicht. Die Ether zeichnen sich außerdem durch eine gute Materialverträglichkeit und hohe Stabilität aus. Der Heizwert ist höher als bei Alkoholen.

Wegen der Vorteile der Ether wurde in der Vergangenheit insbesondere den hoch oktanigen Kraftstoffen bis zu 15 % MTBE zugesetzt. Aus Gründen der Nachhaltigkeit, wegen der zu erzielenden CO_2-Einsparungen und durch die Festsetzung von Quoten für biogene Kraftstoffe werden bestehende MTBE Anlagen auf die Produktion von ETBE umgerüstet.

Aus motorischer Sicht wäre eine Begrenzung des Ethanolanteils in Ottokraftstoffen auf 5 % sinnvoll. Höhere biogene Anteile könnten ausschließlich mit ETBE realisiert werden. Tatsächlich soll aber ein Ethanolanteil von bis zu 10 % Ethanol zugelassen werden, um eine hohe Flexibilität bei der Kraftstoffherstellung zu ermöglichen. Falls in Zukunft der Bedarf besteht, biogene Anteile über 10 % im Ottokraftstoff unterzubringen, wird dafür aus technischen Gründen ETBE vorgesehen.

Wasserstoff
Herstellung und Eigenschaften
Wasserstoff kann durch chemische Verfahren aus Erdgas, Kohle, Erdöl oder aus Biomasse erzeugt werden sowie durch Elektrolyse von Wasser. Heute wird Wasserstoff überwiegend großindustriell durch Dampfreformierung aus Erdgas gewonnen. Bei diesem Verfahren wird CO_2 freigesetzt, so dass sich insgesamt nicht zwangsläufig ein CO_2-Vorteil des H_2-Antriebs gegenüber Benzin, Diesel oder der direkten Verwendung von Erdgas im Verbrennungsmotor ergibt.

Eine Verringerung der CO_2-Emissionen ergibt sich dann, wenn der Wasserstoff regenerativ aus Biomasse erzeugt wird oder durch Elektrolyse aus Wasser, sofern dafür regenerativ erzeugter Strom eingesetzt wird. Lokal treten bei der Verbrennung des Wasserstoffs im Motor keine CO_2-Emissionen auf.

Speicherung
Wasserstoff hat zwar eine sehr hohe gewichtsbezogene Energiedichte (ca. 120 MJ/kg und damit fast dreimal so hoch wie Benzin), die volumenbezogene Energiedichte ist jedoch wegen der geringen spezifischen Dichte sehr gering. Für die Speicherung bedeutet dies, dass der Wasserstoff entweder unter Druck oder durch Verflüssigung komprimiert werden muss, um ein handhabbares Tankvolumen zu erzielen. Es werden zwei Varianten zur Speicherung im Fahrzeugtank eingesetzt:

▶ Druckspeicherung bei 350 bar oder 700 bar; bei 350 bar ist das auf den Energieinhalt bezogene Speichervolumen um den Faktor 10 größer als bei Benzin.

▶ Flüssigspeicherung bei einer Temperatur von −253°C (Kryogenspeicherung); hier ergibt sich gegenüber Benzin das vierfache Tankvolumen.

Gasförmiger Wasserstoff kann fast beliebig lange ohne Kraftstoffverluste und Qualitätseinbußen im Drucktank gespeichert werden. Bei flüssigem Wasserstoff hingegen entstehen bei der Kryogenspeicherung und längeren Standzeiten Abdampfverluste; da bei Erwärmung der Druck im Tank ansteigt, kann in diesem Fall Wasserstoff über ein Überdruckventil aus dem Tank entweichen.

Alternative Speicherverfahren befinden sich im Forschungsstadium und haben noch keine praktische Bedeutung. (Zur Speicherung s. auch Abschnitt *Wasserstoffspeicherung* im Kapitel *Brennstoffzellen*).

Betankung

Eine ausgebaute Tankstelleninfrastruktur für Wasserstoff ist derzeit nicht vorhanden. In Deutschland existieren nur vereinzelte Tankstellen. Weltweit sind über 200 Wasserstofftankstellen in Betrieb, die jedoch überwiegend im Rahmen von Demonstrations- und Erprobungsprojekten betrieben werden.

Die Betankung mit Flüssigwasserstoff ist aufwändig und geschieht derzeit über Betankungsroboter. Die Betankung mit Druckwasserstoff ist vergleichbar mit der Betankung von Erdgas und erfolgt durch Aufsetzen und Verriegeln einer Zapfpistole.

Einsatz im Kfz

Wasserstoff kann sowohl in Brennstoffzellenantrieben als auch direkt in Verbrennungsmotoren eingesetzt werden. Langfristig wird der Schwerpunkt bei der Nutzung in Brennstoffzellen erwartet. Hier wird ein besserer Wirkungsgrad als beim H_2-Verbrennungsmotor erreicht.

Elektroantrieb mit Brennstoffzellenversorgung

Die Brennstoffzelle setzt Wasserstoff mit Sauerstoff in einer kalten Verbrennung in elektrischen Strom um; dabei wird als Nebenprodukt nur Wasser erzeugt. Der Strom dient zur Versorgung eines Elektromotors als Fahrzeugantrieb. In Fahrzeugen kommen heute hauptsächlich Polymerelektrolyt-Brennstoffzellen (PEM-Brennstoffzellen) zur Anwendung, die bei relativ niedrigen Temperaturen von 60...100°C arbeiten. Der Systemwirkungsgrad einer mit Wasserstoff betriebenen PEM-Brennstoffzelle einschließlich Elektromotor liegt, bezogen auf den Neuen Europäischen Fahrzyklus (NEFZ), im Bereich von 30...40% und übertrifft damit deutlich den Wirkungsgrad eines Verbrennungsmotors von typischerweise 18...24%. (S. a. Kapitel *Brennstoffzellen*).

Einsatz im Ottomotor

Die sehr hohe Zündwilligkeit von Wasserstoff ermöglicht eine starke Abmagerung des Wasserstoff-Luft-Gemisches bis ca. $\lambda = 4...5$ und damit eine weitgehende Entdrosselung. Die erweiterten Zündgrenzen gegenüber Benzin erhöhen allerdings auch die Gefahr von Rückzündungen.

Der Wirkungsgrad eines Wasserstoffverbrennungsmotors ist in der Regel höher als der eines Benzinmotors, jedoch niedriger als der eines Brennstoffzellenantriebs. Bei der Verbrennung von Wasserstoff entsteht Wasser und kein CO_2. Im Gegensatz zur Umsetzung in der Brennstoffzelle entstehen im Verbrennungsmotor jedoch auch Stickoxide und sehr geringe Mengen an Kohlenwasserstoffen (HC) und Kohlenmonoxid (CO) durch Verbrennung von Motoröl.

Well-to-Wheel-Analyse

In einer Well-to-Wheel-Analyse („von der Rohstoffquelle zum Rad") werden der Energieverbrauch und die Treibhausgas-Emissionen betrachtet, die durch die Herstellung, Bereitstellung und die Nutzung eines Kraftstoffs verursacht werden. Die Betrachtung wird in zwei Schritte unterteilt (Bild 6):

▸ Der Well-to-Tank-Pfad („Quelle zum Tank") beschreibt die Kraftstoffbereitstellung.
▸ Der Tank-to-Wheel-Pfad („Tank zum Rad") beschreibt die Nutzung des Kraftstoffs im Fahrzeug.

Well-to-Tank (WtT)

Der Well-to-Tank-Pfad umfasst die Förderung der Primärenergieträger, den Transport der Rohstoffe, die Herstellung des Kraftstoffs und seine Verteilung bis hin zum Fahrzeugtank.

Der Well-to-Tank-Wirkungsgrad (Bereitstellungswirkungsgrad) ist das Verhältnis von Energieinhalt des Kraftstoffs im Tank zum Energieinhalt des Energieträgers in der Lagerstätte. Als Umwandlungsverluste fallen die für die einzelnen Prozessschritte benötigten Energiemengen an (Beispiele s. Bild 7).

Je nach Kraftstoff müssen dabei unterschiedliche Prozesse berücksichtigt werden. Wenn es verschiedene Herstellungspfade für einen Kraftstoff gibt (z. B. Wasserstoff), so ist die Bilanz entscheidend davon abhängig, welcher Herstellungspfad gewählt wird. Das bedeutet, dass ein Kraftstoff nicht unabhängig von der Art seiner Herstellung bewertet werden kann. Die folgenden Beispiele zeigen für einige Kraftstoffe spezifische Einflussfaktoren auf.

Biokraftstoffe

Bei biogenen Kraftstoffen fallen Energieverbrauch und Treibhausgas-Emissionen beim Anbau an, sofern die Biomasse eigens zur energetischen Nutzung angebaut wird (Anbaubiomasse). Hier fallen insbesondere die Herstellung und der Einsatz stickstoffhaltiger Düngemittel ins Gewicht sowie der Dieselverbrauch zur Bearbeitung der Anbauflächen.

Bei Biokraftstoffen aus Reststoffen wird die landwirtschaftliche Produktion nicht berücksichtigt.

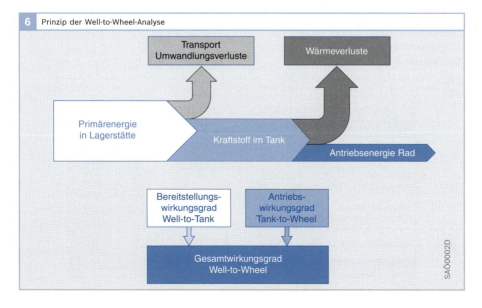

6 Prinzip der Well-to-Wheel-Analyse

Bei Kraftstoffen aus Biomasse wird die Menge an CO_2, die die Pflanzen während ihres Wachstums der Atmosphäre entnommen haben, in der Bilanz als negativer Wert berücksichtigt. Dadurch verringert sich die gesamte CO_2-Menge, die der Bereitstellung zugerechnet wird.

Gutschriften
Bei der Produktion von Biokraftstoffen fallen mitunter Nebenprodukte an, die anderweitig genutzt werden können, z.B. Glycerin bei der Herstellung von Biodiesel (Bild 3) oder Futtermittel bei der Herstellung von Bioethanol aus Getreide (Bild 5).

Sofern die Nebenprodukte konventionell erzeugte Produkte ersetzen, können eingesparte Emissionen und Energieverbrauch für die konventionelle Herstellung des Produktes dem Biokraftstoff gutgeschrieben werden. Dadurch verringern sich Energieverbrauch und Emissionen, die den Biokraftstoffen zugerechnet werden. Insgesamt können sich daher auch negative Werte für die CO_2-Emissionen ergeben.

Im Fall von Restbiomasse ist zu berücksichtigen, dass diese Biomasse u. U. anderweitig hätte genutzt werden können (z. B. Altspeiseöl als Tierfutter, Abfallholz zur Energiegewinnung). Dieser entgangene alternative Nutzen reduziert in der Bilanz die Vorteile des Biokraftstoffs.

Erdgas
Der Well-to-Tank-Pfad des Erdgases wird im Wesentlichen durch die Förderung, den Ferntransport und die Verdichtung des Gases auf 200 bar an der Tankstelle beschrieben.

Wasserstoff
Heute wird Wasserstoff überwiegend durch Dampfreformierung aus Erdgas gewonnen. Zu berücksichtigen sind insbesondere der Ferntransport des Erdgases, die Dampfreformierung sowie die Verdichtung des Wasserstoffs an der Tankstelle.

Wird Wasserstoff hingegen durch Elektrolyse aus Wasser gewonnen, muss der eingesetzte Strom berücksichtigt werden. Die Bilanz ist dann sehr stark davon abhängig, wie der eingesetzte Strom erzeugt wird, da die Emissionen der Stromerzeugung dem Wasserstoff zugerechnet werden.

Otto- und Dieselkraftstoffe
Für die Bereitstellung von Benzin und Dieselkraftstoff gehen in die Betrachtung vor allem die Energien und Emissionen ein, die für die Erdölförderung, den Transport, die Verarbeitung und Raffination des Öls sowie für die Verteilung des Kraftstoffs erforderlich sind.

7   Umwandlungsverluste und Bereitstellungswirkungsgrad für Diesel, Benzin, CNG (Erdgas) und CH2 (Wasserstoff)

Energie in Lagerstätte 100 %	Verluste			
	Diesel	Benzin	CNG	CH2
Förderung, Aufbereitung, Ferntransport	3%	3%	10%	10%
Raffinerie/ Dampfreformierung	6%	8%	0%	20%
Inlandsverteilung CNG/H₂-Fast-Fill-Tankstelle	2%	2%	12%	17%
Energie im Tank	↓	↓	↓	↓
Gesamt-Bereitstellungswirkungsgrad:	**89%**	**86%**	**80%**	**60%**

SAO0007D

Tank-to-Wheel (TtW)

Für den Kraftstoffverbrauch und die lokalen CO_2-Emissionen eines Fahrzeugs sind der verwendete Kraftstoff und der Antriebswirkungsgrad entscheidend. Der Antriebswirkungsgrad (Tank-to-Wheel-Wirkungsgrad) beschreibt das Verhältnis von Antriebsenergie, die an die Räder abgegeben wird, zum Energieinhalt des verbrauchten Kraftstoffs.

Neuer Europäischer Fahrzyklus

Zum Vergleich des Kraftstoffverbrauchs und der Emissionen verschiedener Antriebskonzepte wird in Europa der Neue Europäische Fahrzyklus herangezogen. Dabei handelt es sich um ein Fahrprofil mit festgelegten Geschwindigkeiten und Beschleunigungsphasen.

Für diesen einheitlichen Fahrzyklus können für die verschiedenen Antriebskonzepte der jeweilige Tank-to-Wheel-Wirkungsgrad sowie die Emissionen bestimmt werden.

Well-to-Wheel (WtW)

In der Well-to-Wheel-Analyse werden der Well-to-Tank-Pfad und der Tank-to-Wheel-Pfad zusammengeführt (s. Bild 6). Dabei werden jeweils der Energieaufwand und die Treibhausgas-Emissionen der beiden Teilpfade addiert. Die Well-to-Wheel-Betrachtung umfasst damit sowohl die Kraftstoffbereitstellung als auch die Fahrzeugnutzung.

In der Energiebilanz wird die Summe der erschöpflichen Primärenergien in MJ/km aufgeführt (d. h. fossile und nukleare Energie). In der Treibhausgasbilanz wird die Summe an Treibhausgasemissionen als CO_2-Äquivalent in g/km aufgeführt. Das CO_2-Äquivalent berücksichtigt neben Kohlendioxid weitere Treibhausgase, die entsprechend ihrer spezifischen Treibhauswirkung gewichtet werden. Für die Bilanzen werden Referenzfahrzeuge und Fahrzyklen zugrunde gelegt.

Vergleicht man die verschiedenen Kraftstoffe miteinander, so wird deutlich, dass ein relativ hoher Aufwand für die Kraftstoff-Bereitstellung (eingesetzte Energie und verursachte Emissionen) kompensiert werden kann durch einen hohen Antriebswirkungsgrad und geringe direkte Emissionen bei der Verbrennung des Kraftstoffs. Ein Kraftstoff kann daher nicht bewertet werden, ohne auch die dazugehörige Antriebstechnik zu betrachten.

Bild 8
▫ Well-to-Tank
▪ Tank-to-Wheel
■ Well-to-Wheel

1* aus Zuckerrüben
(1. Generation)
2* aus Lignocellulose
(2. Generation)

Die Angaben beziehen sich auf Referenzfahrzeuge, die einem für das Jahr 2010 angestrebten Stand der Technik entsprechen. Für die einzelnen Kraftstoffe wurden bestimmte Herstellungspfade angenommen.

Quelle: nach EUCAR, CONCAWE, JRC 2007

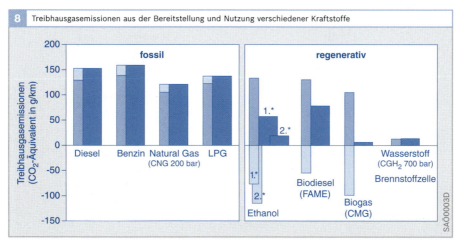

8 Treibhausgasemissionen aus der Bereitstellung und Nutzung verschiedener Kraftstoffe

Bild 8 zeigt beispielhaft für verschiedene fossile und regenerative Kraftstoffe die CO_2-Emissionen, die aus der Kraftstoffbereitstellung (WtT) und aus der Kraftstoffnutzung (TtW) resultieren. Dabei ist jedoch zu beachten, dass die CO_2-Bilanz sehr stark von den Randbedingungen der Kraftstoff-Herstellung und der Nutzung abhängt, so dass die angegebenen Werte keinesfalls generell für den jeweiligen Kraftstoff gültig sind.

Bild 9 gibt für verschiedene Biokraftstoffe Bandbreiten für den Energieeinsatz und die Treibhausgas-Emissionen an. Die Bandbreite ergibt sich zum einen aus unterschiedlichen Annahmen zu den Randbedingungen (z. B. Herkunft der Biomasse), zum anderen auch aus der Berücksichtigung unterschiedlicher Herstellungspfade für einen Kraftstoff.

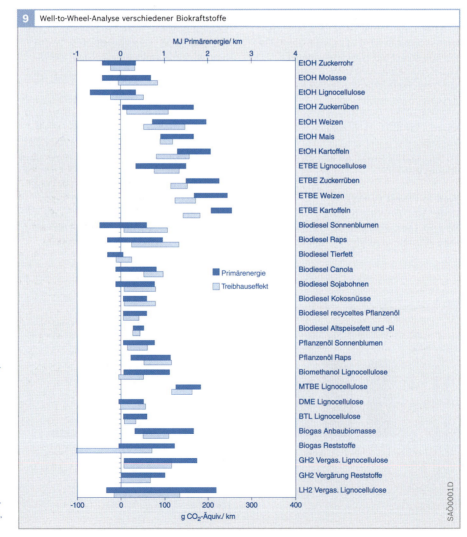

9 Well-to-Wheel-Analyse verschiedener Biokraftstoffe

Bild 9
Die angegebenen Bandbreiten beziehen sich auf bestimmte Herstellungspfade der Kraftstoffe und optimierte Referenzfahrzeuge, die entsprechend festgelegten Fahrzyklen betrieben werden.

Quelle: Forschungsvereinigung Verbrennungskraftmaschinen e.V., Frankfurt a.M.

SAÖ0001D

▶ Treibhauseffekt

Von der Sonne emittierte kurzwellige Strahlen durchdringen die Erdatmosphäre, gelangen bis zum Erdboden und werden dort absorbiert. Durch die aufgenommene Energie erwärmt sich der Boden und strahlt langwellige Wärme- oder Infrarotstrahlung ab. Diese Strahlung wird in der Atmosphäre zum Teil reflektiert und sorgt für eine Erwärmung der Erde.

Ohne diesen natürlichen Treibhauseffekt wäre die Erde mit einer Durchschnittstemperatur von −18 °C ein unwirtlicher Planet. Die in der Atmosphäre vorhandenen Treibhausgase (Wasserdampf, Kohlendioxid, Methan, Ozon, Distickstoffoxid, Aerosole und Wolkenteilchen) sorgen für mittlere Temperaturen von ca. +15 °C. Vor allem Wasserdampf hält einen großen Teil der Wärme zurück.

Seit Beginn des Industriezeitalters vor über 100 Jahren steigt die Konzentration von Kohlendioxid stark an. Hauptursache für diesen Anstieg ist die Verfeuerung von Erdöl und Kohle. Bei diesem Vorgang wird der gebundene Kohlenstoff als Kohlendioxid freigesetzt.

Die Vorgänge, die den Treibhauseffekt in der Erdatmosphäre beeinflussen, sind sehr komplex. Dass die anthropogenen, d. h. vom Menschen verursachten Emissionen die Hauptursache für die Klimaveränderung ist, wird durch eine andere von Wissenschaftlern vertretene Theorie bestritten. Demnach soll eine verstärkte Strahlungstätigkeit der Sonne Ursache für die Erderwärmung sein.

Einigkeit besteht jedoch weitgehend darin, durch Senkung des Energieverbrauchs und damit über die Reduzierung der Emission von Kohlendioxid dem Treibhauseffekt entgegenzuwirken.

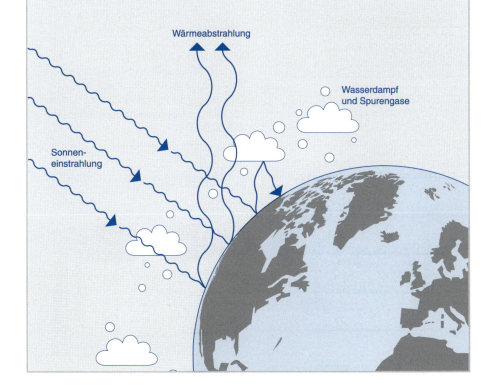

Wärmeabstrahlung

Wasserdampf und Spurengase

Sonneneinstrahlung

Getriebe für Kraftfahrzeuge

Jeder Antriebsmotor eines Kraftfahrzeugs arbeitet in einem bestimmten Drehzahlbereich, begrenzt durch die Leerlauf- und Maximaldrehzahl. Leistung und Drehmoment werden nicht gleichmäßig angeboten, und die Maximalwerte stehen nur in Teilbereichen zur Verfügung.

Die Getriebe wandeln deshalb das Motordrehmoment und die Motordrehzahl entsprechend dem Zugkraftbedarf des Fahrzeugs, sodass die Leistung annähernd konstant bleibt. Sie ermöglichen außerdem die für die Vorwärts- und Rückwärtsfahrt unterschiedlichen Drehrichtungen.

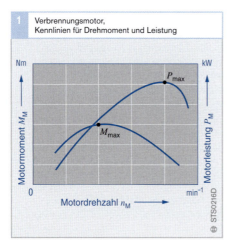

1 Verbrennungsmotor, Kennlinien für Drehmoment und Leistung

Getriebe im Triebstrang

Verbrennungsmotoren haben keinen konstanten Drehmoment- und Leistungsverlauf über den ihnen zur Verfügung stehenden Drehzahlbereich (Leerlauf- bis Höchstdrehzahl). Der optimale „elastische" Drehzahlbereich liegt zwischen höchstem Drehmoment und höchster Leistung (Bild 1). Ein Fahrzeug kann daher auch nicht aus dem Motorstillstand heraus starten. Es benötigt dazu ein Anfahrelement (z. B. Kupplung).

Das zur Verfügung stehende Motormoment reicht außerdem für Steigungen und starke Beschleunigungen nicht aus. Dazu muss eine passende Übersetzung zur Anpassung von Zugkraft und Drehmoment und zur Optimierung des Kraftstoffverbrauchs zur Verfügung stehen.

Des Weiteren haben Motoren nur eine Laufrichtung, sodass sie eine Umschaltung für Vorwärts- und Rückwärtsfahrt benötigen.

Wie Bild 2 zeigt, befindet sich das Getriebe in zentraler Position des Antriebsstrangs und beeinflusst damit auch maßgeblich dessen Effektivität.

Auch bei einer Betrachtung der anfallenden Verluste im Antriebsstrang stellt sich heraus, dass nach dem Motor das Getriebe die meisten Optimierungsmöglichkeiten bietet (Bild 3).

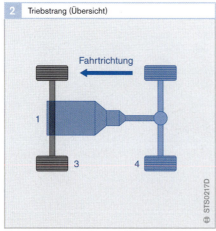

2 Triebstrang (Übersicht)

Bild 2
1 Motor
2 Getriebe
3 Vorderachse
4 Hinterachse mit Ausgleichsgetriebe (Abtrieb)

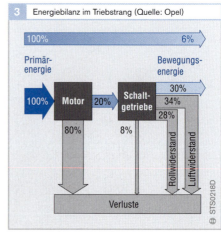

3 Energiebilanz im Triebstrang (Quelle: Opel)

▶ Getriebegeschichte(n) 1

Benz-Patent-Motorwagen 1886 mit Riemen- und Kettenantrieb

Als Daimler, Maybach und Benz ihre ersten Straßenfahrzeuge zum Laufen brachten, hatten Pioniere der Antriebstechnik die dafür notwendigen Maschinenelemente zur Kraftübertragung bereits beachtlich entwickelt. Dabei spielten Namen wie z. B. Leonardo da Vinci, Dürer, Galileo, Hooke, Bernoulli, Euler, Grashof und Bach eine wichtige Rolle.

Eine Kraftübertragung im Automobil muss die Funktionen des Anfahrens sowie der Drehzahl- und Drehmomentwandlung für das Vorwärts- und Rückwärtsfahren gewährleisten. Dafür sind Stellglieder und Schaltelemente erforderlich, die in den Leistungsfluss eingreifen und die Wandlung vornehmen.

Der erste fahrbereite Benz-Patent-Motorwagen stand im Jahr 1886 auf den Rädern. Es war das *erste Dreiradfahrzeug,* das in seiner Gesamtheit speziell für den motorisierten Straßenverkehr konzipiert war. Es verfügte wohl über einen Gang, aber über keine Anfahrkupplung. Und um überhaupt zum Laufen zu kommen, musste der Wagen angeschoben oder mit dem Schwungrad von Hand angeworfen werden.

Ein Einzylinder-Viertaktmotor mit einem Hubraum von 984 cm³ und einer Leistung von 0,88 PS (0,65 kW) diente als Antriebsaggregat dieses Dreiradfahrzeugs von Benz.

Um die Antriebskraft seines Motors auf die Straße zu bringen, benutzte Benz folgende Maschinenelemente:

Das Ende der Kurbelwelle des Motors trug das Schwungrad, das für einen gleichmäßigeren Lauf des Motors sorgte und mit dem der Motor auch angeworfen werden konnte. Da der Motor liegend über der Hinterachse angeordnet war, lenkte ein rechtwinklig angeordnetes Kegelradgetriebe die Kraftübertragung auf kleinem Raum zu einem Riementrieb um, der die Drehzahl geringfügig auf eine Zwischenwelle untersetzte. Die weitere Untersetzung zur Antriebsachse übernahm schließlich ein Kettentrieb.

Der Riemen- und Kettenantrieb aus den Anfängen des Automobils wurde allmählich vom Zahnradgetriebe abgelöst. Aber er erlebt in unseren Tagen mit dem stufenlosen Umschlingungsgetriebe (CVT) eine neue Anwendung. Das CVT-Getriebe besteht aus einem Variator mit zwei Kegelscheiben und einem flexiblen Stahlgliederband. Sobald der Druck des Getriebeöls die beweglichen Kegelscheibenhälften verschiebt, ändert sich die Lage des Stahlgliederbandes zwischen den beiden Kegelscheiben und damit auch die Übersetzung. Diese Technik ermöglicht eine kontinuierliche Verstellung des Übersetzungsverhältnisses ohne Unterbrechung der Kraftübertragung sowie den Betrieb des Motors in seinem günstigsten Leistungsbereich.

▶ Benz-Patent-Motorwagen von 1886 mit seinen Maschinenelementen (Quelle: DaimlerChrysler Classic)

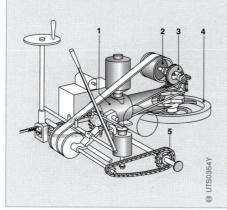

(Quelle: DaimlerChrysler Classic)

1   Motor
2   Riementrieb zur Zwischenwelle
3   Kegelradgetriebe
4   Kurbelwelle mit Schwungrad
5   Kettentrieb zur Antriebsachse

UTS0354Y

UTS0355Y

Anforderungen an Getriebe

Jedes Kraftfahrzeug stellt ganz bestimmte Anforderungen an sein Getriebe. Dementsprechend unterscheiden sich die jeweiligen Getriebeausführungen in ihrem Aufbau und den damit verbundenen Eigenschaften voneinander. Die Zielrichtungen bzw. Schwerpunkte bei der Entwicklung von Getrieben lassen sich gliedern in
● Komfort,
● Kraftstoffverbrauch,
● Fahrbarkeit,
● Bauraum und
● Herstellungskosten.

Komfort

Wichtige Anforderungen an den Komfort sind neben einem ruckfreien Gangwechsel ohne Drehzahlsprünge auch komfortable Schaltungen unabhängig von Motorlast und Betriebsbedingungen sowie ein niedriges Geräuschniveau. Außerdem soll über die gesamte Lebensdauer kein Komfortverlust auftreten.

Kraftstoffverbrauch

Folgende Merkmale eines Getriebes sind Voraussetzung für einen möglichst geringen Kraftstoffverbrauch:
● Hohe Spreizung des Übersetzungsbereichs,
● hoher mechanischer Wirkungsgrad,
● „intelligente" Schaltstrategie,
● geringe Leistung für Steuerung,
● geringes Gewicht sowie
● stand-by control, Wandlerkupplung, geringe Planschverluste (Widerstand des Getriebeöls beim Durchziehen der Zahnräder) usw.

Fahrbarkeit

Folgende Getriebefunktionen gewährleisten eine gute Fahrbarkeit:
● An die jeweilige Fahrsituation angepasste Schaltpunkte,
● Erkennen des Fahrertyps,
● hohes Beschleunigungsvermögen,
● Motorbremswirkung bei Bergabfahrt,
● Unterdrücken des Gangwechsels bei schneller Kurvenfahrt und
● Erkennen von winterlichen Straßenbedingungen.

Bauraum

Je nach Ausführung des Antriebs gibt es unterschiedliche Vorgaben für den verfügbaren Bauraum:

So soll das Getriebe für den Heckantrieb einen möglichst geringen Durchmesser und für den Frontantrieb eine möglichst geringe Baulänge aufweisen. Zudem gibt es genau definierte Vorgaben zum Erfüllen der Anforderungen bei einem „Crash-Test".

Herstellungskosten

Die Voraussetzungen für möglichst geringe Herstellungskosten sind:
● Produktion in hohen Stückzahlen,
● einfacher Aufbau der Steuerung und automatisierbare Montage.

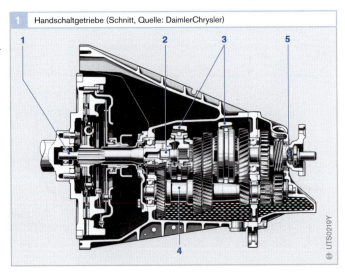

1 Handschaltgetriebe (Schnitt, Quelle: DaimlerChrysler)

UTS0219Y

Bild 1
1 Antriebswelle
2 Hauptwelle
3 Schaltelemente
4 Vorgelegewelle
5 Abtriebswelle

Handschaltgetriebe

Anwendung

Handschaltgetriebe sind die einfachsten und für den Autofahrer (Endkunden) preiswertesten Getriebe. Sie bestimmen deshalb in Europa immer noch den Markt.

Wegen steigender Motorleistungen und höherer Fahrzeuggewichte bei gleichzeitig sinkenden c_w-Werten lösten seit Beginn der 1980er-Jahre 5-Gang-Handschaltgetriebe die bis dahin dominierenden 4-Gang-Handschaltgetriebe ab. Nun ist das 6-Gang-Getriebe nahezu schon Standard.

Diese Maßnahme ermöglichte einerseits ein sicheres Anfahren und eine gute Beschleunigung und andererseits niedrigere Motordrehzahlen bei höheren Geschwindigkeiten und damit einen geringeren Kraftstoffverbrauch.

Aufbau

Der Aufbau eines Handschaltgetriebes (Bilder 1 und 2) gliedert sich in

- Einscheiben-Trockenkupplung als Anfahrelement und zur Kraftflussunterbrechung bei Gangwechseln,
- Zahnräder, gelagert auf zwei Wellen,
- formschlüssige Kupplungen als Schaltelemente, betätigt über Sperrsynchronisierung.

Eigenschaften

Die wesentlichen Eigenschaften des Handschaltgetriebes sind:

- hoher Wirkungsgrad,
- kompakte, leichte Bauweise,
- kostengünstige Herstellung,
- keine komfortable Bedienung (Kupplungspedal, manuelle Gangwechsel),
- vom Fahrer abhängige Schaltstrategie,
- Zugkraftunterbrechung beim Schaltvorgang.

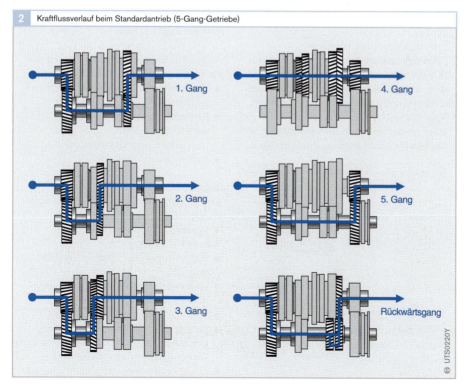

2 Kraftflussverlauf beim Standardantrieb (5-Gang-Getriebe)

1. Gang

2. Gang

3. Gang

4. Gang

5. Gang

Rückwärtsgang

UTS0220Y

Automatisierte Schaltgetriebe (AST)

Anwendung

Automatisierte Schaltgetriebe (engl.: Automated Shift Transmission [AST] oder auch - Automated Manual Transmission [AMT]) tragen zur Vereinfachung der Getriebebedienung und zur Erhöhung der Wirtschaftlichkeit bei. Sie stellen eine „Add on"-Lösung normaler Handschaltgetriebe dar. Die zuvor manuellen Schaltvorgänge erfolgen nun pneumatisch, hydraulisch oder elektrisch. Bosch favorisiert die nachfolgend beschriebene elektrische Lösung (Bild 1).

Aufbau und Arbeitsweise

Der Realisierung des AST dient ein Elektronisches Kupplungsmanagement (EKM), ergänzt um zwei Stellmotoren (Wähl- und Schaltmotor) für das Wählen und Schalten. Die dafür notwendigen elektrischen Steuersignale können dabei je nach System direkt von einem vom Fahrer betätigten Schalthebel oder von einer zwischengeschalteten Elektroniksteuerung ausgehen.

Mit den elektromotorischen Stellern des AST-Konzepts lässt sich ohne großen Aufwand eine Automatisierung und damit verbunden eine Komfortsteigerung erreichen. Wesentliches Argument für die Getriebehersteller ist hierbei die Weiterverwendung bereits bestehender Fertigungseinrichtungen.

1 Automatisierte Schaltgetriebe als „Add-On"-Lösung für Handschaltgetriebe

herkömmlich   mit AST

Kuppeln   ersetzt durch   Kupplungssteller

Wählen und Schalten   ersetzt durch   Wähl- und Schaltmotor

UTS0221D

Beim einfachsten System ersetzt eine Fernschaltung lediglich das mechanische Gestänge. Der Schalthebel (Tipphebel oder Schalter mit H-Schaltschema) gibt nur noch elektrische Signale ab. Anfahrvorgang und Kuppeln erfolgen wie beim Handschaltgetriebe, teilweise gekoppelt mit einer Schaltempfehlung.

Bei vollautomatischen Systemen sind Getriebe und Anfahrelement automatisiert. Ein Hebel- oder Tastschalter bildet das Bedienelement für den Fahrer. Mit einer Manuell-Stellung bzw. mit +/−-Tasten kann der Fahrer die Automatik überspielen. Um ein vielgängiges Getriebe automatisch zu steuern, bedarf es einer komplexen Schaltstrategie, die auch den aktuellen Fahrwiderstand berücksichtigt (bestimmt durch Beladung und Straßenprofil).

Zur Unterstützung des Synchronisationsvorgangs bei der Zugkraftunterbrechung während des Schaltens nimmt eine elektronische Motorregelung (je nach Schaltungsart) automatisch kurzzeitig Gas weg.

Folgende Merkmale charakterisieren den Aufbau automatisierter Schaltgetriebe:
● Pinzipieller Aufbau wie bei Handschaltgetrieben,
● Betätigung von Kupplung und Gangwechsel durch Steller (pneumatisch, hydraulisch oder elektromotorisch) und
● elektronische Steuerung.

Eigenschaften

Die wesentlichen Eigenschaften des automatisierten Schaltgetriebes sind:
● Kompakter Aufbau,
● hoher Wirkungsgrad,
● Anpassung an vorhandene Getriebe möglich,
● kostengünstiger als Stufenautomaten oder stufenlose CVT-Getriebe,
● vereinfachte Bedienung,
● geeignete Schaltstrategien, um einen optimalen Kraftstoffverbrauch bzw. beste Verbrauchswerte zu erzielen und
● Zugkraftunterbrechung beim Schalten.

Serienbeispiele für AST

AST elektromotorisch
Opel Corsa (Easytronic, Bild 2a),
Ford Fiesta (Dunashift).

**AST mit elektromechanischem
Schaltwalzengetriebe**
Smart.

AST elektrohydraulisch
DaimlerChrysler Sprinter
(Sequentronic, Bild 2b),
BMW-M mit SMG2,
Toyota MR2,
Ford Transit.
VW Lupo,
Ferrari, Alfa,
BMW 325i/330i.

---

2 Serienbeispiele für AST (Quellen: Opel, DaimlerChrysler)

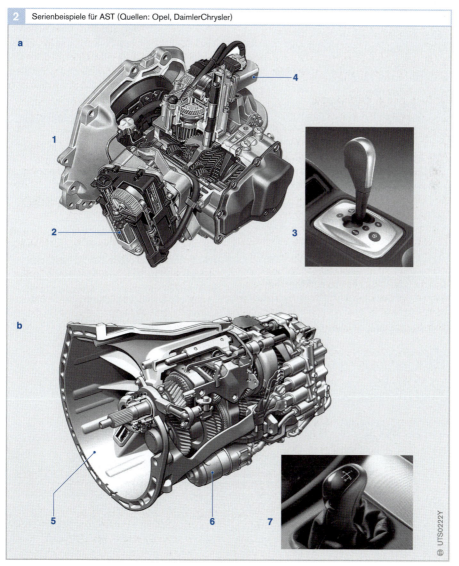

UTS0222Y

Bild 2

a Easytronic
  (Opel Corsa)
b Sequentronic
  (DaimlerChrysler)
1 Quergetriebe
2 Kupplungssteller
  mit integriertem
  Steuergerät
3 Tipphebel
4 Schalt-/Wählmotor
5 Längsgetriebe
6 Schalt-/Wählmotor
7 Schalthebel

AST-Komponenten
Die Komponenten eines AST müssen hohen Beanspruchungen bezüglich Temperatur, Dichtheit, Laufzeit und Vibration standhalten. Die Tabelle 1 führt die wichtigsten Anforderungen auf.

Kupplungssteller
Der Kupplungssteller (Bilder 4 und 5) mit integriertem Steuergerät (Bild 3) dient zur Ansteuerung der Kupplung. Ebenso beinhaltet die Elektronik die gesamte AST-Funktion. Der Kupplungssteller besteht aus
- integriertem Steuergerät,
- Gehäuse mit Kühlfunktion,
- Gleichstrommotor,
- schrägverzahntem Getriebezahnrad,
- Stößel und
- Rückstellfeder.

Bild 3
1 Überwachungsrechner
2 Flash-Speicher
3 Mikrocomputer (16 Bit)
4 Kontakte Wegsensor
5 DC-Wandler
6 Endstufe für Elektromotoren
7 Brückentreiber

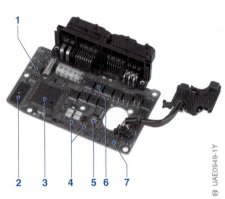

3 | Integriertes Steuergerät (Ansicht)

UAE0949-1Y

DC-Motoren für Gangauswahl und Gang einlegen
Die DC-Motoren für AST gibt es in zwei Ausführungsformen (Bilder 5 und 6):
- Der Wählmotor hat eine kurze Reaktionszeit und
- der Schaltmotor eine hohe Drehkraft.

Die Getriebetypen für den Wählmotor und für den Schaltmotor können spiegelsymmetrisch (links und rechts) aufgebaut sein, ebenso sind unterschiedliche Befestigungsbohrungen möglich. Die Anordnung des 6-poligen Steckers ist wählbar.

Tabelle 1

1	Anforderungen an die AST-Komponenten
Temperatur	105 °C dauernd 125 °C kurzzeitig Wicklung und Kommutierungssystem
Dichtheit	Dampfstrahl Schwallwasser Getriebeöl
Lebensdauer	1 Million Schaltzyklen
Vibrationen	7...20 g Sinus Ankerlagerung Elektrische / Elektronische Bauelemente Elektronik-Leiterplatte

Bild 4
1 Aktormotor
2 Steuergerät
3 Schnecke
4 Schneckenrad
5 Schneckenradwelle
6 Bolzen
7 Positionssensor
8 Kompensationsfeder
9 Stößel
10 Geberzylinder

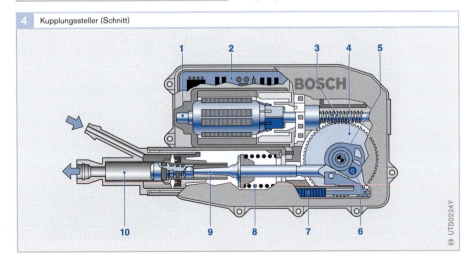

4 | Kupplungssteller (Schnitt)

UTS0224Y

5　Kupplungssteller mit integriertem Steuergerät und DC-Motoren für Gangauswahl und Gang einlegen (Ansicht)

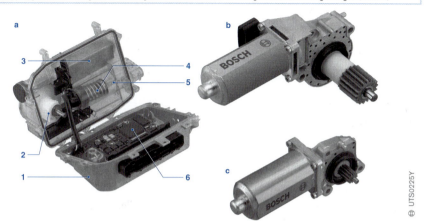

Bild 5
a　Kupplungssteller mit integriertem Steuergerät
b　Schaltmotor
c　Wählmotor

1　Gehäuse mit Kühlfunktion
2　schrägverzahntes Getriebezahnrad
3　Gleichstrommotor
4　Rückstellfeder
5　Stößel
6　Integriertes Steuergerät

Die Motoren mit einem Gehäuse aus Aluminiumspritzguss sind direkt am Getriebe angebaut. Sie verfügen über einen Bürstenhalter mit integriertem Stecker. Dieser enthält auch einen integrierten Doppel-Hall-Sensor (IC), dessen Auflösung 40 Inkremente pro Motorumdrehung beträgt. Ein Hall-Sensor mit Ausgangskanälen für den Rotorwinkel (Querimpuls) und die Richtung (high und low) kann die Position der Ausgangswelle erkennen.

Ein 20-poliger Magnet auf der Rotorwelle ermöglicht eine Auflösung von 9° pro Inkrement. In Bezug zur Getriebeübersetzung lässt sich am Ausgang eine Auflösung zwischen 0,59° pro Inkrement und 0,20° pro Inkrement erreichen. Je nach Anforderung hat das Zahnrad einen Kurbel- oder Exzenterantrieb. Das Schneckengetriebe verfügt über 1 bis 4 Zähne.

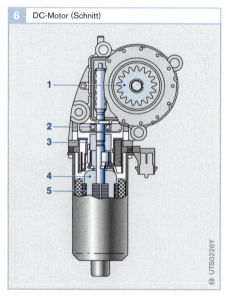

6　DC-Motor (Schnitt)

Bild 6
1　Massives Ritzel für Schaltgetriebeeingriff
2　Ankerlager mit aufgepresstem Kugellager (Axialsicherung mit Klemmbrille)
3　20-poliger Ringmagnet und Doppel-Hall-Sensor
4　schüttelfeste Wicklung
5　schlanke Ankerform für hohe Dynamik

EC-Motoren

EC-Motoren sind bürstenlose, permanent erregte elektronisch kommutierte Gleichstrommotoren und werden alternativ zu den DC-Motoren eingesetzt. Sie sind mit einem Rotorpositionssensor versehen, werden über eine Steuer- und Leistungselektronik mit Gleichstrom (Bild 7) versorgt und zeichnen sich durch hohe Lebensdauer und kleinen Bauraum aus.

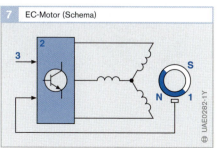

7　EC-Motor (Schema)

Bild 7
1　Elektrische Maschine mit Rotorpositionssensor
2　Steuer- und Leistungselektronik
3　Stromversorgung

Doppelkupplungsgetriebe (DKG)

Anwendung

Doppelkupplungsgetriebe, DKG (Bild 1), werden als Weiterentwicklung des AST betrachtet. Sie arbeiten ohne Zugkraftunterbrechung, einem Hauptnachteil der AST.

Der Hauptvorteil der DKG liegt in ihrem geringeren Kraftstoffverbrauch gegenüber den automatisierten Schaltgetrieben.

Der erste Einsatz eines Doppelkupplungsgetriebes erfolgte 1992 im Rennsport (Porsche). Wegen des hohen Rechenaufwands in der Steuerung für eine komfortable Überschneidungsschaltung kam es jedoch nicht zum Großserieneinsatz.

Mit der Verfügbarkeit von leistungsfähigen Rechnern arbeiten nun mehrere Hersteller (z. B. VW, Audi) an der Einführung von Doppelkupplungsgetrieben für die Großserie.

Das Anforderungsprofil entspricht in den Punkten „Komfort" und „Funktionalität" dem des Stufenautomaten und hat dementsprechend als Einsatzgebiet die gehobenen Fahrzeugklassen.

Doppelkupplungsgetriebe entsprechen ebenfalls dem Wunsch der Fahrzeughersteller nach modularen Konzepten, bei denen neben dem Handschaltgetriebe auch automatisierte Getriebe über die gleiche Produktionslinie gefertigt werden können.

Aufbau

Folgende Merkmale charakterisieren den Aufbau der Doppelkupplungsgetriebe:
- Prinzipieller Aufbau wie Handschaltgetrieben,
- Zahnräder gelagert auf drei Wellen,
- zwei Kupplungen,
- Betätigung von Kupplung und Schaltelementen über Getriebesteuerung und Aktoren.

---

1   Doppelkupplungsgetriebe, DKG (Schnittbild, Quelle: VW)

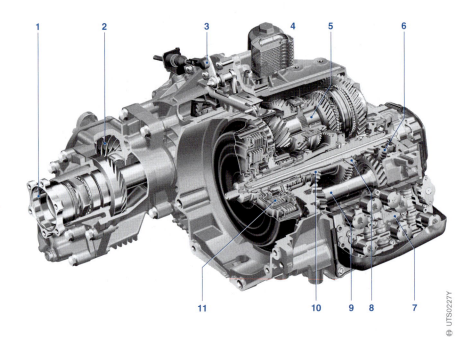

Bild 1

1   Abtrieb für rechtes Vorderrad
2   Kegeltrieb für Hinterachse
3   Parksperre
4   Ölkühler
5   Abtriebswelle 1
6   Eingangswelle 2
7   Mechatronikmodul
8   Antriebswelle für Ölpumpe
9   Rücklaufwelle
10   Eingangswelle 1
11   Doppelkupplung

UTS0227Y

Arbeitsweise

Das Doppelkupplungsgetriebe funktioniert wie folgt:

Die den Gangstufen zugeordneten Zahnräder sind in Gruppen von geraden und ungeraden Gängen getrennt. Obwohl der Grundanordnung eines herkömmlichen Vorgelege-Schaltgetriebes ähnlich, besteht ein entscheidender Unterschied: auch die Hauptwelle ist geteilt, und zwar in eine Vollwelle und eine umfassende Hohlwelle, gekoppelt jeweils mit einen Zahnradsatz.

Jeder Teilwelle ist am Getriebeeingang eine eigene Kupplung zugeordnet. Da jetzt beim Gangwechsel zwei Gänge eingelegt sind (sowohl der aktive als auch der benachbarte, vorgewählte Gang), ist damit ist ein schneller Wechsel zwischen den Gängen möglich. Dadurch kann der Gangwechsel zwischen den zwei Teilgetrieben, ähnlich wie beim Stufenautomat, ohne Zugkraftunterbrechung erfolgen (Bild 2).

Eigenschaften

Die wesentlichen Eigenschaften des Doppelkupplungsgetriebes sind:
- Komfort ähnlich wie beim Stufenautomat,
- guter Wirkungsgrad,
- keine Zugkraftunterbrechung beim Schalten,
- Überspringen eines Ganges möglich,
- größerer Bauraum als AST,
- hohe Lagerkräfte, massive Bauweise.

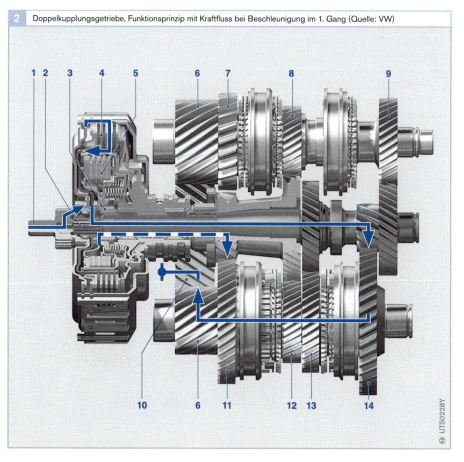

2 Doppelkupplungsgetriebe, Funktionsprinzip mit Kraftfluss bei Beschleunigung im 1. Gang (Quelle: VW)

UTSO228Y

Bild 2
1 Motorantrieb
2 Eingangswelle 1
3 Eingangswelle 2
4 Kupplung 1 (zu)
5 Kupplung 2 (auf)
6 Abtrieb zum Differenzial
7 Rückwärtsgang
8 6. Gang
9 5. Gang
10 Differenzial
11 2. Gang (vorgewählt)
12 4. Gang
13 3. Gang
14 1. Gang (aktiv)

Automatische Getriebe (AT)

Anwendung

Automatische Lastschaltgetriebe (Stufen-automaten, engl.: Automatic Transmission, AT) übernehmen das Anfahren, die Auswahl der Übersetzungen und die Gangschaltung selbsttätig. Als Anfahrelement dient ein hydrodynamischer Wandler.

Aufbau und Arbeitsweise

Getriebe mit Ravigneaux-Planetenradsatz

Das als Ravigneaux-Satz bekannte vierwel-lige Planetengetriebe ist die Basis für viele 4-Gang-Automaten. Bild 1 zeigt das Schema, die Schaltlogik und ein Drehzahlleiter-diagramm dieses Getriebes. Das Getriebe-schema verdeutlicht die Anordnung der Zahnräder und Schaltelemente.

Die Sonnenräder B, C und der Planeten-träger S lassen sich über die Kupplungen KB, KC und KS mit der Welle A verbinden, die von der Wandlerturbine ins Schaltgetriebe führt. Die Wellen S und C lassen sich mit-hilfe der Bremsen BS und BC mit dem Getriebegehäuse verbinden.

Ein Planetengetriebe dieser Art hat den kinematischen Freiheitsgrad 2. Das heißt, bei Vorgabe von zwei Drehzahlen liegen alle anderen Drehzahlen fest. Die einzelnen Gänge werden so geschaltet, dass über zwei Schaltelemente die Drehzahlen von zwei Wellen entweder als Antriebsdrehzahl n_{an} oder als Gehäusedrehzahl $n_G = 0$ min^{-1} definiert werden.

Das Drehzahlleiterdiagramm verdeutlicht die Drehzahlverhältnisse im Getriebe. Auf den zu den einzelnen Wellen des Überlage-rungs- bzw. Schaltgetriebes gehörigen Dreh-zahlleitern sind nach oben die Drehzahlen aufgetragen. Die Abstände der Drehzahl-leiter ergeben sich aus den Übersetzungen bzw. Zähnezahlen so, dass sich die zu einem bestimmten Betriebspunkt gehörenden Drehzahlen durch eine Gerade verbinden lassen.

Bei einer bestimmten Antriebsdrehzahl kennzeichnen die fünf Betriebslinien die Drehzahlverhältnisse in vier Vorwärts- und einem Rückwärtsgang.

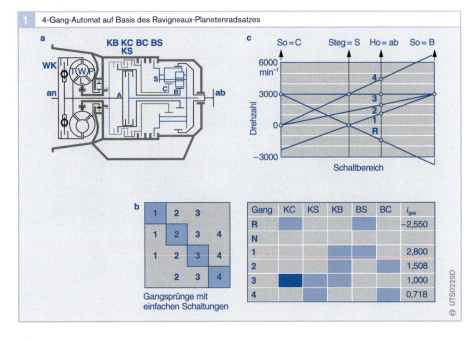

1   4-Gang-Automat auf Basis des Ravigneaux-Planetenradsatzes

Gang	KC	KS	KB	BS	BC	i_{ges}
R						−2,550
N						
1						2,800
2						1,508
3						1,000
4						0,718

Gangsprünge mit einfachen Schaltungen

Bild 1
a   Getriebeschema
b   Schaltlogik
c   Drehzahl-
     leiterdiagramm

UTS0229D

Für die verschiedenen Schaltungen stehen nur die drei Wellen B, C und S zwischen der Antriebswelle „an" (entspricht A) und der Abtriebswelle „ab" zur Verfügung. Alle drei Wellen lassen sich mit der Antriebswelle A verbinden, aber konstruktiv lassen sich dann nur noch zwei Wellen mit dem Getriebegehäuse verbinden.

Die gleichzeitige Schaltung von zwei Bremsen ist für Gangschaltungen nicht sinnvoll, da sie das Getriebe blockiert. Ebenso wenig sinnvoll ist das gleichzeitige Verbinden einer Welle mit dem Gehäuse und mit der Antriebswelle. Das gleichzeitige Schalten von zwei Kupplungen führt immer zum direkten Gang ($i = 1$).

Somit verbleiben exakt die in der Schaltlogik und im Drehzahlplan dargestellten fünf Gänge. Über die im Rahmen der Einbaubedingungen möglichen Zähnezahlen hinaus hat der Konstrukteur nur noch die Möglichkeit, die einzelnen Gangübersetzungen zu verändern, wobei immer ein direkter Gang mit $i = 1$ vorgegeben ist.

Schließlich machen es diese Getriebe noch möglich, mit einfachen Schaltungen auch Gänge durch Zuschalten eines Schaltelements und Abschalten eines anderen Schaltelements zu überspringen. Vom 1. Gang aus ist das Schalten in den 2. oder 3. Gang möglich, vom 4. Gang aus in den 3. oder 2. Gang. Vom 2. und 3. Gang aus lassen sich alle anderen Gänge mit einfachen Schaltungen erreichen.

Mehr als vier Vorwärtsgänge sind mit dem Ravigneaux-Satz allerdings nicht schaltbar. Ein Automatikgetriebe mit fünf Gängen benötigt demnach entweder ein anderes Basisgetriebe oder eine Nachschalt- oder Vorschaltstufe zum Erweitern des Ravigneaux-Satzes. Eine solche Erweiterungsstufe benötigt aber mindestens zwei Schaltelemente.

Ein Beispiel dafür ist das Automatikgetriebe 5HP19 von ZF. Es hat drei Kupplungen und vier Bremsen sowie einen Freilauf zur Schaltung von nur fünf Vorwärtsgängen.

Mit Nach- und Vorschaltgruppen lassen sich natürlich auch mehr als 5 Gänge realisieren. Der Schaltaufwand wird dann aber immer größer, und Schaltungen mehrerer Schaltelemente bei einem Gangwechsel lassen sich kaum noch vermeiden.

Getriebe mit Lepelletier-Planetenradsatz

Einen eleganteren Weg zur Schaltung von fünf und mehr Gängen hat der französische Ingenieur Lepelletier gefunden. Er erweiterte den Ravigneaux-Satz um ein Vorschaltgetriebe für nur zwei Wellen des Ravigneaux-Satzes, um diese mit anderen als der Antriebsdrehzahl anzutreiben.

Die Besonderheit des Lepelletier-Planetenradsatzes nach Bild 2 (folgende Seite) besteht darin, dass das zusätzliche dreiwellige Planetengetriebe die Drehzahl der Welle D gegenüber der Drehzahl der Welle A reduziert. In den ersten drei Gängen dieses 6-Gang-Automaten entspricht die Schaltlogik der Logik des 4-Gang-Ravigneaux-Satzes. Die Übersetzungen sind aber um die Umlaufübersetzung vom Hohlrad zum Steg bei gehäusefestem Sonnenrad des zusätzlichen Planetengetriebes größer.

Im 4. und 5. Gang ist die Welle S über die Kupplung KS mit der Welle A verbunden. Sie dreht schneller als die Wellen B und C. Die Getriebeübersetzungen ergeben sich aus den Schaltungen im 4. Gang: S = A und B = D sowie im 5. Gang S = A und C = D. Ohne das zusätzliche Getriebe von A nach D wären die Übersetzungen im 3., 4. und 5. Gang identisch und alle $i = 1$.

Der 6. Gang dieses 6-Gang-Automaten entspricht bezüglich der Schaltlogik wieder dem 4. Gang des 4-Gang-Automaten. Auch die Schaltungen der Rückwärtsgänge sind in diesen 4-Gang- und 6-Gang-Automatikgetrieben identisch.

Mit dem 6-Gang-Automaten (Bild 3) sind ebenfalls weite Gangsprünge mit einfachen Schaltungen möglich, die insbesondere bei schnellen Rückschaltungen nötig sein können.

Der Lepelletier-Planetenradsatz unterscheidet sich somit vom Ravigneaux-Satz nur durch das zusätzliche Planetengetriebe mit fester Übersetzung. Die Zahl der Schaltelemente bleibt gleich. Sie werden für die zusätzlichen Gänge nur mehrfach genutzt. Dieses Getriebe eignet sich deshalb bezüglich Bauraum, Gewicht und Kosten besser als ein 5-Gang-Automat. Mit den in Bild 2 gezeigten Zähnezahlen erreicht dieser 6-Gang-Automat einen Stellbereich von $\varphi = 6$ bei gut schaltbaren Gangabstufungen.

Das zusätzliche Planetengetriebe besteht aus Sonnenrad E, Hohlrad A und Planetenträger D. Es wird im Rückwärtsgang und den ersten 5 Gängen als feste Übersetzungsstufe genutzt. Die Welle E ist als Reaktionsglied fest mit dem Getriebegehäuse verbun-

den. Würde diese Verbindung gelöst und durch eine zusätzliche Bremse BE ersetzt, dann ließe sich das Fahrzeug mit dieser Bremse anstelle des Wandlers anfahren.

Anfahrelemente

In den meisten auf Komfort orientierten Automatikgetrieben übernimmt ein hydrodynamischer Wandler das Anfahren. Aufgrund seiner Wirkungsweise als Strömungsmaschine ist er ein ideales Anfahrelement. Um im Fahrbetrieb die Verluste des Wandlers zu minimieren, wird er aber (so oft dies möglich ist) mit der Wandlerüberbrückungskupplung (WK) überbrückt.

In Verbindung mit sehr drehmomentstarken Turbodieselmotoren ist der Wandler nicht mehr für alle Betriebszustände optimal auszulegen. Ein Antrieb dieser Art benötigt zum sicheren Starten im kalten Zustand eine relativ weiche Wandlerkennlinie. Das maximale Pumpendrehmoment darf erst bei hohen Drehzahlen wirken, damit die Schleppverluste den ohne ausreichenden Ladedruck

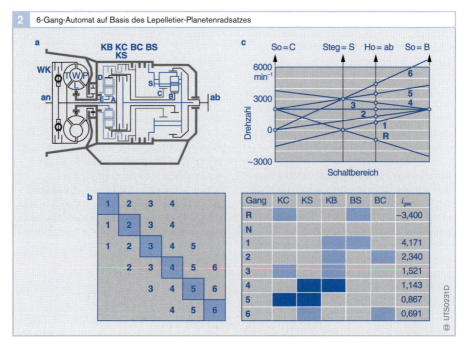

2 6-Gang-Automat auf Basis des Lepelletier-Planetenradsatzes

Gang	KC	KS	KB	BS	BC	i_{ges}
R						−3,400
N						
1						4,171
2						2,340
3						1,521
4						1,143
5						0,867
6						0,691

Bild 2
a Getriebeschema
b Schaltlogik
c Drehzahlleiter-
   diagramm

schwachen Motor nicht „abwürgen". Im betriebswarmen Zustand und bei Drehzahlen, bei denen ausreichend Ladedruck zur Verfügung steht, ist dann aber eine harte Wandlerkennlinie mit steilem Anstieg des Pumpendrehmoments mit der Motordrehzahl vorteilhaft.

Serienanwendungen mit schnellen und genauen Druckregelungen machen es auch jetzt schon möglich, mit Reibungskupplungen sehr komfortabel anzufahren. Ein gutes Beispiel dafür ist der Audi A6 mit dem stufenlosen Multitronic-Getriebe.

Druckregelung und Wärmeabfuhr lassen sich bei einer Bremse noch besser realisieren als bei einer Kupplung. Deshalb sollte auch mit der Bremse ein komfortabler Startvorgang möglich sein. Auch bei den Gangwechseln kann eine schlupfende Bremse analog zu einem Wandler die anderen Schaltelemente entlasten.

Getriebeöl/ATF

Automatikgetriebe stellen hohe Anforderungen an das Getriebeöl/ATF (Automatic Transmission Fluid):
● Erhöhtes Druckaufnahmevermögen,

● günstiges Viskose-Temperaturverhalten,
● hohe Alterungsbeständigkeit,
● geringe Neigung zur Schaumbildung,
● Verträglichkeit mit Dichtungsmaterialien.

Diese Anforderungen müssen im Ölsumpf im Temperaturbereich von −30...+150 °C gewährleistet sein. Kurzzeitig und örtlich sind sogar 400 °C während einer Schaltung zwischen den Kupplungslamellen möglich. Für den einwandfreien Betrieb der Automatikgetriebe ist das Getriebeöl speziell angepasst. Dazu sind dem Grundöl eine Reihe chemischer Substanzen (Additive) beigemischt. Die wesentlichen Additive sind:
● Friction Modifiers, die das Reibverhalten der Schaltelemente beeinflussen,
● Antioxydantien zur Reduktion der thermooxidativen Alterung bei hoher Temperatur,
● Dispergiermittel zur Vermeidung von Ablagerungen im Getriebe,
● Schauminhibitoren gegen Bildung von Ölschaum,
● Korrosionsinhibitoren gegen Korrosion der Getriebeteile bei Kondenswasserbildung und

---

3 | Automatikgetriebe ZF 6-Gang 6HP26 (Quelle: ZF Friedrichshafen)

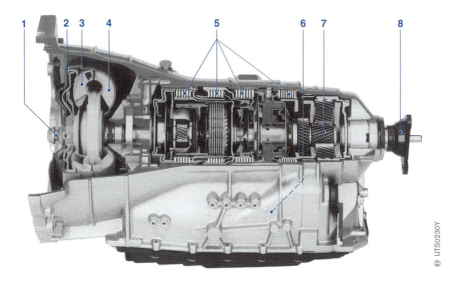

Bild 3
1 Getriebeeingang vom Motor
2 Wandlerkupplung
3 Turbine
4 Wandler
5 Lamellenkupplungen
6 Modul für Getriebesteuerung
7 Planetenradsatz
8 Getriebeausgang zur Antriebswelle

UTS0230Y

- Seal-Swell-Agets, die das Quellen der Dichtungswerkstoffe (Elastomere) unter Öleinfluss definiert einstellen.

Bereits 1949 legte GM die erste Spezifikation für ein ATF fest. Typische technische Daten für SAE-Viskoseklassen gemäß DIN 51 512 sind:

Flammpunkt		(> 180 °C)
Pour Point		(< −45 °C)
Viskositätsindex		(VI > 190)
kin. Viskosität:	37 cSt	(bei +40 °C)
	7 cSt	(bei +100 °C)
dyn. Viskosität:	17 000 cP (bei −40 °C)	
	3 300 cP (bei −30 °C)	
	1 000 cP (bei −20 °C)	

Zwischenzeitlich werden Automatikgetriebe vermehrt mit einer Lebensdauerfüllung versehen. Ein Ölwechsel entfällt damit.

Ölpumpe

Das Getriebe benötigt eine Ölpumpe (Bild 4) zum Aufbau eines Steuerdrucks. Diese wird vom Verbrennungsmotor angetrieben. Gleichzeitig verringert die Antriebsleistung für die Ölpumpe den Getriebewirkungsgrad. Dabei gilt folgender Zusammenhang:

Pumpenleistung = Druck × Durchfluss

Bild 5 zeigt die Leistungskennlinien einer Zahnradpumpe (1) und einer Radialkolbenpumpe (2) im Vergleich. Möglichkeiten zur Optimierung im Bereich der Ölpumpe bieten ein verstellbarer Durchfluss oder ein regelbarer Pumpendruck:

Verstellbarer Pumpendurchfluss

Besondere Merkmale des verstellbaren Pumpendurchflusses sind:
- Die Auslegung schafft einen ausreichend hohen Durchfluss zur Kupplungsbefüllung bei Leerlaufdrehzahl.
- Ein zusätzliches Fördervolumen bei höheren Drehzahlen verursacht eine Verlustleistung.
- Mit der Verstellpumpe lässt sich die Pumpenleistung dem Bedarf anpassen.
- Der verstellbare Pumpendurchfluss hat jedoch den Nachteil, teuer und störanfällig zu sein.

Regelbarer Pumpendruck

Besondere Merkmale des regelbaren Pumpendrucks sind:
- Der Pumpendruck wird dem jeweils zu übertragenden Drehmoment angepasst.
- Der Hauptdruckregelung ermöglicht über den Aktor einen effektiven Betrieb dicht an der Rutschgrenze der Kupplung.

Bild 4
1 Druckseite
2 Mondsichel
3 innen verzahntes Rad
4 Saugseite
5 außen verzahntes Rad, vom Motor angetrieben
6 Mitnehmernasen

Bild 5
1 Zahnradpumpe
2 Radialkolbenpumpe

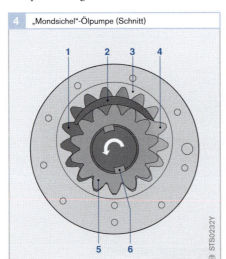

4 „Mondsichel"-Ölpumpe (Schnitt)

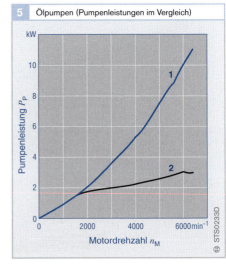

5 Ölpumpen (Pumpenleistungen im Vergleich)

Drehmomentwandler

Der Drehmomentwandler (Bild 6) ist eine Anfahrhilfe, die im Anfahrbereich als zusätzlicher „Gang" wirkt. Außerdem dämpft er Schwingungen. Erst der hydraulische Strömungswandler mit zentripedal durchströmter Turbine ermöglichte die Einführung der Automatikgetriebe im Pkw. Die wichtigsten Elemente eines Wandlers sind:
● Pumpe (vom Motor betrieben),
● Turbine,
● Leitrad auf Freilauf und
● Öl (für die Momentenübertragung).

Das Pumpenrad versetzt das Öl von der Nabe nach außen in Bewegung. Dort trifft das Öl auf die Turbine, die es nach innen leitet. Das Öl trifft dann von der Turbine im Nabenbereich auf das Leitrad, das es zurück zur Pumpe umlenkt (Bild 7).

Im Wandlerbereich ($\nu < 85\,\%$) wird das Turbinenmoment durch das Reaktionsmoment am Leitrad erhöht. Im Kupplungsbereich löst sich der Freilauf des Leitrades und die Momentenerhöhung unterbleibt. Der maximale Wirkungsgrad beträgt $< 97\,\%$ (Bild 8).

Eine Leistungsübertragung über den Wandler kann nur stattfinden, wenn zwischen Pumpenrad und Turbinenrad ein Schlupf auftritt. Dieser ist bei den meisten Betriebszuständen des Fahrzeugs klein und liegt im Bereich von $2\dots10\,\%$. Dieser Schlupf bewirkt allerdings einen Leistungsverlust und damit einen erhöhten Kraftstoffverbrauch des Fahrzeugs. Deshalb muss immer dann eine Wandlerüberbrückungskupplung zugeschaltet werden, wenn der Wandler nicht zum Anfahren oder zur Drehmomentwandlung benötigt wird (siehe auch Kapitel „Geregelte Wandlerkupplung"). Dabei handelt es sich um eine Lamellenkupplung, die das Pumpenrad durch Reibschluss mit dem Turbinenrad verbindet.

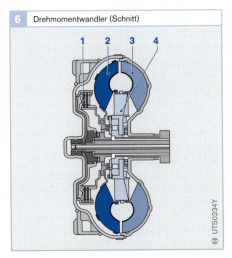

6   Drehmomentwandler (Schnitt)

UTS0234Y

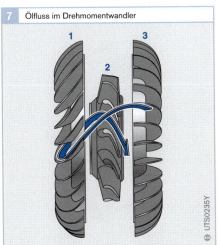

7   Ölfluss im Drehmomentwandler

UTS0235Y

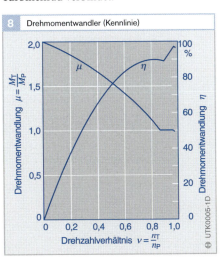

8   Drehmomentwandler (Kennlinie)

Drehmomentwandlung $\mu = \dfrac{M_T}{M_P}$

Drehmomentwandlung η

Drehzahlverhältnis $\nu = \dfrac{n_T}{n_P}$

UTK0006-1D

Bild 6
1 Turbinenrad
2 Überbrückungskupplung
3 Pumpenrad
4 Leitrad

Bild 7
1 Turbinenrad
2 Leitrad
3 Pumpenrad

Lamellenkupplungen

Lamellenkupplungen (Bild 9) machen ein Schalten ohne Zugkraftunterbrechung möglich und stützen das Drehmoment in dem Gang ab, in dem sie gerade betätigt sind.

Die Belag- und Stahllamellen der Kupplungen und Bremsen übernehmen während der Schaltung das dynamische Drehmoment sowie die Schaltenergie und nach der Schaltung das zu übertragende Lastmoment. Um einen hohen Schaltkomfort zu gewährleisten, müssen die Reibbeläge möglichst konstante und von Temperatur und Last unabhängige Reibwerte aufweisen.

Die Reibbeläge in Automatikgetrieben haben ein Stützgerüst aus Zellulose (Papierbeläge). Beigemischte Aramidfasern (hochfester Kunststoff) sorgen für die Temperaturstabilität. Weitere Bestandteile sind Mineralstoffe, Grafit oder Reibpartikel zur Beeinflussung des Reibwerts. Das Ganze ist in Phenolharz getränkt, um dem Belag seine mechanische Festigkeit zu geben. Die Stahllamellen bestehen aus kaltgewalztem Stahlblech.

Der Reibvorgang spielt sich in der Ölschicht zwischen Belag- und Stahllamelle ab. Der Reibbelag hält diese Ölschicht durch seine Porosität und durch Zufuhr von Kühlöl aufrecht.

Folgende Probleme können im Zusammenhang mit den Lamellenkupplungen auftreten:
- Verbrennen bei hohen Temperaturen,
- Ölzuführungen bei rotierenden Kupplungen und
- durch Rotationsgeschwindigkeit verursachter Druckaufbau.

Planetengetriebe

Das Planetengetriebe (Bild 10) ist das Kernstück des Automatikgetriebes. Es hat die Aufgabe, die Übersetzungen einzustellen und den ständigen Kraftschluss zu gewährleisten. Ein Planetengetriebe setzt sich aus folgenden Bestandteilen zusammen:
- Ein zentral angeordnetes Zahnrad (Sonnenrad).
- Mehrere (in der Regel drei bis fünf) Planetenräder, die sich sowohl um ihre eigene Achse als auch um das Sonnenrad drehen können. Die Planetenräder werden von dem Planetenträger gehalten, der um die Zentralachse rotieren kann.
- Ein innen verzahntes Hohlrad, das die Planetenräder von außen umfasst. Das Hohlrad kann ebenfalls um die Zentralachse drehen.

Der Einsatz von Planetengetrieben in Automatikgetrieben hat folgende Gründe:

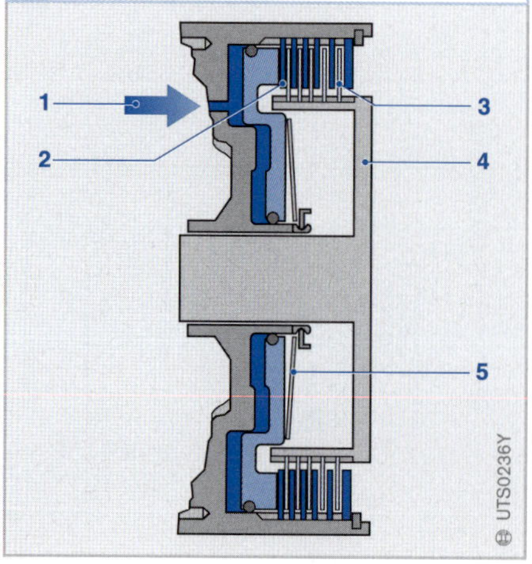

Bild 9
1 Ölzuführung
2 Außenlamelle
3 Belagslamelle
4 Lamellenträger
5 Rückdrückfeder

Bild 10
1 Planetenträger
  mit Planetenrädern
2 Sonnenrad
3 innen verzahntes
  Hohlrad

9	Lamellenkupplung (Schnitt)

UTS0236Y

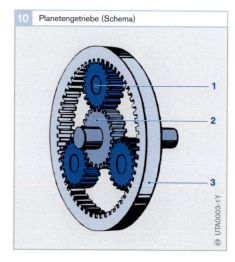

10	Planetengetriebe (Schema)

UTA0003-1Y

- Die Leistungsdichte von Planetengetrieben ist sehr hoch, da die Leistung über mehrere Planetenräder parallel übertragen wird. Planetengetriebe bauen damit sehr kompakt und haben ein geringes Gewicht.
- Beim Planetengetriebe treten keine freien radialen Kräfte auf. Kostengünstige Gleitlager können Wälzlager ersetzen.
- Lamellenkupplungen, Lamellenbremsen, Bandbremsen und Freiläufe lassen sich günstig für den Bauraum konzentrisch zum Planetengetriebe anordnen. Dies ergibt mehr Platz für die hydraulische Steuerung.

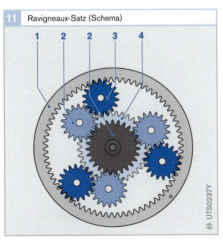

11 Ravigneaux-Satz (Schema)

UTS0237Y

In den Getrieben kommen verschiedene Planetensatzkombinationen zum Einsatz:
- Simpson   (3-Gang, zwei Systeme),
- Ravigneaux   (4-Gang, zwei Systeme),
- Wilson   (5-Gang, drei Systeme).

Im Automatikgetriebebau haben sich zwei Typen von Planetenkoppelgetrieben durchgesetzt, die einfach zu unterscheidende Merkmale aufweisen:

Ravigneaux-Satz
Beim Ravigneaux-Satz (Bild 11) arbeiten zwei verschiedene Planetensätze und Sonnenräder in einem Hohlrad.

Simpson-Satz
Beim Simpson-Satz (Bild 12) laufen zwei Planetensätze und Hohlräder auf einem gemeinsamen Sonnenrad.

Parksperre
Die Parksperre (Bild 13) hat die Aufgabe, das Fahrzeug gegen das Wegrollen zu sichern. Ihre zuverlässige Funktion ist deshalb maßgebend für die Sicherheit.

Das Verlassen der Position P (Parken) ist nur möglich, wenn der Fahrer das Bremspedal betätigt. Diese Einrichtung verhindert, dass eine versehentliche Betätigung des Positionshebels das Fahrzeug in Bewegung setzt.

Bild 11
1   Hohlrad
2   Sonnenrad und
    Planetenradsatz 1
3   Planetenradsatz 2
4   Sonnenrad 2

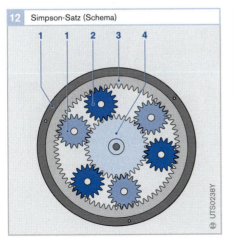

12 Simpson-Satz (Schema)

UTS0238Y

13 Parksperre

UTS0239Y

Bild 12
1   Planetenradsatz 1
    und Hohlrad 1
2   Planetenradsatz 2
3   Hohlrad 2
4   Sonnenrad

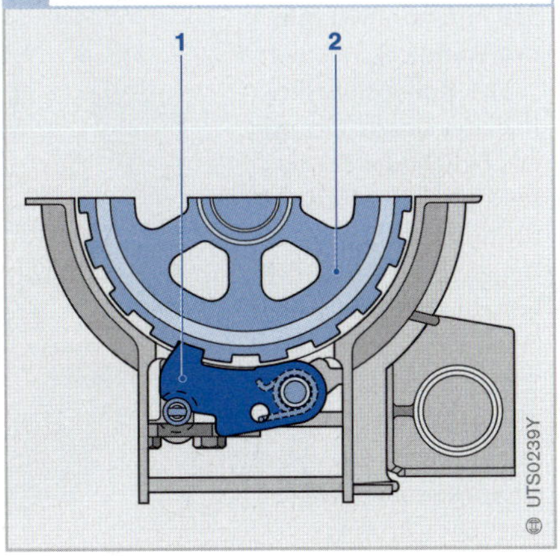

Bild 13
1   Klinke
2   Parksperrenrad

Stufenlose Getriebe (CVT)

Anwendung

Antriebskonzepte mit stufenlosen Automatikgetrieben CVT (Continuously Variable Transmission) zeichnen sich durch hohen Fahrkomfort, hervorragende Fahreigenschaften und niedrigen Kraftstoffverbrauch aus.

Seit vielen Jahren ist VDT (**Van Doorne's Transmissie**) auf die Entwicklung von CVT-Komponenten und Prototyp-Getrieben spezialisiert. Seit der Integration von VDT im Jahr 1995 deckt Bosch das gesamte Feld von CVT-Systementwicklungen bis zu kompletten Triebstrang-Management-Systemen ab. Alle der in Tabelle 1 aufgeführten stufenlosen Automatikgetriebe CVT werden mit einem Schubgliederband betrieben (Bild 1). Eine Ausnahme bildet die Multitronic von Audi mit einer Laschenkette von LuK (Bild 2).

Die Hauptkomponenten eines CVT lassen sich von einem elektrohydraulischen Modul ansteuern. Zusätzlich zum Schubgliederband – seit 1985 in Serie gefertigt – werden Pulleys, Pumpen und elektrohydraulische Module für den Serieneinsatz entwickelt. Verschiedene Ausführungsformen von Schubgliederbändern gibt es für mittlere Motordrehmomente bis zu 400 Nm (z. B. Nissan Murano V6 mit 3,5 l Hubraum und maximal 350 Nm bei 4000 min^{-1}, mit Wandler).

Das Know-how innerhalb der Bosch-Gruppe ermöglicht die Bereitstellung der Software für optimale CVT-Ansteuerungen. Natürlich besteht volle Flexibilität bezüglich Software-Sharing, sodass Fahrzeughersteller spezielle Funktionen auch selbst entwickeln und implementieren können.

	Aktuelle Verfügbarkeit (weltweit) von Fahrzeugen mit CVT	
Fahrzeug-hersteller	CVT-Bezeichnung	Fahrzeug
Audi	Multitronic	A4, A6
BMW	CVT	Mini
GM	CVT	Saturn
Honda	Multimatik	Capa, Civic, HR-V, Insight, Logo
Hyundai	CVT	Sonata
Kia	CVT	Optima
Lancia	CVT	Y 1.2l
MG	CVT	F, ZR, ZS
Mitsubishi	CVT	Lancer-Cedia, Wagon
Nissan	Hyper-CVT ICVT Extroid-CVT	Almera, Avensis, Bluebird, Cube Micra, Murano, Primera, Serano, Tino, Cedrik Gloria
Rover	CVT	25/45
Subaru	ICVT	Pleo
Toyota	Super-CVT Hybrid-CVT	Previa, Opa Prius

1 CVT für Frontantrieb quer (Schnitt)

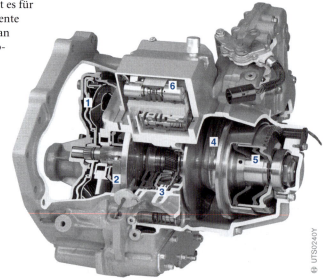

Bild 1

1 Drehmomentwandler
2 Pumpe
3 Planetenradsatz mit Vorwärts-/Rückwärtskupplung
4 Schubgliederband
5 Variator
6 Steuermodul

2   CVT für Frontantrieb längs (Audi Multitronic mit Laschenkette, Quelle: Audi)

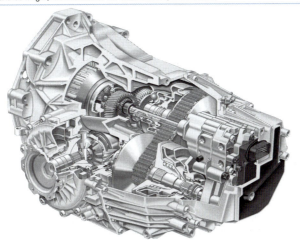

UTS0241Y

Innerhalb der CVT-Funktionen wird zwischen einer Grundfunktionalität und der Ausbaustufe unterschieden. Alle Funktionen der ersten Gruppe sind bereits implementiert, getestet und in verschiedenen Fahrzeugen im Einsatz.

Geeignete Tools für eine effiziente Darstellung und Tests wie ASCET-SD sind verfügbar und werden in gemeinsamen Projekten eingesetzt.

Die große Übersetzungsspreizung der stufenlosen Automatikgetriebe verschiebt die Betriebspunkte des Motors in verbrauchsgünstige Bereiche.

Ausgehend von der in Bild 3 gezeigten Spreizung ergibt sich die in Bild 4 dargestellte Aufteilung der Zugkraft auf die Übersetzung.

Sich widersprechende Anforderungen lassen sich mithilfe einer elektronischen Steuerung und geeigneter Priorisierung erfüllen.

3   Spreizung eines CVT-Getriebes im Vergleich zum 5-Gang-Stufenautomat (Kennlinie)

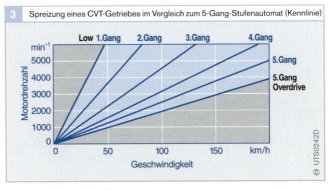

UTS0242D

4   Zugkraft und Fahrwiderstand (Kennlinien)

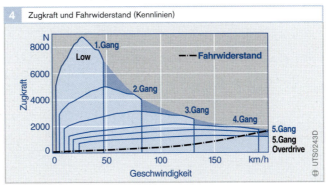

UTS0243D

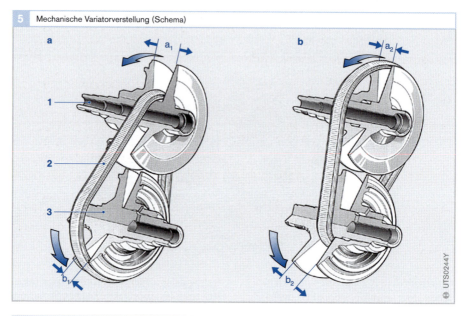

5 Mechanische Variatorverstellung (Schema)

a

a₁ → a_1

b

a₂ → a_2

1

2

3

b_1

b_2

Bild 5
a   Übersetzung „Low"
b   Übersetzung „Over-
    drive"

1   Antriebsscheibe
    (Primärpulley)
2   Schubgliederband
    oder Kette
3   Abtriebsscheibe
    (Sekundärpulley)

a_1, b_1 Übersetzung
    „Low"
a_2, b_2 Übersetzung
    „Overdrive"

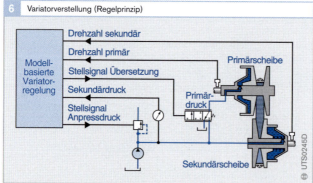

6 Variatorverstellung (Regelprinzip)

Modell-
basierte
Variator-
regelung

Drehzahl sekundär
Drehzahl primär
Stellsignal Übersetzung
Sekundärdruck
Stellsignal
Anpressdruck

Primärscheibe
Primär-
druck

Sekundärscheibe

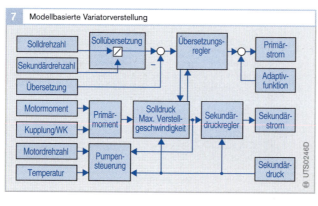

7 Modellbasierte Variatorverstellung

Solldrehzahl
Sollübersetzung
Übersetzungs-
regler
Primär-
strom

Sekundärdrehzahl

Übersetzung

Adaptiv-
funktion

Motormoment
Primär-
moment
Solldruck
Max. Verstell-
geschwindigkeit
Sekundär-
druckregler
Sekundär-
strom

Kupplung/WK

Motordrehzahl
Pumpen-
steuerung

Temperatur
Sekundär-
druck

Bild 5 zeigt die mechanische Verstellung der Übersetzung von „Low" nach „Overdrive". Dazu kommt der in Bild 6 dargestellte Regleraufbau zur Anwendung.

Die in Bild 7 abgebildete modellbasierte Variatorregelung bearbeitet folgende Vorgänge:
● Einstellung der Primärdrehzahl bzw. der Übersetzung mit PI-Regler.
● Einstellung der Anpresskräfte für das Primär- und das Sekundärpulley.
● Kupplung der Regelung von Übersetzung und Anpresskraftregelung sowie Steuerung der Pumpe.
● Adaptivfunktion zum Ausgleich von Toleranzen.

Aufbau

Der Wandler oder die Lamellenkupplung dienen als Anfahrelement, und der Rückwärtsgang wird über einen Planetenradsatz geschaltet.

Die Verstellung der Übersetzung erfolgt stufenlos mit Kegelscheiben und einem Gliederband oder einer Kette (Variator).

Eine Hochdruckhydraulik sorgt für den nötigen Anpressdruck und die Verstellung des Variators.

Die Steuerung aller Funktionen erfolgt mit der elektrohydraulischen Steuerung. Die verschiedenen Komponenten des CVT-Getriebes zeigt Bild 8.

Eigenschaften

Ein Vorteil der CVT-Getriebe ist, dass sie bei einer Veränderung der Übersetzung keine Zugkraftunterbrechung verursachen. Diese Getriebe bieten einen hohen Komfort, da keine Schaltvorgänge notwendig sind.

Im gesamten Motorkennfeld ist der Betrieb auf einen optimalen Kraftstoffverbrauch bzw. auf höchste Beschleunigung abgestimmt. Zudem ist eine hohe Spreizung der Übersetzung möglich.

Obwohl eine gewisse Antriebsleistung für die Hochdruckpumpe erforderlich ist, fällt der Gesamtwirkungsgrad befriedigend aus.

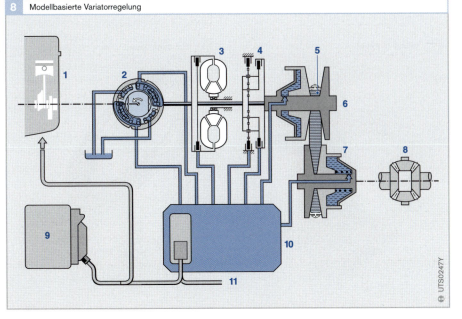

8 Modellbasierte Variatorregelung

UTS0247Y

Bild 8
1 Motor
2 Pumpe
3 Wandler
4 Planetengetriebe
5 Schubgliederband
6 Antriebsscheibe (Primärpulley)
7 Abtriebsscheibe (Sekundärpulley)
8 Differenzial
9 Elektronische Motorsteuerung
10 Elektrohydraulisches Modul (Hydraulikventile, Sensoren, Aktoren)
11 Kfz-Kabelbaum

CVT-Komponenten

Variator

Der Variator besteht aus zwei Kegelscheiben, die sich gegeneinander verschieben lassen (Bilder 9 und 10).

Der Druck p des Getriebeöls verschiebt die beweglichen Teile des Variators (1) gegeneinander. Dadurch ändert sich die Lage des Schubgliederbandes (3) zwischen den beiden Pulleys und die Übersetzung verändert sich.

Da die Kraftübertragung allein auf der Reibung zwischen Band und Variator beruht, benötigt diese Verstellart einen hohen Systemdruck.

Schubgliederband

Für das Schubgliederband besitzt die Firma Van Doorne's Transmissie ein weltweites Patent. Bild 11 zeigt die verschiedenen Bandtypen und deren Einsatzbereich bezogen auf das zu übertragende Motormoment.

Das Schubgliederband (Bild 12) besteht aus 2 mm dicken und 24...30 mm breiten Schubgliedern, die in einem Neigungswinkel von 11° zueinander stehen. Gehalten wird die Kette aus zwei Paketen, jeweils mit 8 bis 12 Stahlbändern. Der Reibwert der Kette beträgt mindestens 0,9.

9 Variator (Ansicht)

UTS0248Y

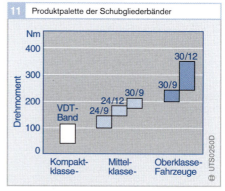

11 Produktpalette der Schubgliederbänder

UTS0250D

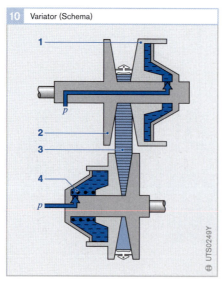

10 Variator (Schema)

UTS0249Y

Bild 10
1 Bewegliches Pulley
2 feststehendes Pulley
3 Schubgliederband
4 Feder
p anstehender Druck des Getriebeöls

Bild 12
1 Schubglied
2 Stahlbandpaket

12 Schubgliederband (Ansicht mit Ausschnitt)

UTS0251Y

Bei Bandbezeichnungen kommt folgende Nomenklatur zum Einsatz:

24/12/1,5/208,8
→ Banddurchmesser
→ Dicke der Bänder
→ Anzahl der Bänder
→ Breite der Schubglieder in mm

Laschenkette

Statt des bei CVT-Getrieben sonst üblichen Schubgliederbandes kommt im Multi-tronic-Getriebe von Audi eine Laschenkette der Firma LuK zum Einsatz (basierend auf der Wiegedruckstückkette der Firma P.I.V. Reimers).

Diese Laschenkette besteht vollständig aus Stahl und ist trotzdem fast ebenso flexibel wie ein Keilriemen. Sie besteht aus mehreren Lagen von Laschen nebeneinander und ist damit so robust ausgelegt, dass sie sehr hohe Momente (übertragbares Motormoment 350 Nm) und Kräfte übertragen kann.

Die Kette (Bild 13) besteht aus 1025 Laschen mit je 13...14 Kettengliedern. Wiegestücke (auch Querstifte oder Pins genannt) mit einer Breite von 37 mm und einem Nei-gungswinkel von 11° verbinden die Laschen (1) miteinander. Die Wiegestücke (2) drücken mit ihren Stirnseiten gegen die Kegelflächen im Variator.

An den dort entstehenden Auflagepunk-ten wird die Zugkraft der Kette auf die Scheiben des Variators übertragen. Der da-bei entstehende Mini-Schlupf ist so gering, dass sich die Stifte während der gesamten Getriebelebensdauer maximal nur um ein bis zwei Zehntel Millimeter abnutzen.

Die Laschenkette bietet außerdem den Vor-teil, dass sie sich auf einem noch kleineren Umfang führen lässt als andere Glieder-bänder. Wenn sie auf diesem kleinsten Um-schlingungsdurchmesser läuft, hat sie die Fähigkeit, maximale Kräfte und Dreh-momente zu übertragen. Dann haben nur jeweils neun Stiftpaare Kontakt mit den

Innenflächen der Scheiben. Doch die spezi-fische Anpressung ist dabei so groß, dass sie auch bei höchster Belastung nicht durch-rutschen.

CVT-Ölpumpe

Da die Verstellung der Pulleys im CVT einen hohen Öldruck benötigt, kommt zum Erzeugen dieses Drucks eine leistungsfähige Ölpumpe zum Einsatz (Bild 14).

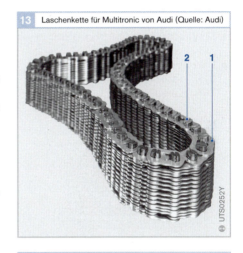

13 Laschenkette für Multitronic von Audi (Quelle: Audi)

UTS0252Y

Bild 13
1 Laschen
2 Wiegestück

14 CVT-Ölpumpe

UTS0253Y

Toroidgetriebe

Anwendung
Das Toroidgetriebe kommt gegenwärtig nur in Japan bei den Fahrzeugtypen Cedric und Gloria von Nissan zur Anwendung.

Aufbau
Das Toroidgetriebe kann als Sonderform eines stufenlosen Getriebes (Bilder 1 und 2) auch als Reibrad-CVT bezeichnet werden. Sein Aufbau ist gekennzeichnet durch:
- Wandler als Anfahrelement,
- Rückwärtsgang über Planetenradsatz,
- Kraftübertragung über Torusscheiben mit Zwischenrollen,
- Übersetzungsänderung stufenlos durch hydraulische Winkelverstellung der Zwischenrollen,
- Hochdruckhydraulik für die Vorspannung der Torusscheiben sowie
- elektrohydraulische Steuerung.

Eigenschaften
Wesentliche Eigenschaften sind:
- keine Zugkraftunterbrechung,
- keine Schaltvorgänge (hoher Komfort),
- angepasster Betrieb im Motorkennfeld für optimalen Kraftstoffverbrauch bzw. höchste Beschleunigung,
- für hohe Drehmomente einsetzbar,
- schnelle Übersetzungsverstellung,
- hohe Antriebsleistung für die Hochdruckpumpe (Gesamtwirkungsgrad deshalb nur befriedigend) und
- Spezial-ATF (Automatic Transmission Fluid) mit hoher Scherfestigkeit notwendig.

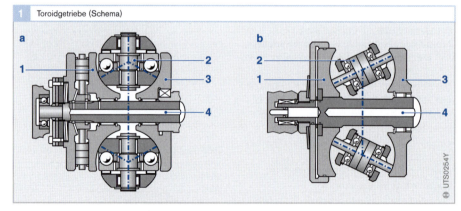

1 Toroidgetriebe (Schema)

a Halbtoroid
b Volltoroid

Bild 1
a Halbtoroid
b Volltoroid

1 Eingangsscheibe
2 Variator
3 Ausgangsscheibe
4 Abtrieb

UTS0254Y

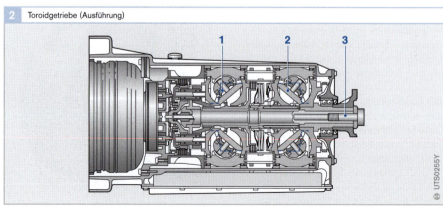

2 Toroidgetriebe (Ausführung)

Bild 2
1 Eingangsscheibe
2 Variator
3 Abtrieb

UTS0255Y

▷ Getriebegeschichte(n) 2

Daimler-/Maybach-Stahlradwagen 1889 mit Viergang-Zahnradgetriebe

Eine Kraftübertragung im Automobil muss die Funktionen des Anfahrens sowie der Drehzahl- und Drehmomentwandlung für das Vorwärts- und Rückwärtsfahren gewährleisten. Dafür sind Stellglieder und Schaltelemente erforderlich, die in den Leistungsfluss eingreifen und die Wandlung vornehmen.

In den Anfängen der Automobilgeschichte brachten viele Fahrzeuge die Antriebskraft des Motors mit Riemen- und Kettenantrieben auf die Straße. Nur in der Endstufe, dem Achsantrieb, waren wegen der hohen Drehmomente schon bald Zahnrad- oder Kettentriebe in Gebrauch.

Der Stahlradwagen von Daimler und seinem Konstrukteur Maybach aus dem Jahr 1889 war das *erste Vierradfahrzeug* mit Verbrennungsmotor, das nicht mehr lediglich aus einer umgebauten Kutsche bestand, sondern in seiner Gesamtheit speziell für den motorisierten Straßenverkehr konzipiert war. Der Kraftfluss seines aufrecht montierten Zweizylinder-V-Motors mit einer Leistung von 2 PS (1,45 kW) wurde bereits mit einer Kupplung und einem Viergang-Zahnradschaltgetriebe samt Differenzialausgleich auf die Antriebsachse übertragen. Ein Zahnradgetriebe konnte nämlich eine Drehzahl- und Drehmoment- sowie eine Drehsinnwandlung auf engstem Raum vornehmen.

Das mit zwei Schalthebeln zu bedienende Viergang-Getriebe bestand aus verschiedenen Zahnradpaaren mit gerader Verzahnung, von denen mithilfe von zwei Schieberadblöcken immer ein Paar in Eingriff gebracht werden konnte. Die erreichbare Geschwindigkeit lag zwischen 5 km/h (1. Gang) und 16 km/h (4. Gang). Zum Anfahren und Schalten ließ sich die Kraftübertragung vom Motor zum Getriebe mit einer Konuskupplung unterbrechen.

Trotz Einführung der Zahnradwechselgetriebe hielt sich der Riementrieb als Anfahreinheit im weiteren Verlauf der Fahrzeugentwicklung noch einige Zeit, weil er einen gewissen Anfahrschlupf sowie einen größeren Abstand zu den anderen Komponenten des Antriebsstrangs zuließ. Es gab auch Kombinationen aus Riementrieb, Zahnradschaltgetriebe und Kettentrieb. Der Kettenantrieb blieb für Pkw bis etwa 1910 in Anwendung. Doch mit der weiter zunehmenden Motorleistung führte wegen den auftretenden hohen Kräften kein Weg mehr am Zahnradwechselgetriebe mit Konuskupplung vorbei.

Nach 1920 wurde die formschlüssige Verbindung (bei ständig im Eingriff bleibenden Zahnrädern) durch Verschieben von Klauenkupplungen mit geringem Verschiebeweg hergestellt. Danach wurden schräg verzahnte Zahnräder sowie die Synchronisierung zum Standard für Handschaltgetriebe. Schließlich folgte die Einführung der unter Last schaltenden Automatgetriebe, die wegen der hohen Leistungsdichte in der Regel mit Planetengetriebesätzen ausgeführt sind.

▷ Daimler-/Maybach-Stahlradwagen von 1889 mit seinem Viergang-Getriebe (Quelle: DaimlerChrysler Classic)

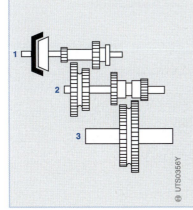

1 Getriebeeingang mit Konuskupplung
2 Schieberadblock 1
3 Schieberadblock 2

Elektronische Getriebesteuerung

Bei unübersichtlichen Verkehrssituationen, in fremder Umgebung oder bei schlechten Witterungsverhältnissen (z. B. starker Regen, Schnee oder Nebel) kann manuelles Schalten den Autofahrer derart ablenken, dass schwer kontrollierbare Situationen entstehen. Dies trifft auch auf das lästige, fortwährend durchzuführende Ein- und Auskuppeln bei stockendem Verkehr mit „Stop and go" zu. Ein automatisches Getriebe mit elektronischer Steuerung bietet dem Fahrer bei diesen und anderen Verkehrssituationen Unterstützung und Entlastung, sodass er sich voll auf das Verkehrsgeschehen konzentrieren kann.

Triebstrangmanagement

Mit der Anzahl der elektronischen Systeme im Fahrzeug wächst auch die Komplexität des Gesamtverbundes der verschiedenen Steuergeräte. Solche vernetzten Strukturen zu beherrschen, setzt hierarchische Ordnungskonzepte voraus, wie zum Beispiel die „Cartronic" von Bosch. Die koordinierte Triebstrangsteuerung ist als Teilstruktur in die „Cartronic" eingebunden und ermöglicht eine optimal abgestimmte Steuerung von Motor und Getriebe in den jeweiligen Betriebszuständen des Fahrzeugs.

Der Motor wird grundsätzlich so häufig wie möglich in den Kraftstoff sparenden Bereichen seines Kennfeldes betrieben. Bei sportlicher Fahrweise werden jedoch zunehmend die hohen, weniger sparsamen Drehzahlbereiche gefahren. Eine solche situationsabhängige Betriebsweise setzt voraus, dass einerseits der Fahrerwunsch erkannt, andererseits dessen Umsetzung der elektronischen Triebstrangsteuerung und einer übergeordneten Fahrstrategie überlassen wird. Die Betätigung des Fahrpedals („Gaspedals") interpretiert das System als „Beschleunigungsanforderung". Die Triebstrangsteuerung errechnet aus dieser Anforderung die Übersetzung in „Drehmoment" und „Drehzahl" und setzt diese auch um. Grundvoraussetzung für die Umsetzung einer solchen Strategie ist das Vorhandensein einer elektrisch betätigten Drosselklappe (Drive-by-wire).

Bild 1 zeigt die Organisationsstruktur der Triebstrangsteuerung als Teil der Fahrzeuggesamtstruktur. Der Fahrzeugkoordinator gibt die geforderte Vortriebsbewegung unter Berücksichtigung der Leistungsanforderungen anderer Fahrzeugsubsysteme (z. B. Karosserie- oder Bordnetzelektronik) an den Triebstrangkoordinator weiter. Dieser übernimmt die Aufteilung des Leistungswunsches auf Motor, Wandler und Getriebe. Die jeweiligen Koordinatoren haben dabei auch eventuell auftretende Interessenskonflikte nach definierten Prioritätskriterien zu lösen. Hierbei spielen die verschiedensten äußeren Einflüsse (wie Umwelt, Verkehrssituation, Betriebszustand des Fahrzeugs und Fahrertyp) eine Rolle.

Das Cartronic-Konzept basiert auf einer objektorientierten Softwarestruktur mit physikalischen Schnittstellen, z. B. dem Drehmoment als Schnittstellenparameter der Triebstrangsteuerung.

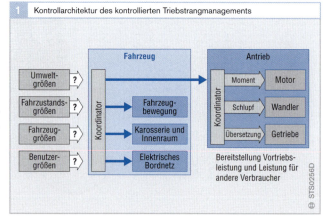

1 Kontrollarchitektur des kontrollierten Triebstrangmanagements

Markttrends

Die gesetzlichen Anforderungen bezüglich „Kraftstoffverbrauch" und „Abgasemission" werden die Entwicklung der Getriebe in den nächsten Jahren stark prägen. Hierzu seien die Forderungen der Hauptmärkte kurz gegenübergestellt.

ACEA, JAMA und KAMA

Die ACEA (Association des Constructeurs Européens d'Automobiles, d. h. Verband der europäischen Automobilhersteller) hat sich dazu bereit erklärt, den Flottendurchschnitt beim CO_2-Ausstoß in den Jahren 2002 bis 2008 von 170 mg CO_2 auf 140 mg CO_2 zu senken (Bild 1).

Die japanischen und koreanischen Herstellervereinigungen (JAMA und KAMA) haben die gleichen Grenzwerte für das Jahr 2009 übernommen. Um dieses Ziel zu erreichen, werden sich in den nächsten Jahren verstärkt Getriebeausführungen wie das 6-Gang-Getriebe, CVT (Continuously Variable Transmission, d. h. stufenloses Getriebe) und AST (Automatic Step Transmission, d. h. Automatisiertes Schaltgetriebe, ASG) durchsetzen.

CAFE-Anforderungen

Im Gegensatz zu Europa haben sich in den USA, dem wichtigsten Markt für Automatikgetriebe, die Anforderungen an den Kraftstoffverbrauch CAFE (Corporate Average Fuel Efficiency) seit 1990 nicht mehr geändert (Bild 2). Sämtliche Vorstöße zum Herbeiführen einer Verschärfung hatten bisher keinen Erfolg.

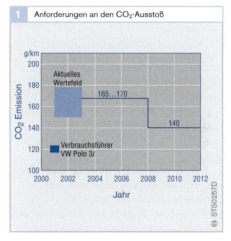

1 Anforderungen an den CO_2-Ausstoß

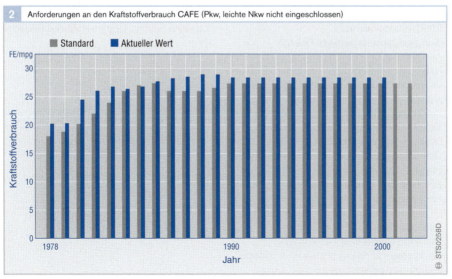

2 Anforderungen an den Kraftstoffverbrauch CAFE (Pkw, leichte Nkw nicht eingeschlossen)

Steuerung automatisierter Schaltgetriebe AST

Anforderungen

Das aktuelle Marktgeschehen zeigt einen starken Trend zur Steigerung der Sicherheit und des Bedienkomforts im Auto. Damit geht eine Erhöhung der Fahrzeugmasse und letztendlich ein steigender Kraftstoffverbrauch einher. Die vom Gesetzgeber verordneten Emissionsrichtlinien (140 g/km CO_2 bis zum Jahr 2008) verschärfen die Situation zusätzlich.

Das Automatisierte Schaltgetriebe, ASG (bzw. engl.: Automated Shift Transmission, AST) stellt die Kombination der Vorteile des Schaltgetriebes mit den Funktionen des Automatikgetriebes dar. Die automatisierte Version des klassischen Schaltgetriebes zeichnet sich durch einen hohen Wirkungsgrad aus. Schlupfverluste wie beim konventionellen Wandlerautomaten treten nicht auf.

Der spezifische Kraftstoffverbrauch liegt im Automatikmodus unter dem niedrigen Niveau des Handschaltgetriebes.

Die Entwicklung des AST basiert auf den Erfahrungen mit dem Elektromotorischen Kupplungsmanagement (EKM).

Elektromotorisches Kupplungsmanagement (EKM)

Anwendung

Nach ersten Erfahrungen mit einem hydraulischen Kupplungsmanagement konzentrieren sich die Anwender nunmehr auf den Einsatz von Elektromotoren als Aktoren für Kupplungen im Segment der Kleinwagen. Diese Maßnahme ermöglicht Kosten- und Gewichtseinsparungen sowie eine höhere Integration. Entsprechende EKM-Systeme gibt es in der Mercedes-A-Klasse, im Fiat Seicento und im Hyundai Atoz.

Aufbau und Arbeitsweise

Der wichtigste Schritt zur Minimierung der Kosten war der Übergang vom hydraulischen zum elektromotorischen Aktor.

Dadurch entfallen Pumpe, Speicher und Ventile. Gleichzeitig entfällt ein Wegsensor im Ausrücksystem. Anstelle dessen ist der Kupplungswegsensor im elektromotorischen Aktor integriert.

Im Vergleich zu einer Hydraulikpumpe mit Speicher bietet der kleine Elektromotor eine geringe Leistungsdichte. Deshalb ist der elektromotorische Aktor nur dann geeignet, wenn er hinreichend kurze Auskuppelzeiten für schnelle Schaltungen realisieren kann.

Schaltvorgang ohne Momentennachführung
Beim konventionellen System ohne Momentennachführung (Bild 1) liegt das Kupplungsmoment weit über dem Motormoment. Grund dafür ist, dass die Trockenkupplung, die ja unter allen extremen Bedingungen mindestens das Motormoment zu übertragen hat, im Normalfall 50 bis 150 % Reserve bietet. Will der Fahrer schalten und nimmt dabei den Fuß vom Fahrpedal, fällt das Motormoment. Das Betätigen des Schalthebels löst die Schaltabsicht aus, und die Kupplung muss nun von „ganz geschlossen" bis „ganz geöffnet" bewegt werden. Dies definiert die Auskuppelzeit.

Bei zu langer Auskuppelzeit überträgt die Kupplung während der Synchronisierung des nächsten Gangs noch Moment, was zum Ratschen oder zu Getriebeschäden führen kann.

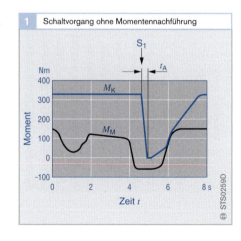

1 Schaltvorgang ohne Momentennachführung

Bild 1
M_K Kupplungsmoment
M_M Motormoment
t_A Auskuppelzeit
S_1 Signal für Schalt-
    wunsch

Schaltvorgang mit Momentennachführung
Die technisch anspruchsvollste Lösung zum
Vermeiden von Getriebeschäden ist die
Kombination einer kraftreduzierten Kupp-
lung mit einer „Momentennachführung".

Das Bild 2 veranschaulicht den Schaltvorgang mit Momentennachführung, bei dem
das Kupplungsmoment nur knapp über dem
Motormoment liegt. Geht dabei der Fahrer
zum Schalten vom Fahrpedal, sinkt mit dem
Motormoment auch das Kupplungsmoment.
Beim Auslösen der Schaltabsicht ist die
Kupplung somit schon beinahe geöffnet und
das restliche Auskuppeln erfolgt sehr schnell.

Das Bild 3 zeigt schematisch das Elektromotorische **K**upplungs**m**anagement (EKM)
als Teilautomatisierung sowie das Automatisierte Schaltgetriebe (AST) als komplette
Automatisierung des Handschaltgetriebes,
beides als „Add on"-Systeme.

Elektromotorisch automatisiertes Schaltgetriebe AST

Anwendung

Das AST kommt gegenwärtig primär in den
unteren Drehmomentklassen (z. B. VW
Lupo, MCC Smart, Opel Corsa Easytronic,
siehe auch Kapitel „Getriebeausführungen")
zum Einsatz, wo es im Vergleich zum Voll-
automaten den Nachteil der Zugkraftunterbrechung durch den Kostenvorteil kompensieren kann.

Aufbau und Arbeitsweise
Das elektromotorische AST verfügt über
die automatisierte Kupplungsbetätigung des
EKM-Systems. Mit einem zusätzlichen
elektromotorischen Aktor für das Getriebe
kann der Fahrer ohne mechanische Verbindung zwischen Positionshebel und Getriebe
schalten („shift by wire").

Beim AST sollen sämtliche Modifikationen
am Getriebe vermieden werden. Damit kann
der Getriebehersteller in der Produktionslinie wahlweise Handschaltgetriebe oder
AST montieren. Bosch liefert als Hardware
für dieses System (z. B. für Opel Corsa
Easytronic) die E-Motoren für Kuppeln,
Schalten und Wählen (siehe Kapitel „Getriebe, Automatisierte Schaltgetriebe") sowie
das Steuergerät. Die Verwendung von Stan-
dardkomponenten bei allen AST-Anwen-
dungen ermöglicht eine automatisierte und
kostengünstige Großserienfertigung.

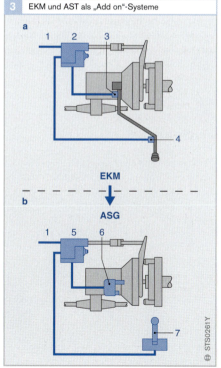

3 EKM und AST als „Add on"-Systeme

a

b

EKM

ASG

Bild 2
M_K Kupplungsmoment
M_M Motormoment
t_A Auskuppelzeit
S_1 Signal für Schalt-
   wunsch

Bild 3
a EKM
b AST

1 Vorhandene Signale
2 Kupplungsaktor
   mit integriertem
   EKM-Steuergerät
3 Gangerkennung
4 Schaltabsichts-
   erkennung am
   Schalthebel
5 Kupplungsaktor
   mit integriertem
   AST-Steuergerät
6 Getriebeaktor
7 Wählhebel

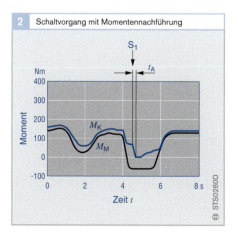

2 Schaltvorgang mit Momentennachführung

S_1

t_A

Nm
400
300
200 M_K
100 M_M
0
-100

Moment

0   2   4   6   8 s

Zeit t

STS0260D

Softwaresharing

Bei der Software des AST teilen sich der Fahrzeughersteller (OEM), der Zulieferer und ggf. ein Systemintegrator die Aufgaben. Das Betriebssystem, die Signalaufbereitung sowie die hardwarespezifischen Routinen zur Ansteuerung der Aktoren kommen von Bosch. Außerdem gehen die Bosch-Erfahrungen aus dem Automatikgetriebebereich in die Zielgangbestimmung des AST ein. Dazu gehören u. a. Fahrererkennung, Bergerkennung, Kurvenerkennung und andere adaptive Funktionen (siehe auch Kapitel „Adaptive Getriebesteuerung, AGS").

Die Ansteuerung des Getriebes und die Koordination des Schaltablaufs (Kupplung, Verbrennungsmotor, Getriebe) liegen in Verantwortung des OEM beziehungsweise des Systemintegrators.

Gleiches gilt für die Kupplungssteuerung, die in wesentlichen Teilen vom EKM-System übernommen werden kann. Der jeweilige Fahrzeughersteller bringt seine markenspezifische Philosophie bezüglich der Schaltzeit bzw. Schaltpunkte und der Schaltabläufe ein.

Schaltvorgang und Zugkraftunterbrechung

Das Grundproblem beim AST ist die Zugkraftunterbrechung. Dies ist in Bild 4 die „Talsenke" der Fahrzeugbeschleunigung zwischen den beiden geschalteten Gängen. Diese Phasen des Schaltvorgangs lassen sich im Hinblick auf die Anforderungen an die Aktoren in zwei Blöcke unterteilen:
- Phasen, die sich auf die Fahrzeugbeschleunigung auswirken,
- Phasen, die reine „Tot"zeiten darstellen.

Bei den Phasen, die sich auf die Fahrzeugbeschleunigung auswirken, zeigt sich, dass eine Drosselung notwendig ist, weil zu schnelle Änderungen der Fahrzeugbeschleunigung als unangenehm empfunden werden. Die optimale Interaktion von Motor-, Kupplungs- und Getriebeeingriff führt zum bestmöglichen Verhalten.

Die Synchronisierung kann z. B. durch Zwischenkuppeln und Zwischengas unterstützt werden. In den „Tot"zeiten ist jedoch die maximale Geschwindigkeit der Aktoren gefordert. Dabei ist wichtig, dass die Synchronisierung nach dem Herausnehmen des Gangs und der folgenden schnellen Phase keinen zu harten Schlag erfährt.

Bild 4
1 Aktueller Gang
2 nächster Gang

ΔM_1 Momentenabbau
ΔM_2 Momentenaufbau
t_0 Zugkraftunterbrechung
t_1 Schaltvorgang
t_2 Beschleunigungsvorgang
t_3 Gang herausnehmen und wählen
t_4 Synchronisierung
t_5 Gang durchschalten

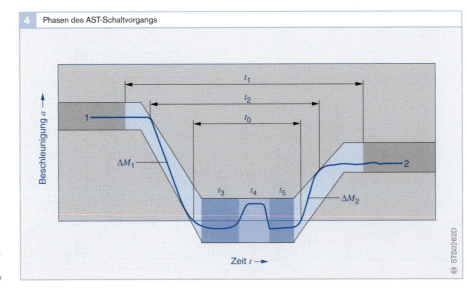

4 Phasen des AST-Schaltvorgangs

Das Bild 5 zeigt einen Vergleich der erreichbaren Schaltzeiten mit einem hydraulischen und einem elektromotorischen System sowie die notwendige Schaltzeit für einen komfortablen Schaltvorgang. Die Balkenlängen entsprechen den benötigten Zeiten für die einzelnen Phasen, und es wird die gleiche Graustufung benutzt.

Bei maximaler Ausnutzung der Leistungsfähigkeit der Aktoren weist das elektromotorische System gegenüber dem hydraulischen lediglich bei der Kupplungsbetätigung einen Zeitnachteil auf. Dieser ließe sich insbesondere beim Momentenabbau durch eine

„intelligente" Steuerung wie die Momentennachführung bzw. die Interaktion von Verbrennungsmotor und Kupplung verringern.

Hervorzuheben ist, dass sich die Phasen der „Tot"zeit, „Gang herausnehmen" und „Gang einlegen" für beide Systeme kaum unterscheiden. Auch bei der komfortablen Schaltung verlängern sich die „Tot"zeiten praktisch nicht. Hingegen müssen die für die Beschleunigung relevanten Phasen jeweils zwei- bis viermal so lange wie im extremen Fall dauern, sowohl bei hydraulischer als auch bei elektromotorischer Aktorik.

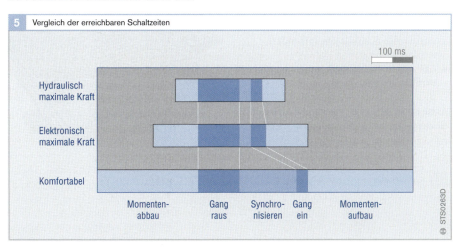

5 Vergleich der erreichbaren Schaltzeiten

100 ms

Hydraulisch maximale Kraft

Elektronisch maximale Kraft

Komfortabel

| Momenten-abbau | Gang raus | Synchro-nisieren | Gang ein | Momenten-aufbau |

STS0263D

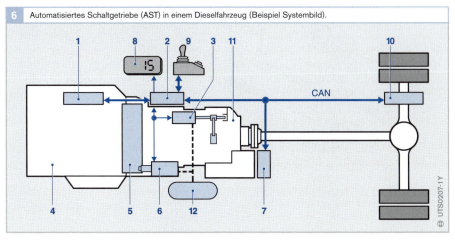

6 Automatisiertes Schaltgetriebe (AST) in einem Dieselfahrzeug (Beispiel Systembild).

CAN

UTS0207-1Y

Bild 6
1 Motorelektronik (EDC)
2 Getriebeelektronik
3 Getriebesteller
4 Dieselmotor
5 Trocken-Trennkupplung
6 Kupplungssteller
7 Intarder-Elektronik
8 Display
9 Fahrschalter (Wählhebel)
10 ABS/ASR
11 Getriebe
12 Luftversorgung

—— Elektrik
···· Pneumatik
—— CAN-Kommunikation

Steuerung von Automatikgetrieben

Anforderungen

Die wesentlichen Anforderungen bzw. Aufgaben der Steuerung eines Automatikgetriebes sind:

- In Abhängigkeit von verschiedenen Einflussgrößen stets den richtigen Gang schalten bzw. die richtige Übersetzung einstellen,
- den Schaltvorgang durch angepasste Druckverläufe möglichst komfortabel ausführen,
- zusätzliche manuelle Eingriffe des Fahrers umsetzen,
- Fehlbedienungen abfangen, z. B. indem unzulässige Schaltungen verhindert werden, sowie
- ATF-Öl für Kühlung, Schmierung und Wandler bereitstellen.

Aktuelle Steuerungen werden ausschließlich elektrohydraulisch ausgeführt.

Hydraulische Steuerung

Hauptaufgabe der Hydrauliksteuerung (Bilder 1 und 2) ist es, hydraulische Drücke und Volumenströme zu regeln, zu verstärken und zu verteilen. Dazu zählen die Erzeugung der Kupplungsdrücke, Versorgung des Wandlers und Bereitstellung des Schmierdrucks. Die Gehäuse der hydraulischen Steuerung bestehen aus Alu-Druckguss und enthalten mehrere feinbearbeitete Schieberventile und elektrohydraulische Aktuatoren.

2   Hauptsteuerung mit Hydraulikventilen

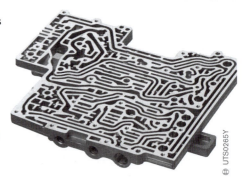

UTS0265Y

1   Explosionsbild einer Hydrauliksteuerung (Beispiel GM HYDRA-MATIC 4L60-E)

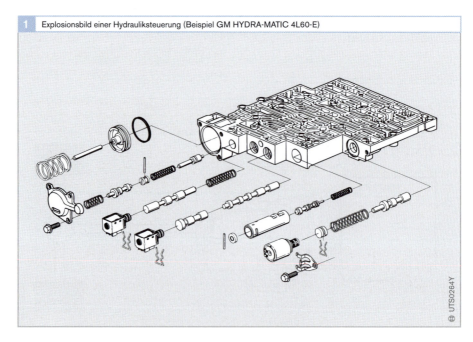

UTS0264Y

Elektrohydraulische Steuerung

Alle modernen Automatikgetriebe mit vier bis sechs Gängen sowie stufenlose Getriebe werden aufgrund ihrer umfangreichen Funktionen ausschließlich elektrohydraulisch gesteuert. Im Gegensatz zu früheren, rein hydraulischen Steuerungen mit Fliehkraftreglern, werden die Kupplungen individuell über Druckregler angesteuert, was eine präzise Modulation sowie die Realisierung geregelter Überschneidungsschaltungen (ohne Freilauf) ermöglicht.

Kupplungssteuerung

Die Kupplungssteuerung erfolgt grundsätzlich entweder mit vorgesteuertem oder mit direktgesteuertem Druck.

Vorsteuerung

Bei der Vorsteuerung wird der erforderliche Druck und Durchfluss zur schnellen Kupplungsbefüllung über ein Schieberventil im Steuergehäuse bereitgestellt. Die Druckregelung erfolgt durch einen Pilotdruck auf die Fühlfläche am Schieberventil. Ein Aktuator erzeugt diesen Pilotdruck (Bild 3).

Damit ergeben sich größere Freiheitsgrade beim „Packaging" sowie die Anwendung standardisierter Aktuatoren, hohe Dynamik und kleine Elektromagnete.

Direktsteuerung

Bei der Direktsteuerung werden der erforderliche Druck und der Durchfluss zur schnellen Kupplungsbefüllung direkt vom Aktuator bereitgestellt (Bild 4).

Es entsteht eine kompakte Kupplungssteuerung mit reduziertem Aufwand für die Hydraulik.

Schaltablaufsteuerung

Konventionelle Schaltablaufsteuerung

Die folgenden zwei Schaltfälle sind Beispiele für die konventionelle Steuerung eines einfachen 4-Gang-Automatikgetriebes mit Freiläufen (Bild 5).

Hochschaltung unter Last
Zughochschaltungen erfolgen beim Automatikgetriebe im Gegensatz zum Handschaltgetriebe ohne Zugkraftunterbrechung. Die Grafik in Bild 6 zeigt den zeitlichen Verlauf der charakteristischen Größen bei einer Hochschaltung in den direkten Gang (Übersetzung 1). Das Schalten beginnt zum Zeitpunkt t_0: Die Kupplung wird mit Öl gefüllt, und somit werden die Reibelemente aneinander gepresst. Vom Zeitpunkt t_1 an überträgt die Kupplung ein Moment. Mit dem Ansteigen des Kupplungsmoments fällt das am Freilauf abgestützte Moment ab. Bei

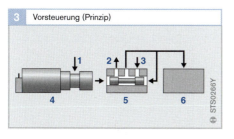

3 Vorsteuerung (Prinzip)

1 4
2 3
5 6

STS0266Y

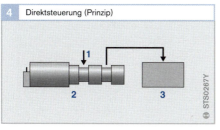

4 Direktsteuerung (Prinzip)

1
2 3

STS0267Y

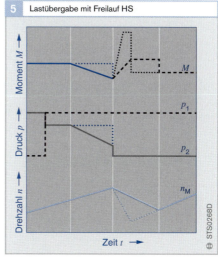

5 Lastübergabe mit Freilauf HS

Moment M — M

Druck p — p_1, p_2

Drehzahl n — n_M

Zeit t →

STS0268D

Bild 3
1 Zulauf zum Aktuator
2 Ölsumpf
3 Zulauf zum Schieberventil
4 Aktuator
5 Schieberventil im Steuergehäuse
6 Kupplung

Bild 4
1 Zulauf zum Aktuator
2 Aktuator
3 Kupplung

Bild 5
p_1 Druck zuschaltende Kupplung
p_2 Druck abschaltende Kupplung
n_M Motordrehzahl
M Drehmoment

t_2 löst der Freilauf. Nun beginnt sich die Motordrehzahl zu ändern. Das Kupplungsmoment steigt bis t_3. Bis t_4 schleift die Kupplung, dann haftet sie. Nach dem Schaltende wird der Kupplungsdruck auf ein Sicherheitsniveau hochgesteuert.

Die nach t_4 verbleibende Drehzahldifferenz zwischen Motor und Getriebeausgangsdrehzahl verursacht der Wandler, der im nicht überbrückten Zustand stets mit Schlupf arbeitet.

Der Verlauf des Abtriebmomentes in der Phase $t_1...t_4$ bestimmt den Schaltkomfort. Für eine gute Schaltqualität muss der Kupplungsdruck so eingestellt sein, dass das Abtriebsmoment zwischen dem Niveau bei $t < t_1$ und dem Niveau bei $t > t_4$ liegt. Weiterhin soll der Momentensprung bei t_4 möglichst gering sein.

Die Belastung der Reibelemente ist durch das Kupplungsmoment und die Schleifzeit $(t_4 - t_1)$ bestimmt. Hier wird deutlich, dass die Steuerung des Schaltablaufs stets einen Kompromiss darstellt.

Rückschaltung unter Last
Im Gegensatz zu den Hochschaltungen erfolgen Rückschaltungen mit Zugkraftunterbrechung. Bild 7 zeigt den zeitlichen Ablauf.

Bei t_0 beginnt die Schaltung mit dem Entleeren der Kupplung. Von t_1 an wird kein Motormoment mehr übertragen, und der Motor beschleunigt hoch. Bei t_2 ist die Synchrondrehzahl des neuen Gangs erreicht, der Freilauf legt an; bis t_3 stellt sich der Wandlerschlupf entsprechend den Motormoment ein. Bei t_3 ist der Schaltvorgang beendet. Der Schaltkomfort wird durch den Momentenabfall in der Phase $t_0...t_1$ bestimmt und hängt ganz wesentlich vom Momentenanstieg zwischen t_2 und t_2 ab.

Die Steuerung aller vorkommenden Schaltfälle übernimmt weitgehend die Elektronik; der Hydraulik verbleibt vor allem die Leistungssteuerung der Kupplungen.

Bei allen neueren Getrieben (5- und 6-Gang) ersetzen aus Gewichtsgründen Kupplungen die Freiläufe. Sie benötigen aber während den Schaltungen eine „Überschneidungssteuerung" für die Kupplungen

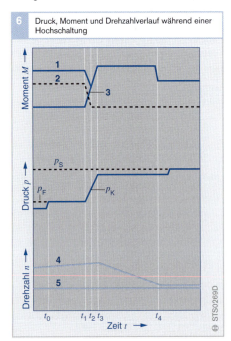

6 Druck, Moment und Drehzahlverlauf während einer Hochschaltung

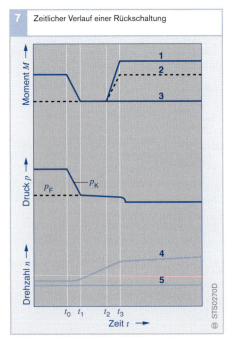

7 Zeitlicher Verlauf einer Rückschaltung

(Bild 8). Das heißt, während Kupplung 1 für Gang x öffnet, muss Kupplung 2 für Gang y schließen. Da diese Art der Steuerung sehr aufwändig und zeitkritisch ist, ist hierzu eine wesentlich höhere Rechenleistung im Steuergerät bereitzustellen als für die einfachen Schaltabläufe mit Freilaufschaltungen (siehe auch Kapitel „Steuergeräte").

Die wichtigsten Eigenschaften der Überschneidungssteuerung sind:
● geringer mechanischer Aufwand,
● wenig Bauraum,
● Mehrfachverwendung für verschiedene Gangstufen möglich,
● hohe Regelgenauigkeit für Lastübergabe notwendig,
● hoher Software-Aufwand für Momentenregelung,
● bei falscher Regelung: Drehzahlüberhöhung (Motor geht durch) bzw. Auftreten eines Bremsmoments (Extremfall: Blockieren des Getriebes).

Adaptive Drucksteuerung

Die adaptive Drucksteuerung hat die Aufgabe, über die gesamte Laufzeit des Getriebes und den damit einhergehenden Veränderungen der Reibkoeffizienten an den Kupplungsoberflächen eine gleich bleibend gute Schaltqualität zu erreichen. Außerdem kompensiert sie eine eventuelle Abweichung des berechneten bzw. des vom Motor übertragenen Drehmoments, das wegen Veränderungen am Motor oder durch Fertigungstoleranzen auftreten kann.

Eine wichtige Rolle spielt dabei die Druckadaption mithilfe der vom Hersteller applizierten Schaltzeiten. Hierzu werden die applizierten Schaltzeiten mit den real auftretenden Schaltzeiten verglichen. Liegen die Messungen mehrfach außerhalb eines vorgegebenen Toleranzbandes, werden die zu der Schaltung gehörenden Druckparameter inkrementell angepasst. Hierfür unterscheidet man zwischen der Füllzeit und der Schleifzeit der Kupplung.

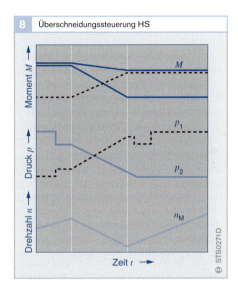

8   Überschneidungssteuerung HS

Bild 8
p_1 Druck zuschaltende Kupplung
p_2 Druck abschaltende Kupplung
n_M Motordrehzahl
M Drehmoment

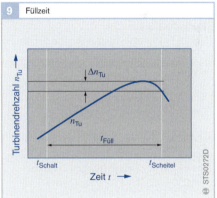

9   Füllzeit

Füllzeitmessung
Die Füllzeit $t_{Füll}$ (Bild 9) ist die Zeit vom Beginn der Schaltung t_{Schalt} bis zum Beginn der Synchronisation (bei der Hochschaltung [HS] wird auf Drehzahlfall erkannt):

$$t_{Füll} = t_{Scheitel} - t_{Schalt}$$

Schleifzeitmessung
Die Schleifzeit $t_{Schleif}$ (Bild 10) der Kupplung ist die Zeit vom Erkennen des Drehzahlscheitelpunktes (Synchronisationsbeginn) bis zur vollständigen Synchronisation der Drehzahl im neuen Gang.

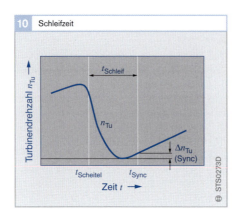

10   Schleifzeit

$$t_{\text{Schleif}} = t_{\text{Sync}} - t_{\text{Scheitel}}$$

Die für die Messung der Schleifzeit t_{Schleif} (Bild 10) dienenden Drehzahlschwellen werden zu Schaltungsbeginn im Voraus berechnet, wobei folgender Zusammenhang für die Hochschaltungen gilt:
Beginn Füllzeitmessung = Beginn Schaltung

Scheitelpunkt: Es wird ein Absinken der Turbinendrehzahl n_{Tu} um mindestens n_{Tu} (Scheitel) Umdrehungen erkannt.
$$n_{\text{Tu}}\,(t-1) - n_{\text{Tu}}\,(t) > n_{\text{Tu}}\,(\text{Diff})$$

Synchronisationsdrehzahl: Es wird ein Anstieg der Turbinendrehzahl n_{tu} um mindestens n_{Tu} (Sync) Umdrehungen erkannt.
$$n_{\text{Tu}}\,(t) - n_{\text{Tu}}\,(t-1) > \Delta n_{\text{Tu}}\,(\text{Sync})$$

Druckkorrektur
Wegen der Betriebssicherheit ist die Druckadaption nur in bestimmten Grenzen erlaubt. Die typische Adaptionsbreite liegt im Bereich von ±10 % des für die Schaltung berechneten Modulationsdrucks. Außerdem werden die Korrekturwerte noch nach Drehzahlbändern unterschieden.
    Die Adaptionswerte werden nichtflüchtig gespeichert, sodass bei Neustart des Fahrzeugs wieder der optimale Modulationsdruck eingesteuert werden kann. Das Gesamtbild der Druckadaption kann auch als Indiz für Veränderungen im Getriebe gewertet werden.

Schaltpunktauswahl
Konventionelle Schaltpunktauswahl
Bei den meisten gegenwärtig erhältlichen Automatikgetrieben geschieht die Wahl des Fahrprogramms über einen Wählschalter oder einen Taster. Dabei stehen i. A. folgende Fahrprogramme zur Verfügung:
● Economy (sehr sparsam),
● Sport oder
● Winter.

Die einzelnen Programme unterscheiden sich durch die Lage der Schaltpunkte in Bezug auf die Stellung des Fahrpedals und der Fahrgeschwindigkeit. Als Beispiele dafür dienen das Economy- und Sport-Schaltkennfeld eines 5-Gang-Getriebes (Bild 11).

Schneidet nun die aktuelle Fahrgeschwindigkeit oder die dem Fahrerwunsch entsprechende Fahrpedalstellung (Fahrpedalwert) die Schaltkennlinie, so wird eine Schaltung ausgelöst. Innerhalb einer bestimmten Zeit, die von der Hydraulik des Automatikgetriebes abhängt, kann eine angeforderte Schaltung entweder abgebrochen oder aber in eine Doppelschaltung umgewandelt werden.

Der Fahrer befindet sich zum Beispiel im fünften Gang auf der Autobahn und möchte überholen. Dazu tritt er das Fahrpedal durch, und es wird eine Rückschaltung angefordert.

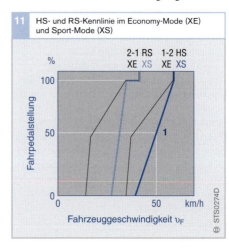

11   HS- und RS-Kennlinie im Economy-Mode (XE) und Sport-Mode (XS)

Bild 11
1   Hochschaltung
XE Economy-Mode
XS Sport-Mode

Beim starken Durchtreten des Fahrpedals wird nach der 5-4 RS- direkt auch die 4-3-RS-Schaltkennlinie geschnitten, und anstelle einer sequenziellen Rückschaltung wird eine 5-3-Doppelrückschaltung ausgeführt. Spezielle Schaltpunkte für Kickdown erlauben an dieser Stelle das Ausnützen der maximal möglichen Motorleistung.

Adaptive Getriebesteuerung (AGS)

Alle neueren Getriebesteuerungen besitzen anstelle der aktiven Fahrprogrammwahl durch den Fahrer eine Software, die es dem Fahrer erlaubt, sich den speziellen Umgebungsbedingungen während der Fahrt anzupassen. Dazu gehören in erster Linie die Fahrertyperkennung und die Fahrsituationserkennung. Umsetzungen hiervon sind die Adaptive Getriebesteuerung, AGS, von BMW bzw. das Dynamische Schaltprogramm, DSP, von Audi.

Fahrertyperkennung
Über eine Bewertung der vom Fahrer ausgeführten Aktionen lässt sich ein Fahrertyp erkennen. Dazu gehören:
- Betätigung Kickdown,
- Betätigung Bremse und
- Begrenzung über Positionshebel.

Die Kickdown-Bewertung zählt zum Beispiel, wie oft der Fahrer während einer einstellbaren Zeit den Kickdown betätigt. Kommt der Zähler über eine bestimmte Schwelle, so wählt die Fahrertyperkennung für eine gewisse Zeit das nächst sportlichere Fahrprogramm. Nach dieser Zeit schaltet es automatisch wieder auf ein sparsameres Fahrprogramm um.

Fahrsituationserkennung
Für die Fahrsituationserkennung werden verschiedene Eingangsgrößen der Getriebesteuerung zu Aussagen über den aktuellen Fahrzustand verknüpft. Folgende Situationen können i. A. erkannt werden:
- Bergauffahrt,
- Kurvenfahrt,
- Winterbetrieb und
- ASC-Betrieb.

Bergauffahrt
Das Erkennen einer Bergauffahrt mithilfe des Vergleichs der aktuellen Beschleunigung mit der angeforderten Beschleunigung über das Motormoment führt dazu, dass Hochschaltungen und Rückschaltungen bei höheren Drehzahlen ausgeführt werden und damit Pendelschaltungen verhindert werden.

Kurvenfahrt
Aus der Drehzahldifferenz der Raddrehzahlen wird errechnet, ob sich das Fahrzeug in einer Kurve befindet. Bei aktiver Kurvenerkennung werden dann angeforderte Schaltungen verzögert bzw. verboten, um die Fahrzeugstabilität zu erhöhen.

Wintererkennung
Basierend auf einer Schlupferkennung über die Raddrehzahlen wird ein Winterbetrieb erkannt. Dies dient im Wesentlichen dazu, um
- das Durchdrehen der Räder zu verhindern und
- beim Anfahren einen höheren Gang auszuwählen, damit weniger Moment auf die Antriebsräder übertragen wird und damit ein frühzeitiges Durchdrehen der Räder verhindert wird.

ASC-Betrieb
Wird während der Fahrt erkannt, dass sich das ASC-Steuergerät (Anti-Slipping Control oder Antriebsschlupfregelung, ASR) im Regeleingriff befindet, werden angeforderte Schaltungen zur Unterstützung der ASC-Funktion unterdrückt.

Motoreingriff

Anwendung

Ein zeitlich exakt gesteuerter Verlauf des
Motormoments während der Schaltvorgänge eines automatischen Getriebes bietet
die Möglichkeiten, eine Getriebesteuerung
im Hinblick auf Schaltkomfort, Lebensdauer
der Kupplungen und übertragbare Leistung
zu optimieren. Die Umsetzung des Momen-
tenwunsches (Reduzierung) der Getriebesteuerung durch die Motorsteuerung erfolgt
durch Spätverstellung des Zündzeitpunktes.

Die theoretischen Grundlagen, Verfahren
und Messergebnisse werden beispielhaft am
Motoreingriff über die Zündung dargestellt.

Formelzeichen und Abkürzungen

C	Federsteifigkeit des Antriebsstrangs
i	Übersetzungsverhältnis
J	Massenträgheitsmoment
k	Konstante
M	Motormoment
n	Drehzahl
q	spezifische Verlustarbeit
Q	Verlustarbeit
t	Zeit
W	Fahrwiderstand
x	Ortskoordinaxe
δ	Temperatur
ω	Winkelgeschwindigkeit
Φ	Drehwinkel
φ	Drehwinkel, linearisiert

Indizes

A	Abtrieb
F	Fahrzeug
Grenz	zulässiger Grenzwert
K	Kupplung (Reibelement)
kin	kinetischer Anteil
M	Motor (Getriebeeingang)
red	reduzierter Wert
s	Schleifzeit
Ver	Anteil aus Verbrennungsenergie (Motormoment)
•	Bezugsgröße
1	Antriebsseite der Kupplung
2	Abtriebsseite der Kupplung

Anforderungen

Die Forderung nach immer sparsamerem
Kraftstoffverbrauch der Kraftfahrzeuge bestimmt auch im Bereich der Automatikgetriebe maßgeblich die Entwicklungsziele.
Neben den Maßnahmen zur Verbesserung
des Wirkungsgrads am Getriebe selbst (wie
etwa die Wandlerüberbrückungskupplung)
gehört dazu die Einführung von Getrieben
mit mehr Gängen. Zusätzliche Gangstufen
bedingen jedoch zwangsläufig eine erhöhte
Schalthäufigkeit. Hieraus resultieren erhöhte
Anforderungen an den Schaltkomfort und
an die Belastbarkeit der Reibelemente.

Der Motoreingriff trägt beiden Forderungen Rechnung und eröffnet einen zusätzlichen Freiheitsgrad zur Steuerung eines
Automatikgetriebes. Unter „Motoreingriff"
sind alle Maßnahmen zu verstehen, die es
gestatten, während des Schaltvorgangs im
Getriebe das durch den Verbrennungsvor-
gang erzeugte Motormoment gezielt zu beeinflussen, insbesondere zu reduzieren. Der
Motoreingriff lässt sich sowohl bei Hochschaltungen als auch bei Rückschaltungen
anwenden.

Primäres Ziel des Motoreingriffs bei
Hochschaltungen ist es, die während des
Schaltvorgangs in den Reibelementen erzeugte Verlustenergie zu verringern. Dies erfolgt durch Reduzierung des Motormoments
während des Synchronisationsvorgangs
ohne Unterbrechung der Zugkraft. Der hierdurch gewonnene Spielraum kann genutzt
werden zur:

- Erhöhung der Lebensdauer durch die Verkürzung der Schleifzeit (wenn alle übrigen
Betriebsparameter im Getriebe, wie
Kupplungsdruck und Anzahl der Lamellen, unverändert bleiben).
- Verbesserung des Komforts durch Reduktion des Kupplungsmoments, bewirkt
durch die Absenkung des Kupplungsdrucks während der Schleifphase.
- Übertragung einer höheren Leistung,
soweit dies die mechanische Festigkeit
des Getriebes zulässt; in vielen Fällen ist
jedoch die Verlustleistung in den Kupplungen der begrenzende Faktor.

Selbstverständlich ist auch eine sinnvolle Kombination dieser Maßnahmen im Rahmen des vorgegebenen Spielraums möglich.

Ziel des Motoreingriffs bei Rückschaltungen ist es, den Ruck zu reduzieren, der beim Greifen des Freilaufs oder eines Reibelements am Ende des Synchronisationsvorgangs auftritt. Dies bewirkt
- eine Komfortverbesserung und
- eine Unterstützung und Verbesserung der Synchronisation bei Getrieben ohne Freilauf.

Eingriffe in den mechanischen Schaltablauf
Die folgenden Ausführungen zeigen auf, welche Möglichkeiten sich für den Eingriff in den mechanischen Schaltablauf bieten. Die einzelnen Phasen einer Hoch- und Rückschaltung sind im Abschnitt „Schaltablaufsteuerung" beschrieben.

Hochschaltungen
Der Motoreingriff wird beispielhaft an einer Hochschaltung vom direkten Gang ($i = 1$) in den Overdrive ($i < 1$) behandelt. Folgende Vereinfachungen dienen dazu, die physikalischen Zusammenhänge transparenter darzustellen:
- Der Einfluss des Drehmomentwandlers wird vernachlässigt.
- Es tritt keine Überschneidung von Reibelementen auf, d. h., nur *ein* Reibelement ist an der Schaltung beteiligt.
- Das Motormoment bleibt während der Schaltung konstant, und somit ergeben sich lineare Drehzahlverläufe.
- Die Fahrzeuggeschwindigkeit während der Schaltung wird als konstant angenommen.
- Die Erwärmung der Reibbeläge durch mehrere kurz aufeinander folgende Schaltvorgänge bleibt vernachlässigt.

Hochschaltungen laufen ohne Unterbrechung der Zugkraft ab. Die Synchronisation von Motor und Getriebe erfolgt über ein Reibelement im schleifenden Eingriff. Während der Schleifzeit stellt sich zwischen

An- und Abtriebsteil der Kupplung die Relativdrehzahl ein:

$$\Delta\omega = \omega_1 - \omega_2 \qquad (1)$$

Als Verlustenergie , die von den Reibelementen während des Schaltvorgangs aufgenommen oder weitergeleitet werden muss, gilt allgemein:

$$Q = \int_0^{t_s} M_K(t) \cdot \Delta\omega(t) \cdot \mathrm{d}t \qquad (2)$$

Weiterhin gilt der Drallsatz sowohl für den An- als auch den Abtriebsteil der Kupplung. Für die Drehmassen der Antriebsseite lautet er:

$$\Delta\omega = \omega_A \cdot \frac{1-i}{i} + \frac{M_M - M_K}{J_M} \cdot t \qquad (3)$$

Unter den oben genannten Voraussetzungen ergibt sich:

$$\Delta\omega = |\omega_M - \omega_A| = \omega_M(t=0) - \omega_A + \omega_M \cdot t$$

oder

$$Q = M_K \left[\omega_A \cdot \frac{1-i}{i} \cdot t_s + \frac{M_M - M_K}{J_M} \cdot \frac{t_S^2}{2} \right]$$

Somit ergibt sich aus (1), (2) und (3) bei zeitlich konstantem Kupplungsmoment die Verlustenergie in Abhängigkeit von den Parametern des Schaltablaufs zu

Die Schleifzeit selbst hängt wiederum von den Kupplungs- und Motorparametern ab, und zwar ist

$$t_s = \frac{\omega_A}{|\dot\omega_M|} \cdot \frac{1-i}{i} = \omega_A \cdot \frac{1-i}{i} \cdot \frac{J_M}{|M_M - M_K|} \qquad (4)$$

Damit ergibt sich die vom Reibelement aufzunehmende Verlustenergie zu

$$Q = \frac{1}{2} \cdot \frac{M_K \cdot J_M}{M_M - M_K} \cdot \omega_A^2 \left(\frac{1-i}{i} \right)^2 \qquad (5)$$

d. h., die Verlustenergie hängt nur vom Kupplungs- und Motormoment, von der Fahrgeschwindigkeit und den Übersetzungsverhältnissen ab.

Beim Einsetzen des durch (4) bestimmten Kupplungsmoments in (5) ergibt sich die Verlustenergie als Summe eines Anteils aus der kinetischen Energie, die beim Abbremsen der Drehmassen auf die Synchrondrehzahl frei wird, und eines Anteils aus der Verbrennungsenergie des Motors:

$$Q = Q_{Kin} + Q_{Ver} = J_M \cdot \frac{\omega_A^2}{2} \cdot \left(\frac{1-i}{i}\right)^2 + M_M \cdot t_S \cdot \frac{\omega_A}{2} \cdot \frac{1-i}{i} \quad (6)$$

Diese beiden Anteile haben etwa die gleiche Größenordnung. Bei Drehzahlen von $n = 3000$ min^{-1} und typischen Werten für den Gangsprung und das Motorträgheitsmoment ($i = 0,8$, $J_M = 0,3$ kg $\cdot$ m^2, $M_M = 100$ Nm, $t_S = 500$ ms) ergibt sich:

$$Q_{Ver}/Q_{kin} \approx 1...4$$

Damit zeigen sich deutlich die Möglichkeiten eines Motoreingriffs zur Reduzierung der Verlustleistung in den Reibelementen.

Ein weiterer wesentlicher Aspekt ergibt sich aus (6): Nur der aus der Verbrennungsenergie stammende Anteil der Verlustenergie hängt von der Schleifzeit t_S ab. Maßgeblich ist das Produkt aus dem Motormoment und der Schleifzeit. Das bedeutet aber, dass sich die Schleifzeit bei Reduktion des Motormoments entsprechend verlängern lässt, ohne die Gesamtverlustenergie zu erhöhen. Tatsächlich nimmt der Verschleiß der Reibelemente bei konstant gehaltener Gesamtverlustenergie sogar ab, wenn die Schleifzeit verlängert wird. Die Temperatur der Reibbeläge entspricht der Belastung der Reibelemente.

Bild 12a stellt die vom Reibelement aufgenommene Verlustenergie in Abhängigkeit vom Motormoment und der Schleifzeit dar. Die maximal zulässige Verlustenergie Q_{Grenz} und das bei dieser Schaltung zu übertragende Motormoment legen die maximale Schleifzeit fest, etwa gemäß Punkt S. Der maximal zulässigen Energie Q_{Grenz} entspricht gemäß (5) das von der Schleifzeit bestimmte Kupplungsmoment M_{KGrenz} (Punkt 1 in Bild 12b).

Bild 12

a   Verlustenergie Q_{Ver}

b   Kupplungsmoment M_K

M_{KGrenz} maximales Kupplungsmoment

M_{Kmin} minimales Kupplungsmoment

M_M Motormoment

Q_{Grenz} maximal zulässige Verlustenergie

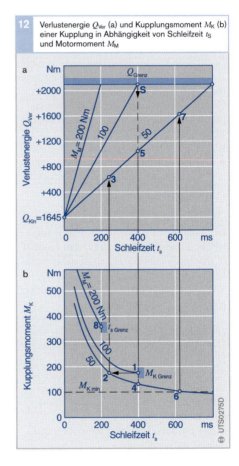

12 Verlustenergie Q_{Ver} (a) und Kupplungsmoment M_K (b) einer Kupplung in Abhängigkeit von Schleifzeit t_S und Motormoment M_M

Zur Verringerung der Verlustenergie müsste das Kupplungsmoment gegenüber Punkt S erhöht und damit die Schleifzeit verkürzt werden. Dies würde jedoch in gleichem Maß zu einer Minderung des Schaltkomforts führen. Eine Verringerung des Kupplungsdrucks ist in jedem Fall unzulässig, da ansonsten Q_{Grenz} überschritten wird.

Aus Bild 12 ist nun einfach abzulesen, welche Möglichkeiten der Motoreingriff bietet. Es sei angenommen, dass das zu übertragende Motormoment $M_M = 100$ Nm während der Schleifphase auf durchschnittlich 50 % reduziert werden kann. Betrachtet man zunächst den Fall mit konstant gehaltenem Kupplungsmoment (Schaltqualität),

so führt die Reduzierung des Motormoments auf 50 Nm zu einer Verkürzung
der Schleifzeit von 400 ms auf 245 ms
(Punkt 1 → Punkt 2) bei gleichzeitiger Verminderung der Verlustenergie auf 61 %
(Punkt 3). Hält man dagegen die Schleifzeit
konstant, so kann das Kupplungsmoment
von 179 Nm auf 128,5 Nm reduziert werden
(Punkt 1 → Punkt 4) bei einer Verminderung der Verlustenergie auf 72 % (Punkt 5).

Die maximal sinnvolle Schleifzeit ist dann
gegeben, wenn das minimale Kupplungsmoment M_{Kmin} während der Schaltung nicht
kleiner als der Wert nach Schaltende wird.
Einerseits würde ein kleineres Motormoment infolge des Momenteinbruchs zu
einer Komfortverschlechterung führen,
andererseits sollte das Kupplungsmoment
aus Sicherheitsgründen auf jeden Fall so
groß sein, dass das nicht reduzierte Motormoment nach Schaltende vom Reibelement
übertragen werden kann.

In diesem Beispiel ist angenommen,
dass das von der Kupplung mindestens zu
übertragende Moment entsprechend dem
Motormoment (direkter Gang) 100 Nm beträgt. Das bedeutet, dass die Schleifzeit von
400 ms auf maximal 625 ms (Punkt 6) aus-
gedehnt werden kann, wiederum bei gleichzeitiger Verminderung der Verlustenergie auf
88 % (Punkt 7).

Schließlich ist aus Bild 12 zu entnehmen,
dass sogar ein Motormoment von 200 Nm,
das ohne Eingriff eine maximale Schleifzeit
von 200 ms bei einem minimalen Kupplungsmoment von 360 Nm erfordern würde
(Punkt 8), auf das Beispiel mit dem Moment
von 100 Nm (Punkt 1) zurückgeführt werden kann.

Die Ergebnisse dieser Betrachtung liegen
insofern auf der sicheren Seite, weil die Verlängerung der Schleifzeit bei konstanter Verlustenergie zur Verringerung der Reiblagen-
temperatur und somit zur Schonung der
Reibbeläge führt. Die Tabelle 1 enthält die
Zahlenwerte zu diesen Beispielen.

1	Zahlenwerte zu Textbeispielen und Bild 12				
M_M Nm	M_{redM} Nm	M_K Nm	M_M Nm	t_0 ms	Q/Q_{100} %
100	100	179	400	3740	100
100	50	179	245	2285	61
100	50	128,5	400	2693	72
100	50	100	628	3290	88
200	200	360	200	3740	100
200	100	179	400	3740	100

Tabelle 1

Rückschaltungen
Im Gegensatz zu Hochschaltungen erfolgen
Rückschaltungen im Zugbetrieb mit Lastunterbrechung. Der Motor ist vom Antriebsstrang abgekoppelt und läuft durch das
von ihm erzeugte Moment frei hoch bis zur
Synchrondrehzahl. Erst nach dem Anlegen
des Freilaufs oder dem Fassen des Reibelements ist der Kraftschluss wiederhergestellt.
Die Momentenverhältnisse beim Erreichen
der Synchrondrehzahl bestimmen wesentlich den Schaltkomfort.

Zum leichteren Verständnis der charakteristischen Zusammenhänge ist die Dämpfung im Antriebsstrang in der folgenden Betrachtung vernachlässigt. Sie gilt außerdem
unter der Annahme, dass sich die gesamte
Fahrzeugdynamik auf Motormasse, Steifig-
keit der Antriebswelle und Fahrzeugträgheit
reduzieren lässt.

Bei allen auf den Getriebeausgang bezoge-
nen Trägheitsmomente gilt während der
Zugkraftunterbrechung für Motor und
Fahrzeug:

$$J_M \cdot \ddot{\Phi}_M = M_M, \quad J_F \cdot \ddot{\Phi}_F = -W \qquad (9)$$

Im Moment des Greifens des Freilaufs ist der
Antriebsstrang ähnlich einem Torsions-
schwinger (Bild 13, nächste Seite) aufgebaut,
und die Bewegungsgleichungen lauten dann:

$$J_M \cdot \ddot{\Phi}_M = c(\ddot{\Phi}_F - \ddot{\Phi}_M) + M_M \qquad (10a)$$

$$J_F \cdot \ddot{\Phi}_F = c \cdot (\ddot{\Phi}_F - \ddot{\Phi}_M) - W \qquad (10b)$$

Da in diesem Fall nicht die absoluten Drehwinkel, sondern nur die Abweichungen von

der Grunddrehung (also die Verdrehung der Antriebswelle) von Bedeutung sind, lassen sich diese beiden Gleichungen zusammenfassen. Nimmt man für die kurzen zu untersuchenden Zeitabschnitte die Fahrgeschwindigkeit v als konstant an, so ergibt sich mit

$$\Phi_M = \Phi_{Mo} + \varphi_M, \ \ \Phi_F = \Phi_{Fo} + \varphi_F,$$
$$\dot{\Phi}_{Mo} = \dot{\Phi}_{Fo} = v = \text{const.}$$

und

$$\psi = \varphi_F - \varphi_M,$$

die Bewegungsgleichung

$$\ddot{\psi} + c \cdot \left(\frac{1}{J_M} + \frac{1}{J_F} \right) \cdot \psi = -M_M \qquad (11)$$

Die Eigenfrequenz ω_0 lautet für dieses System

$$\omega_0 = \sqrt{c \cdot \left(\frac{1}{J_M} + \frac{1}{J_F} \right)}$$

Aus der allgemeinen Lösung ergibt sich die auf den Fahrer wirkende Beschleunigung:

$$\psi = A \cdot (\sin \omega_0 \cdot t) + B \cdot \cos(\omega_0 \cdot t) \qquad (12)$$

Aus (9) ergibt sich als Endbedingung der Hochlaufphase des Motors:

$$\ddot{\psi}_M = \frac{M_M}{J_M} \text{ für } t < t_0 \qquad (13)$$

Die Energie, die hier nur zum Beschleunigen des Motors aufzubringen ist, geht beim Greifen des Freilaufs (zum Zeitpunkt t_0) sprungförmig in ein Drehmoment über, das zum Verdrehen der Antriebswelle führt:

$$\varphi_{Mo} = \frac{M}{c}$$

Aus (12) ergibt sich dann die relative Beschleunigung zu

$$\psi = \omega_0^2 \cdot \frac{M}{c} \cos(\omega_0 \cdot t)$$

und aus (10b) die Fahrzeugbeschleunigung zu

$$\ddot{\Phi}_F = \frac{M}{J_F} \cdot [1 + \cos(\omega_0 \cdot t)] \qquad (14)$$

Dies bedeutet, im Zeitpunkt t_0, in dem der Freilauf greift, tritt ein Beschleunigungssprung auf, und zwar

$$\text{von } \ddot{\Phi}_F = 0 \text{ für } t < t_0 \qquad (15)$$
$$\text{auf } \ddot{\Phi}_F = 2 \cdot \frac{M}{J_F} \text{ für } t = t_0$$

gefolgt von einer im realen Fahrzeug gedämpften Schwingung des Antriebsstrangs.

Ähnliche Verhältnisse liegen bei einer Schaltung von Reibelement zu Reibelement (Überschneidungsschaltung) vor, nur tritt dort das zusätzliche Problem auf, das Reibelement des neuen Gangs exakt bei Erreichen der Synchrondrehzahl zuzuschalten. Bei dieser Betrachtung sind zwar die dämpfenden Wirkungen des Drehmomentwandlers und des übrigen Antriebsstrangs vernachlässigt worden, umso deutlicher zeigt sich aber die Möglichkeit, die ein Motoreingriff bietet:
    Die Anfangsbeschleunigung, die auf den Fahrer im Zeitpunkt t_0 wirkt, ist gemäß (13) dem Motormoment und somit der Motorbeschleunigung während der Hochlaufphase

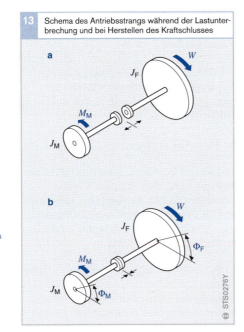

Bild 13

13   Schema des Antriebsstrangs während der Lastunterbrechung und bei Herstellen des Kraftschlusses

a   Lastunterbrechung
b   Kraftschluss

J_F Massenträgheitsmoment des Fahrzeugtriebstrangs
J_M Massenträgheitsmoment des Motors
M_M Motormoment
Φ_F Drehwinkel des Fahrzeugtriebstrangs
Φ_M Drehwinkel des Motors
W Fahrwiderstand

direkt proportional. Mit einer zeitlich präzisen Steuerung des Motormoments im Zeitabschnitt $t \leq t_0$ bis $t \gg t_0$ lässt sich ein quasi stetiger Übergang vom Bereich der Zugkraftunterbrechung in den Bereich der Zugkraftübertragung erzeugen.

Die Realisierung erfolgt durch ein starkes Reduzieren des Motormoments zum Zeitpunkt t_0 und einem anschließend wieder Hochsteuern (Aufregelung) entsprechend einer Zeitfunktion. Mit dieser Aufregelung lässt sich der Komfort in weiten Grenzen variieren.

Ebenso offensichtlich besteht bei Schaltungen ohne Freilauf die Möglichkeit, die Motorbeschleunigung durch Steuerung des Motormoments im Zeitbereich $t \leq t_0$ zu beeinflussen und somit die zeitlichen Anforderungen an die Zuschaltgenauigkeit des Reibelements am Synchronpunkt zu reduzieren.

Ablaufsteuerung
Die Reduktion des Motormoments ist prinzipiell ein sehr einfacher Vorgang. Für eine wirkungsvolle Steuerung ist jedoch eine präzise Abstimmung erforderlich, da der gesamte Vorgang nur etwa 500 ms dauert.

Eine reine Zeitsteuerung des Motoreingriffs ist nicht praktikabel, weil verschiedene den Ablauf bestimmende Größen (wie Kupplungsfüllzeiten, Reibwerte der Lamellen u. Ä.) abhängig von der Temperatur und der Lebensdauer in weiten Grenzen schwanken.

Da der Motoreingriff direkt mit dem Schaltablauf verknüpft ist, bietet sich eine Drehzahlfolgesteuerung an. Die Kenngröße, die den Schaltablauf exakt charakterisiert, ist die Getriebeeingangsdrehzahl. Mit Einschränkungen eignet sich die Motordrehzahl auch bei Getrieben mit hydrodynamischen Wandlern als Steuergröße. Dies ist deshalb wesentlich, weil für die Erfassung der Getriebeeingangsdrehzahl ein separater Sensor benötigt wird, über den aus Kostengründen nicht jedes Getriebe verfügt.
Der Übersichtlichkeit halber wird nachfolgend die Steuerung mit der Getriebeeingangsdrehzahl als Kenngröße beschrieben und dort, wo es erforderlich ist, auf die Einschränkungen oder die Änderungen bei Verwendung der Motordrehzahl hingewiesen.

Hochschaltungen
Der zeitliche Verlauf der charakteristischen Größen bei einer Zughochschaltung zeigt Bild 14.

Bis zum Freilaufpunkt t_2 bleibt die Übersetzung des alten Gangs erhalten; erst danach ist nur noch eine schleifende Kupplung im Eingriff. Aus diesem Grund kann das Motormoment nicht vor dem Erreichen des Freilaufpunktes reduziert werden, andernfalls würde dies ein verstärkter Einbruch des Abtriebsmoments in der Phase $t_1...t_2$ nach sich ziehen.

Das Erkennen des Freilaufpunkts geschieht durch fortlaufende Überwachung der Getriebeeingangsdrehzahl in der Zeitphase nach t_0. Hierzu wird zum einen die Maximaldrehzahl in der Zeitphase $t_0...t_3$ ermittelt, zum anderen der Drehzahlgradient. Bei einer Verringerung des Gradienten um

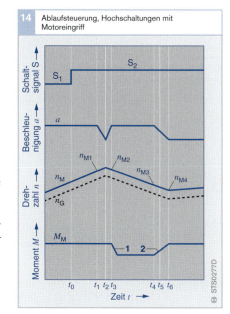

14 Ablaufsteuerung, Hochschaltungen mit Motoreingriff

Bild 14
1 Abregelphase
2 Aufregelphase

a Beschleunigung
n_G Getriebeeingangsdrehzahl
n_M Motordrehzahl
M_M Motormoment
S Schaltsignal

mehr als einen vorgegebenen Schwellwert wird auf „Freilaufpunkt" erkannt, und die Steuerung des Motormoments beginnt mit der Abregelung auf einen vorgegebenen Wert entsprechend einer vorgegebenen Zeitfunktion.

Zur Bestimmung der Drehzahl n_3 bei Beginn der Aufregelung wird aus der Maximaldrehzahl n_1 am Freilaufpunkt und dem Übersetzungssprung i des vorzunehmenden Gangwechsels die Synchrondrehzahl $n_4 = n_1/i$ im neuen Gang berechnet. Zu dieser Synchrondrehzahl wird ein drehzahlabhängiger Anteil Δn addiert, um einen Vorhalt für die Aufregelung zu erhalten. Bei Erreichen der Drehzahl $n_3 = n_4 + \Delta n$ beginnt die Momentenaufregelung entsprechend einer vorgegebenen Zeitfunktion. Sobald der Wert des nicht korrigierten Moments erreicht ist, wird auf „Ende der Schaltung" erkannt.

Für Hochschaltungen im oberen Lastbereich (größer als Halblast), kommt die Motordrehzahl anstelle der Getriebeeingangsdrehzahl als Steuergröße zur Anwendung, da hier die Schaltpunkte bei so großen Motordrehzahlen liegen, dass der Wandler im Kupplungsbereich arbeitet und damit etwa konstanten Schlupf hat.

Schaltungen bei Teillast laufen hingegen im Wandlungsbereich ab. Das bedeutet, dass sich der Schlupf während einer Schaltung sehr stark ändern kann. Hier eignet sich die Motordrehzahl nicht mehr zur Bestimmung der Synchrondrehzahl. In diesem Fall eignet sich für den Teilbereich $t_3...t_4$ eine überlagerte Zeitsteuerung, die den Motoreingriff nach vorgegebener Zeit beendet.

Rückschaltungen
Bild 15 zeigt den zeitlichen Verlauf der charakteristischen Größen bei einer Rückschaltung. Entscheidend für den Motoreingriff bei Rückschaltungen ist die genaue Bestimmung und Erfassung der Synchrondrehzahl, weil

● ein zu frühes Zurücknehmen des Zündwinkels die Hochdrehphase des Motors und damit die Zeit der Zugkraftunterbrechung verlängert und
● ein Motoreingriff nach dem Fassen des Freilaufs keine Komfortverbesserung, sondern sogar eine Verschlechterung bringt, da ein Momenteneinbruch für die Dauer des Motoreingriffs verursacht wird.

Aus der Getriebeeingangsdrehzahl zu Beginn der Schaltung wird über den Gangsprung die Synchrondrehzahl berechnet. Etwa 200 min⁻¹ vor Erreichen der Synchrondrehzahl wird das Motormoment schlagartig reduziert, bis die Synchrondrehzahl erreicht oder geringfügig überschritten ist. Danach wird das Motormoment wieder langsam hochgeregelt.

Infolge des Schlupfs am hydrodynamischen Drehmomentwandler kann die Synchrondrehzahl über die Motordrehzahl nicht direkt berechnet werden. Eine Berücksichtigung des Wandlerkennfeldes mit der erforderlichen Genauigkeit ist zu aufwändig.

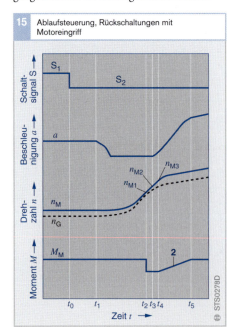

Bild 15
2 Aufregelphase
a Beschleunigung
nG Getriebeeingangsdrehzahl
nM Motordrehzahl
MM Motormoment
S Schaltsignal

Die Synchrondrehzahl kann jedoch aus der Getriebeausgangsdrehzahl durch Multiplikation mit dem entsprechenden Gangsprung ermittelt werden. Wann der Synchronpunkt erreicht ist, lässt sich nun über die Motordrehzahl erkennen, da die Drehzahldifferenz zwischen Motor und Turbine beim freien Hochdrehen des Motors (Zugkraftunterbrechung) bis zum Synchronpunkt annähernd null ist.

Die folgende Beschreibung befasst sich nun noch mit den verschiedenen Möglichkeiten der Momentenreduktion.

Verschiebung des Zündwinkels
Die älteste Version des Motoreingriffs ist der Eingriff über die Verschiebung des Zündwinkels. Dieser bietet folgende Vorteile:
- kontinuierliche Regelung des Motormoments in weiten Grenzen,
- kurze Reaktionszeit und
- Verfügbarkeit in allen Fahrzeugen mit Ottomotor.

Bild 16 zeigt schematisiert die Abhängigkeit des Motormoments vom Zündwinkel für verschiedene Lastzustände und Drehzahlen. Hieraus wird ersichtlich, dass zur Einstellung eines vorgegebenen Motormoments im Allgemeinen ein Zündwinkelkennfeld als Funktion von Motorlast und Motordrehzahl erforderlich ist.

Die Totzeit τ zwischen der Auslösung des Motoreingriffs und der beginnenden Reduktion des Motormoments ist gegeben durch den Zündwinkel, also

$$\tau \approx \cdot \frac{1}{(z/2) \cdot n_M}$$

Wobei z die Zylinderzahl und n_M die Motordrehzahl bedeuten. Im nutzbaren Drehzahlbereich $n \geq 2000$ min^{-1} liegt die maximale Verzögerung für einen 6-Zylinder-Motor bei 10 ms für das Einsetzen und 30 ms für die vollständige Reduktion des Motormoments.

Motormomentvorgabe
In den entsprechend ausgerüsteten Fahrzeugen mit ihrer CAN-Vernetzung aller Steuergeräte im Antriebsstrang (Bild 17) erfolgt die Momentenreduktion auf Basis einer Momentenschnittstelle zwischen Motorsteuerung (ME-Motronic) und Elektronischer Getriebesteuerung (EGS). Außerdem müssen die Momentenreduktionen der ABS- und ASR-Steuergeräte mit berücksichtigt werden.

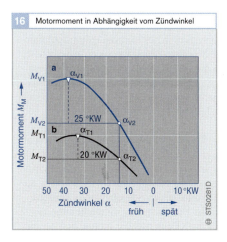

16 Motormoment in Abhängigkeit vom Zündwinkel

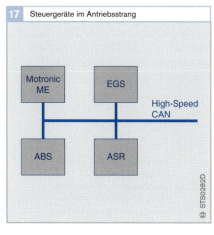

17 Steuergeräte im Antriebsstrang

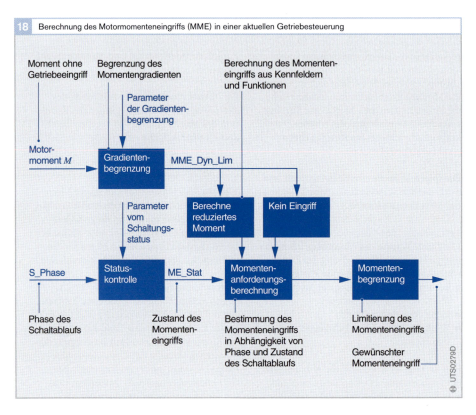

18 Berechnung des Motormomenteneingriffs (MME) in einer aktuellen Getriebesteuerung

Bild 18 stellt dar, wie eine aktuelle Getriebe-steuerung den gewünschten **Motormomen-teneingriff** (MME_Egs) berechnet.

Die Ermittlung des nächsten Momenten-eingriffs erfolgt in Abhängigkeit vom zur Verfügung stehenden Moment (Istmoment). Das Moment M ist das Motormoment der Motorsteuerung ohne den Eingriff der Getriebesteuerung.

Erläuterung zu Bild 18:
MME_Egs = f(MME_Dyn_Lim, ME_State)

mit

MME_EGS: Motormomentanforderung der
Getriebesteuerung

MME_Dyn_Lim: Dynamiklimitiertes Motormoment
(Reduzierung der Momenten-
änderung im Motor, um Komfort zu
gewährleisten)

ME_State: aktueller Status des Momenten-
eingriffs

Wandlerüberbrückungskupplung
Anwendung und Arbeitsweise
Der hydrodynamische Wandler hat (bedingt durch sein Arbeitsprinzip) einen Schlupf, der insbesondere aus Komfortgründen beim An-fahren und in bestimmten Fahrsituationen zur Momentenverstärkung erforderlich ist. Da dieser Schlupf gleichzeitig eine Verlust-leistung bedeutet, wurde die Wandlerüber-brückungskupplung (WK) entwickelt (siehe auch Kapitel „Drehmomentwandler").

Die Überbrückung des Wandlers ist erst ab einer bestimmten Drehzahl sinnvoll, da bei niedrigen Drehzahlen die Drehungleichför-migkeit des Motors den Antriebsstrang zu unkomfortablen Schwingungen anregen würde. Um auch diese Bereiche für eine Überbrückung nutzbar zu machen, wurde die Geregelte Wandlerüberbrückungskupp-lung (GWK) entwickelt.

Geregelte Wandlerüberbrückungskupplung

Die **G**eregelte **W**andlerüberbrückungs-kupplung (GWK) stellt einen sehr kleinen Schlupf (40...50 min^{-1}) und damit einen quasi stationären Zustand ein. Damit hält sie die unerwünschten Schwingungen vom Antriebsstrang fern. Auf diese Weise ergeben sich drei Zustände der Wandlerüberbrückungskupplung:

- offen,
- geregelt und
- geschlossen.

Die Festlegung dieser Zustände erfolgt über Kennlinien, die wie Schaltkennlinien für jeden Gang über Drosselklappenöffnung und Fahrgeschwindigkeit aufgetragen sind (Bild 19). Ähnlich wie bei den Gangschaltkennlinien sind auch bei der Wandlerüberbrückungskupplung der Kraftstoffverbrauch und die Zugkraft entscheidende Kriterien.

Im schlupfend geregelten Betrieb muss die Differenzdrehzahl zwischen Pumpen- und Turbinenrad des Wandlers ständig auf einen kleinen Wert eingestellt werden. Ein geschlossener Regelkreis vergleicht ständig die Differenzdrehzahl mit einem vorgegebenen Sollwert und regelt den Druck ständig nach. Sonderfunktionen führen Übergänge zwischen den einzelnen Zuständen aus und ermöglichen ein komfortables Schaltverhalten.

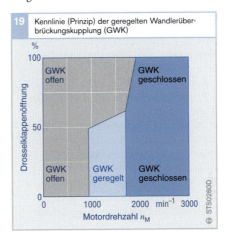

19 Kennlinie (Prinzip) der geregelten Wandlerüberbrückungskupplung (GWK)

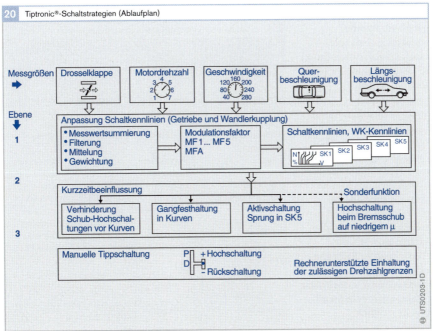

20 Tiptronic®-Schaltstrategien (Ablaufplan)

Steuerung stufenloser Getriebe

Anforderungen

Stufenlose Getriebe, die nach dem Umschlingungsprinzip arbeiten, unterscheiden sich durch eine Vielzahl von Ausstattungsvarianten (Tabelle 1). Für Fahrzeuge der Kompakt- und Mittelklasse sind folgende Ausstattungspakete weit verbreitet:

- Bei der Anwendung des „Master Slave"-Konzepts verfügt der Primärpulley (Getriebeeingangsseite) über die doppelte Fläche des Sekundärpulleys (Getriebeausgangsseite). Dadurch kann der Druck in der Primärkammer immer unterhalb des Sekundärdrucks liegen.
- Der Wandler mit Wandlerüberbrückungskupplung als Anfahrelement bietet einerseits sehr guten Anfahrkomfort und ermöglicht durch die Momentenüberhöhung ein gutes Anfahrverhalten, sodass die große Übersetzungsspreizung des CVT vollständig dem Overdrive-Bereich zugute kommt.
- Zwei Nasskupplungen für den Vorwärts- und den Rückwärtsgang.
- Verstellbare Pumpe.
- Komfortable „Fail Safe"-Strategie (Fehlerfolgeschutz) und „Limp Home"-Strategie (Notlauffunktion).

Bei einem eventuellen Ausfall der Steuerelektronik bestimmen die Anforderungen von „Fail Safe" und „Limp Home" teilweise das Hydraulikkonzept. Ein Überdrehen des Motors und damit verbunden ein hoher Umfangsschlupf an den Antriebsrädern ist unter allen Umständen zu vermeiden. Eine Verstellung in Richtung „Overdrive" würde diese Vorgabe zwar erfüllen, jedoch wäre ein Anfahren aus dem Stand nicht mehr möglich.

Steuer- und Regelfunktionen

Die zuvor beschriebene Getriebeausstattung benötigt folgende Steuer- und Regelfunktionen:

- Anpresskraftregelung,
- Übersetzungsregelung,
- Fahrprogramm,
- Kupplungsansteuerung,
- Ansteuerung für Wandler und Wandlerüberbrückungskupplung,
- Pumpenansteuerung,
- Rückwärtsgangsicherung und
- Deaktivierung der „Limp Home"-Funktion.

Anpresskraftregelung

Die Bandanpresskraft wird entsprechend der aktuellen Lastsituation mithilfe des gemessenen Sekundärdrucks eingestellt. Um einen hohen Wirkungsgrad zu erzielen, wird der Sekundärdruck so weit abgesenkt, dass das gerade aktuelle Motormoment noch ohne Durchrutschen des Bandes mit bestimmter Sicherheit übertragen werden kann.

1	Variantenvielfalt bei CVT nach dem Umschlingungsprinzip		
Baugruppe, Funktion	**Varianten**		
Umschlingungselement	Band	Kette	Riemen
Variatorprinzip	Master Slave	Partner-Prinzip	Partner-Prinzip
Wandler:	vorhanden	nicht vorhanden	nicht vorhanden
– Wandlerkupplung	Ja	Nein	Nein
– Schlupfdauer	kurzzeitig	ständig	ständig
Kupplung:			
– Typ	Reibflächen	Magnetpulver	Magnetpulver
– Drücke	niedrig	hoch	hoch
– Schlupfdauer	kurzzeitig	ständig	ständig
Pumpenverstellung	konstant	2-stufig	kontinuierlich
Limp Home	nicht möglich	eingeschränkt (Komfortverlust)	unbegrenzt (Erhöhung Kraftstoffverbrauch)
Fahrzeug:			
– Klasse	Klein- bis Mittelklasse	Kompaktklasse	Mittel- und Oberklasse
– Motorgröße	<3 *l*	<2 *l*	>2 *l*
– Antriebsart	Front quer	Front längs	Heck

Tabelle 1

Übersetzungsregelung

Die Übersetzung lässt sich über den Primär-pulley verändern. Das eingeschlossene Öl-volumen bestimmt die axiale Lage des ver-schiebbaren Teils des Primärpulleys und damit den Radius, auf dem das Band auf der Scheibe umläuft. Der Primärdruck stellt sich als Reaktion auf den Sekundärdruck ein.

Die Anforderungen an die Fahrbarkeit be-stimmen die notwendige Verstellgeschwin-digkeit. Zum Beispiel ist beim Kickdown innerhalb von 1,5 s von „Overdrive" nach „Low" umzusteuern. Andererseits begrenzt die Pumpenförderung die Verstellgeschwin-digkeit.

Fahrprogramm

Ein Fahrprogramm ermittelt die Soll-Über-setzung. Neben verschiedenen Kennfeldern für den Normalbetrieb, bei dem es eine Wahlmöglichkeit zwischen ökonomischem und sportlichem Betrieb gibt (siehe auch Abschnitt „Adaptive Getriebesteuerung, AGS"), lassen sich zusätzliche Sonderfunk-tionen wie „Kickdown", „Bergabfahrt" usw. implementieren.
   Auch die Simulation von Stufengetrieben ist möglich, wobei zwischen der Nach-bildung eines Handschaltgetriebes und eines Stufen-Automatikgetriebes beliebige Zwischenvarianten möglich sind (siehe auch Kapitel „Getriebe für Kfz").

Kupplungsansteuerung

Die Trennkupplung zwischen Motor und Antriebsstrang ist als Funktion der Position des Schalthebels (P-R-N-D), der Motordreh-zahl und der Motorlast ausgelegt.

Ansteuerung Wandler und Wandlerüberbrückungskupplung

Um eine möglichst hohe Effizienz zu erzie-len, ist der Wandler möglichst frühzeitig zu überbrücken. Abhängig von der Leistungs-anforderung kommt die Momentenüber-höhung bis zu unterschiedlichen Geschwin-digkeiten für den Beschleunigungsvorgang zur Anwendung.

Pumpenansteuerung

Ein hoher Wirkungsgrad des Getriebes setzt den Einsatz einer Verstellpumpe voraus. Mit ihr lässt sich der Fördervolumenstrom bei hohen Drehzahlen begrenzen.

Geeignete sauggedrosselte Pumpen, die ohne zusätzliche Ansteuerung arbeiten, sind seit Jahren in der Entwicklung, konnten sich aber bisher noch nicht durchsetzen. Ein erster Schritt in Richtung „Verstellpumpe" wurde mit einer zweistufigen Version unter-nommen, bei der in Abhängigkeit von der aktuellen Anforderung das günstigere För-dervolumen gewählt werden kann.

Weitergehende Konzepte sind mit konti-nuierlich verstellbaren Pumpen möglich, bei denen die Sekundärdruckregelung und die Pumpenverstellung zusammengefasst werden.

Rückwärtsgangsicherung

Bei Vorwärtsfahrt mit Geschwindigkeiten oberhalb einer zu definierenden Geschwin-digkeitsgrenze (z. B. 7 km/h) wird das Einle-gen des Rückwärtsgangs unterbunden.

Deaktivierung der „Limp Home"-Funktion

„Limp Home" ist eine Notlauffunktion, die bei normalem Regelbetrieb außer Betrieb gesetzt wird.

Ständig aktiviert bleibt aber die „Fail Safe"-Funktion (Fehlerfolgeschutz), sodass auch bei einem Teilausfall oder bei einem verspä-tetem Erkennen von Teilausfällen ein Über-drehen des Motors vermieden wird.

Sensoren

Sensoren erfassen Betriebszustände (z. B. Motordrehzahl) und Vorgabewerte (z. B. Fahrpedalstellung). Sie wandeln physikalische Größen (z. B. Druck) oder chemische Größen (z. B. Abgaskonzentration) in elektrische Signale um.

Einsatz im Kfz

Sensoren und Aktoren (Aktuatoren) bilden die Schnittstelle zwischen dem Fahrzeug mit seinen komplexen Antriebs-, Brems,- Fahrwerk- und Karosseriefunktionen und den elektronischen Steuergeräten als Verarbeitungseinheiten (z. B. Motorsteuerung, ESP, ACC, Elektronische Getriebesteuerung, Klimasteuerung). In der Regel bereitet eine Anpassschaltung im Sensor die Signale auf und verstärkt sie, damit sie vom Steuergerät weiterverarbeitet werden können.

Das Gebiet der Mechatronik, bei dem mechanische, elektronische und datenverarbeitende Komponenten eng verknüpft zusammenarbeiten, gewinnt auch bei den Sensoren immer mehr an Bedeutung. Sie werden in Modulen integriert (z. B. Kurbelwellen-Dichtmodul mit Drehzahlsensor oder Module für Getriebesteuerung).

Sensoren werden immer kleiner. Dabei sollen sie auch schneller und genauer werden, da ihre Ausgangssignale direkt auf Leistung und Drehmoment des Motors, auf die Emissionen, das Fahrverhalten und die Sicherheit des Fahrzeugs Einfluss nehmen. Durch mechatronische Ansätze ist dies möglich.

Signalaufbereitung, Analog-Digital-Wandlung, Selbstkalibrierungsfunktionen und zukünftig ein kleiner Mikrocomputer für weitere Signalverarbeitungen können je nach Integrationsstufe bereits im Sensor integriert sein (Bild 1). Dies hat folgende Vorteile:

- im Steuergerät ist weniger Rechenleistung erforderlich,
- eine einheitliche, flexible und busfähige Schnittstelle für alle Sensoren,
- direkte Mehrfachnutzung eines Sensors über den Datenbus,
- Erfassung kleinerer Signale und
- einfacher Abgleich des Sensors.

Bild 1
SE Sensor(en)
SA analoge Signal-
    aufbereitung
A/D Analog-Digital-
    Wandler
SG digitales Steuer-
    gerät
MC Mikrocomputer
    (Auswerte-
    elektronik)

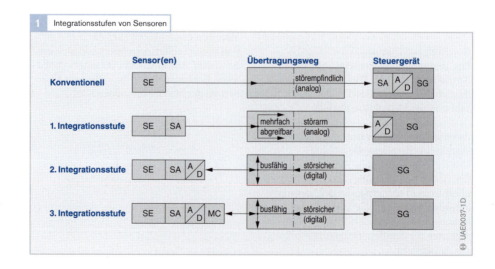

1 Integrationsstufen von Sensoren

	Sensor(en)	Übertragungsweg	Steuergerät
Konventionell	SE	störempfindlich (analog)	SA A/D SG
1. Integrationsstufe	SE SA	mehrfach abgreifbar / störarm (analog)	A/D SG
2. Integrationsstufe	SE SA A/D	busfähig / störsicher (digital)	SG
3. Integrationsstufe	SE SA A/D MC	busfähig / störsicher (digital)	SG

UAE0037-1D

Getriebe-Drehzahlsensoren

Anwendung

Getriebe-Drehzahlsensoren RS (**R**otational **S**peed **S**ensor) sensieren die Drehzahl in AT-, ASG- und CVT-Getrieben. Die Sensoren sind für diesen Einsatz in ATF-Getriebeöl resistent ausgelegt. Das „Verpackungskonzept" sieht die Integration in das Getriebesteuermodul oder eine „stand alone"-Version vor. Die Versorgungsspannung U_V beträgt 4,5...16,5 V und der Betriebstemperaturbereich −40...+150 °C.

Aufbau und Arbeitsweise

Der aktive Drehzahlsensor besitzt einen differentiellen Hall-Effekt-IC mit 2-Draht-Stromschnittstelle. Er muss zum Betrieb an eine Spannungsquelle (Versorgungsspannung U_V) angeschlossen werden. Der Sensor kann das Drehzahlsignal von ferromagnetischen Zahnrädern, Stanzblechen oder von Rädern mit aufgebrachten Multipolen detektieren (Luftspaltbereich 0,1...2,5 mm), wobei er den Hall-Effekt ausnutzt und ein Signal mit einer von der Drehzahl unabhängigen konstanten Amplitude liefert. Dies ermöglicht eine Drehzahlerfassung bis nahe $n = 0$. Zur Signalabgabe wird der Versorgungsstrom im Rhythmus des Inkrementsignals moduliert. Die Strommodulation (Low: 7 mA, High: 14 mA) lässt sich dann

im Steuergerät mit einem Messwiderstand R_M in eine Signalspannung U_{RM} umwandeln (Bild 1).

Getriebe-Drehzahlsensoren gibt es in zwei Ausführungen (Bild 2):

RS50

Datenprotokoll: Drehzahlinformation als Rechtecksignal.
Funktionsumfang: Ein der Impulsraddrehzahl proportionales Frequenzsignal, das das an der Sensorfläche vorbeilaufende Impulsrad auslöst.

RS51

Datenprotokoll: Drehzahlinformation als Rechtecksignal mit Zusatzinformationen, die im Pulsweitenmodulationsverfahren (PWM) übertragen werden.
Funktionsumfang: Drehzahlsignal, Stillstands-, Drehrichtungs-, Luftspaltreserve- und Einbaulageerkennung.

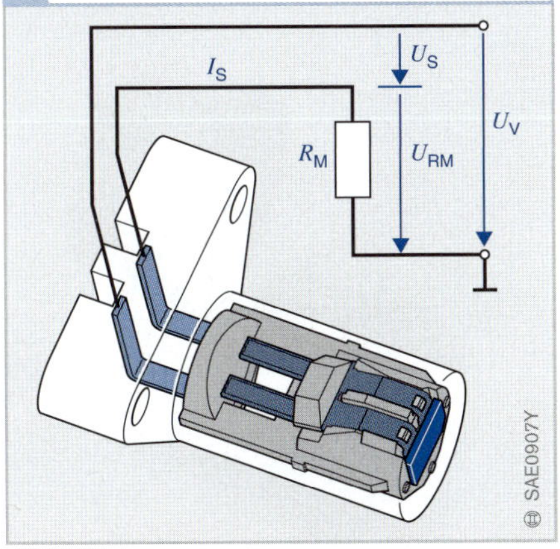

2 Verlauf und Informationsgehalt des Ausgangssignals der Sensorversionen

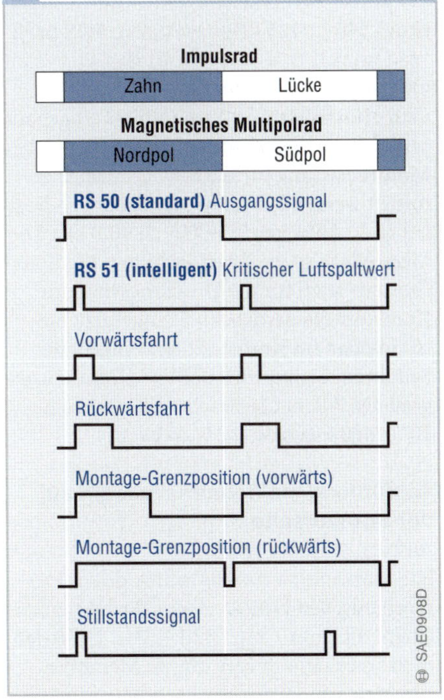

1 Hall-Sensor mit 2-Draht-Stromschnittstelle (Beispiel)

Bild 1
I_S Sensorstrom (Versorgung und Signal)
R_M Messwiderstand (im Steuergerät)
R_{RM} Signalspannung
U_V Versorgungsspannung
U_S Sensorspannung

Mikromechanische Drucksensoren

Anwendung

Saugrohr- oder Ladedrucksensor

Dieser Sensor misst den Absolutdruck im Lufteinlassrohr („Saugrohr") zwischen Lader und Motor (typisch 250 kPa bzw. 2,5 bar) gegen ein Referenzvakuum und nicht gegen den Umgebungsdruck. Dadurch kann die Luftmasse genau bestimmt sowie der Ladedruck entsprechend dem Motorbedarf geregelt werden.

Umgebungsdrucksensor

Dieser Sensor (auch Atmosphärendruckfühler, ADF, genannt) ist im Steuergerät oder im Motorraum angebracht. Sein Signal dient der höhenabhängigen Korrektur der Sollwerte für die Regelkreise, z. B. der Abgasrückführung und der Ladedruckregelung. Damit kann die unterschiedliche Umgebungsluftdichte berücksichtigt werden. Der Umgebungsdrucksensor misst den Absolutdruck (60 … 115 kPa bzw. 0,6 … 1,15 bar).

Öl- und Kraftstoffdrucksensor

Öldrucksensoren sind am Ölfilter eingebaut und messen den Absolutöldruck, damit die Motorbelastung für die Serviceanzeige ermittelt werden kann. Ihr Druckbereich liegt bei 50 … 1000 kPa bzw. 0,5 … 10,0 bar. Die Messzelle wird wegen ihrer hohen Medienresistenz auch für die Druckmessung im Kraftstoff-Niederdruckteil eingesetzt. Sie ist im oder am Kraftstofffilter eingebaut. Mit ihrem Signal wird der Verschmutzungsgrad des Filters überwacht (Messbereich 20 … 400 kPa bzw. 0,2 … 4 bar).

Ausführung mit Referenzvakuum auf der Strukturseite

Aufbau

Die Messzelle ist das Herzstück des mikromechanischen Drucksensors. Sie besteht aus einem Silizium-Chip (Bild 1, Pos. 2), in den mikromechanisch eine dünne Membran eingeätzt ist (1). Auf der Membran sind vier

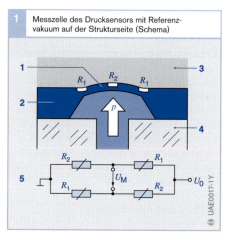

1 Messzelle des Drucksensors mit Referenzvakuum auf der Strukturseite (Schema)

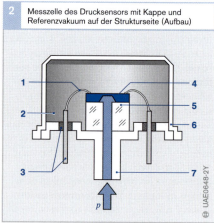

2 Messzelle des Drucksensors mit Kappe und Referenzvakuum auf der Strukturseite (Aufbau)

3 Messzelle des Drucksensors mit Kappe und Referenzvakuum auf der Strukturseite (Ansicht)

Dehnwiderstände eindiffundiert (R_1, R_2), deren elektrischer Widerstand sich unter mechanischer Spannung ändert. Eine Kappe, unter der das Referenzvakuum eingeschlossen ist, umgibt die Messzelle auf ihrer Strukturseite und dichtet sie ab (Bilder 2 und 3). Im Gehäuse des Drucksensors kann zusätzlich ein *Temperatursensor* integriert sein (Bild 4, Pos. 1), dessen Signale unabhängig ausgewertet werden können. Somit genügt nur ein Sensorgehäuse, um an einer Stelle sowohl die Temperatur als auch den Druck zu messen.

Arbeitsweise

Je nach Höhe des Messdrucks wird die Membran der Sensorzelle unterschiedlich durchgebogen (10 ... 1000 μm). Die vier Dehnwiderstände auf der Membran ändern ihren elektrischen Widerstand unter den entstehenden mechanischen Spannungen (piezoresistiver Effekt).

Die Messwiderstände sind auf dem Siliziumchip so angeordnet, dass bei Verformung der Membran der elektrische Widerstand von zwei Messwiderständen zunimmt und von den beiden anderen abnimmt. Die Messwiderstände sind in einer Wheatstone'schen Brückenschaltung angeordnet (Bild 1, Pos. 5). Durch die Änderung der Widerstände verändert sich auch das Verhältnis der elektrischen Spannungen an den Messwiderständen. Dadurch ändert sich die Messspannung U_M. Diese noch nicht verstärkte Messspannung ist somit ein Maß für den Druck an der Membran.

Mit der Brückenschaltung ergibt sich eine höhere Messspannung als bei der Auswertung eines einzelnen Widerstands. Die Wheatstone'sche Brückenschaltung ermöglicht damit eine hohe Empfindlichkeit des Sensors.

Die nicht mit dem Messdruck beaufschlagte Strukturseite der Membran ist einem Referenzvakuum ausgesetzt (Bild 2, Pos. 2), sodass der Sensor den Absolutwert des Drucks misst.

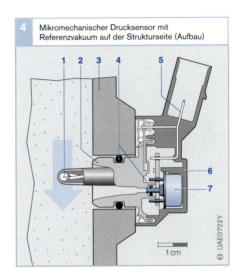

4 Mikromechanischer Drucksensor mit Referenzvakuum auf der Strukturseite (Aufbau)

1 cm

Bild 4
1 Temperatursensor (NTC)
2 Gehäuseunterteil
3 Saugrohrwand
4 Dichtringe
5 elektrischer Anschluss (Stecker)
6 Gehäusedeckel
7 Messzelle

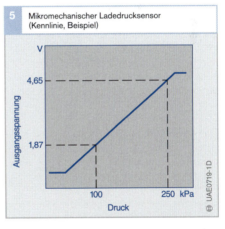

5 Mikromechanischer Ladedrucksensor (Kennlinie, Beispiel)

Ausgangsspannung (V): 4,65 · · · 1,87

Druck: 100 · · · 250 kPa

Die Elektronik für die Signalaufbereitung ist auf dem Chip integriert und hat die Aufgabe, die Brückenspannung zu verstärken, Temperatureinflüsse zu kompensieren und die Druckkennlinie zu linearisieren. Die Ausgangsspannung liegt im Bereich zwischen 0 und 5 V und wird über elektrische Anschlüsse dem Motorsteuergerät zugeführt (Bild 4, Pos. 5). Das Steuergerät berechnet aus dieser Ausgangsspannung den Druck (Bild 5).

Ausführung mit Referenzvakuum in einer Kaverne

Aufbau

Der *Drucksensor* mit Referenzvakuum in einer Kaverne (Bilder 6 und 7) für die Anwendung als Saugrohr- oder Ladedrucksensor ist einfacher aufgebaut als mit Referenzvakuum auf der Strukturseite: Ein Silizium-Chip mit eingeätzter Membran und vier Dehnwiderständen in Brückenschaltung sitzt – wie beim Drucksensor mit Kappe und Referenzvakuum auf der Strukturseite – als Messzelle auf einem Glassockel.

Der Glassockel hat jedoch im Gegensatz zu jenem Sensor kein Loch, durch das der Messdruck von der Rückseite her auf die Messzelle einwirkt. Vielmehr wird der Silizium-Chip von der Seite mit Druck beaufschlagt, auf der sich die Auswerteelektronik befindet. Deshalb muss diese Seite mit einem speziellen Gel gegen Umwelteinflüsse geschützt sein (Bild 8, Pos. 1). Das Referenzvakuum befindet sich im Hohlraum (Kaverne) zwischen dem Silizium-Chip (6) und dem Glassockel (3). Das gesamte Messelement wird von einem Keramikhybrid (4) getragen, der Lötflächen für die weitere Kontaktierung im Sensor hat.

Im Gehäuse des Drucksensors kann zusätzlich ein Temperatursensor integriert sein. Der *Temperatursensor* ragt offen in den Luftstrom und reagiert so schnellstmöglich auf Temperaturänderungen (Bild 6, Pos. 4).

Arbeitsweise

Die Arbeitsweise und damit die Signalaufbereitung und -verstärkung sowie die Kennlinie stimmen mit dem Drucksensor mit Kappe und Referenzvakuum auf der Strukturseite überein. Der einzige Unterschied besteht darin, dass die Membran der Messzelle in die entgegengesetzte Richtung verformt wird und dadurch auch die Dehnwiderstände eine entgegengesetzte Verformung erfahren.

6   Mikromechanischer Drucksensor mit Referenzvakuum in einer Kaverne (Aufbau)

Bild 6
1   Saugrohrwand
2   Gehäuse
3   Dichtring
4   Temperatursensor (NTC)
5   elektrischer Anschluss (Stecker)
6   Gehäusedeckel
7   Messzelle

7   Mikromechanischer Drucksensor mit Referenzvakuum in einer Kaverne und integriertem Temperatursensor (Ansicht)

Bild 8
1   Schutzgel
2   Gelrahmen
3   Glassockel
4   Keramikhybrid
5   Kaverne mit Referenzvakuum
6   Messzelle (Chip) mit Auswerteelektronik
7   Bondverbindung
p   Messdruck

8   Messzelle des Drucksensors mit Referenzvakuum in Kaverne (Aufbau)

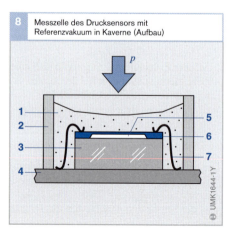

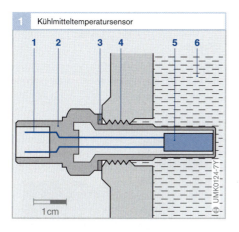

1 Kühlmitteltemperatursensor

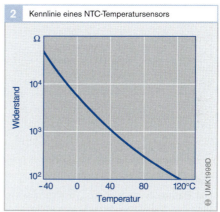

2 Kennlinie eines NTC-Temperatursensors

Bild 1
1 Elektrischer
  Anschluss
2 Gehäuse
3 Dichtring
4 Einschraubgewinde
5 Messwiderstand
6 Kühlmittel

Temperatursensoren

Anwendungen

Der *Motortemperatursensor* im Kühlmittelkreislauf (Bild 1) erfasst die Kühlmitteltemperatur, von der sich die Motortemperatur
ableiten lässt (Messbereich –40...+130 °C).

Mit dem Signal des *Motoröltemperatur-
sensors* wird der Service-Intervall berechnet
(Messbereich –40...+170 °C).

Der *Getriebeöltemperatursensor* erfasst die
Getriebeöl-(ATF-)Temperatur, mit der das
Steuergerät z. B. die veränderliche Ölvisko-
sität kompensiert und damit Schaltabläufe
beschleunigt oder verzögert bzw. die Kupplungsdrücke anpasst. Die ATF-Temperatur
bestimmt auch die Anpassung der Druck-
strom-Kennlinienverläufe für die Druck-
regler-Parameteradaption.

Der *Kraftstofftemperatursensor* sitzt im
Dieselkraftstoff-Niederdruckteil. Sein Signal
dient zur Berechnung der Kraftstoffmenge
(Messbereich –40...+120 °C).

Der *Lufttemperatursensor* im Ansaugtrakt
erfasst die Ansauglufttemperatur zur Berechnung der angesaugten Luftmasse in Verbindung mit einem Ladedrucksensor.
Außerdem können Sollwerte für Regelkreise
(z. B. Abgasrückführung, Ladedruckregelung) an die Lufttemperatur angepasst werden (Messbereich –40...+120 °C).

Der *Abgastemperatursensor* befindet sich
an temperaturkritischen Stellen im Abgas-
system zur Regelung der Systeme für die Abgasnachbehandlung. Der Messwiderstand
besteht meist aus Platin (Messbereich
–40...+1000 °C).

Aufbau und Arbeitsweise

Temperatursensoren werden je nach An-
wendungsgebiet in unterschiedlichen Bau-
formen angeboten. In einem Gehäuse ist ein
temperaturabhängiger Messwiderstand
aus Halbleitermaterial eingebaut. Dieser hat
üblicherweise einen negativen Temperaturkoeffizienten (NTC **N**egative **T**emperature
Coefficient, Bild 2), seltener einen positiven
Temperaturkoeffizienten (PTC **P**ositive
Temperature **C**oefficient), d. h. sein Widerstand verringert bzw. erhöht sich drastisch
bei steigender Temperatur.

Der Messwiderstand ist Teil einer Span-
nungsteilerschaltung, die mit 5 V versorgt
wird. Die am Messwiderstand gemessene
Spannung ist somit temperaturabhängig. Sie
wird über einen Analog-Digital-Wandler
eingelesen und ist ein Maß für die Temperatur am Sensor. Im Motorsteuergerät ist eine
Kennlinie gespeichert, die jedem Widerstand
bzw. Wert der Ausgangsspannung eine entsprechende Temperatur zuweist.

Positionssensor für Getriebesteuerung

Anwendung

Der Positionssensor erfasst die Stellungen eines Stellgliedes innerhalb des Automatikgetriebes. Er befindet sich teilweise oder vollständig in verschmutztem Getriebeöl (ATF) und ist dadurch den im Innern des Getriebes vorherrschenden Umgebungsbedingungen, z. B. einer Betriebstemperatur von –40...+150 °C, ausgesetzt.

Aufbau

Der Positionssensor (Bild 1) besteht aus vier digitalen Hall-Sensoren und einem linear verschiebbaren, multipolaren Dauermagneten. Der Magnet ist mit dem linear betätigten Wählschieber oder Parksperrenzylinder gekoppelt und steuert die Hall-Zellen an. Diese befinden sich in einem öldichten Gehäuse, das auch die Führung des Magneten übernimmt.

Arbeitsweise

Bei einem Automatikgetriebe mit manueller Schaltung, auch M-Schaltung genannt, erfasst der Positionssensor die Stellungen des Wählschiebers P, R, N, D, 3, 2 sowie die Zwischenbereiche und gibt diese in Form eines 4-Bit-Codes an die Getriebesteuerung aus.

Bei einem Automatikgetriebe mit elektronischer Schaltung, auch E-Schaltung genannt, erfasst der Positionssensor nur die Stellungen des Parksperrenzylinders P_{Ein} und P_{Aus} sowie einen Zwischenbereich und gibt diese in Form eines 2-Bit-Codes an die Getriebesteuerung aus.

Aus Sicherheitsgründen ist die Codierung der Positionsstellung (Bild 2) so codiert, dass immer zwei Bitwechsel bis zum Erkennen einer neuen Position ausgeführt werden müssen.

Bild 1
a Ansicht vorn
b Ansicht hinten
1 Vergossene Elektronik
2 Verbindung zu Stanzgitter
3 vergossene Hall-Elemente
4 Schlitten mit Dauermagnet
5 Fixierstift

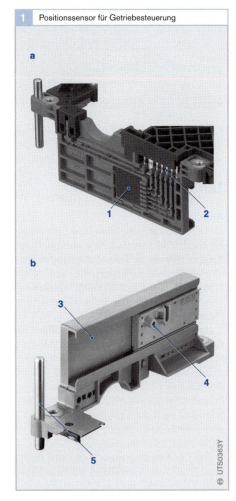

1 Positionssensor für Getriebesteuerung

a

1   2

b

3

4

5

⊕ UTS0363Y

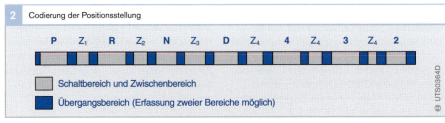

2 Codierung der Positionsstellung

| P | Z_1 | R | Z_2 | N | Z_3 | D | Z_4 | 4 | Z_4 | 3 | Z_4 | 2 |

Schaltbereich und Zwischenbereich

Übergangsbereich (Erfassung zweier Bereiche möglich)

⊕ UTS0364D

Sensorsignalverarbeitung

Signalaufbereitung (Auswerte-IC)

Bevor die Sensorsignale der allgemeinen digitalen Auswertung zugeführt werden (siehe Abschnitt „Datenverarbeitung"), bedürfen sie der spezifischen Aufbereitung. Diese Signalaufbereitung (SA) kann, sofern erforderlich, z. B. folgende Funktionen beinhalten:

- Verstärkung (DC, AC),
- Gleichrichtung (auch phasensynchron),
- Schwellwertauswertung (auch gleitende Schwellen), Pulsformung,
- Spannungs-/Frequenz-Umsetzung, Pulsdauermodulation,
- Frequenzfilterung einschließlich Störspannungsschutz,
- AD- und/oder DA-Umsetzung,
- Abgleich von Offset und Verstärkung (Kennlinie generell), analog, digital (einschließlich (E^2)PROM)),
- Linearisierung,
- Abgleich der Temperaturkompensation (analog, digital),
- automatische Nullung, eventuell auch Kalibrierung im Betrieb,
- Eigenüberwachung (On-Board-Diagnose, Diagnoseausgang) und Testfunktionen,
- Regelung bei servogeregelten Sensoren (Kompensationsprinzip),
- Erzeugung von Wechselspannung bei trägerfrequenten Sensorsystemen,
- Stabilisierung der Spannungsversorgung,
- kurzschluss- und überspannungssichere Ausgangs- bzw. Treiberstufen,
- Signalmultiplexer, analoge und/oder digitale Serialisierung der Signale, Codierung, inkl. Fehlerkennung
- Busschnittstelle (z. B. CAN)
usw.

All diese Funktionen liegen meist als anwendungsspezifische integrierte Schaltungen mit der Bezeichnung ASIC (Application Specific Integrated Circuits) vor. Diese für die jeweilige Sensoranwendung maßgeschneiderte Schaltungen können entweder auf der Sensorseite (vor Ort) oder aber auch auf der Steuergeräteseite angebracht sein. In manchen Fällen werden die Funktionen, sofern zweckmäßig, sogar auf beide Seiten aufgeteilt. Die Integration der Schaltung vor Ort zum Sensor (Bild 1, erste bis dritte Integrationsstufe) hat den Vorteil, dass Sensor und Signalaufbereitung (SA) gemeinsam abgeglichen und kompensiert werden können. Sie bilden eine unzertrennliche, sehr störsichere Einheit und werden bei Ausfall eines Teilbereichs auch nur zusammen ausgewechselt.

Musste die zuvor beschriebene Funktion früher teilweise als getrennte Schaltkreise realisiert werden (z. B. CMOS-IC für die Signalverarbeitung, Bipolar-IC als störspannungssichere Treiberstufe), so ermöglichen aktuelle Mischtechnologien (z. B. BICMOS, BCD) auch die Integration der Gesamtfunktion einschließlich eventuell notwendiger digitaler, programmierbarer Speicherzellen (PROM) in einem einzigen Chip. Grundsätzlich besteht fast in allen Fällen auch die Möglichkeit, sogar Sensor und Signalaufbereitung monolithisch zu integrieren (z. B. bei Si-Saugrohrdruck- und Hall-Sensoren). Die anfängliche Euphorie für diese Integration ist jedoch mehr nüchternen, ökonomischen Überlegungen gewichen. So kommen gegenwärtig eher andere Integrationsmethoden zur Anwendung, die nach aktuellem Stand der Technik kostengünstiger sind (z. B. Dickschichthybrid, gemeinsamer „Leadframe" und gemeinsames Chipgehäuse). Ein solches mehr modulartiges Konzept ist auch wesentlich flexibler, denn es lässt sich leichter an neue Aufgabenstellungen anpassen.

Die Vielzahl der auf diese Weise bei Bosch entstandenen ASIC zur Sensorsignalaufbereitung stellt geradezu ein „Schatz" von sehr hohem Wert dar, sind doch die meisten Sensoren nur zusammen mit diesen ASIC betreibbar und auch letztlich nur zusammen mit diesen in ihren Eigenschaften definiert. Werden Sensoren nicht nur für „hauseigene" Systeme hergestellt, sondern auch frei vermarktet, so sollte dies möglichst nur zusammen mit den zugehörigen Signalaufbereitungsschaltungen geschehen.

Steuergerät

Mit der Digitaltechnik ergeben sich vielfältige Möglichkeiten zur Steuerung und Regelung elektronischer Systeme im Kraftfahrzeug. Viele Einflussgrößen können gleichzeitig mit einbezogen werden, sodass sich die Systeme bestmöglich betreiben lassen. Das Steuergerät empfängt die elektrischen Signale der Sensoren, wertet sie aus und berechnet die Ansteuersignale für die Stellglieder (Aktoren). Das Steuerungsprogramm – die „Software" – ist in einem Speicher abgelegt. Die Ausführung des Programms übernimmt ein Mikrocontroller. Die Bauteile des Steuergeräts werden als „Hardware" bezeichnet. Das Steuergerät für die „Elektronische Getriebesteuerung" umfasst alle Steuer- und Regelalgorithmen für das Triebstrangmanagement (koordinierte Steuerung von Motor und Getriebe).

Einsatzbedingungen

An das Steuergerät werden hohe Anforderungen gestellt. Es ist hohen Belastungen ausgesetzt durch
● extreme Umgebungstemperaturen (im normalen Fahrbetrieb von –40 bis +60...+140 °C),
● starke Temperaturwechsel,
● Betriebsstoffe (Öl, Kraftstoff usw.),
● Feuchteeinflüsse und
● mechanische Beanspruchung wie z. B. Vibrationen durch den Motor.

Das Steuergerät muss beim Start mit schwacher Batterie (z. B. Kaltstart) und bei hoher Ladespannung sicher arbeiten (Bordnetzschwankungen).

Weitere Anforderungen ergeben sich aus der EMV (Elektromagnetische Verträglichkeit). Die Forderungen an die elektromagnetische Störunempfindlichkeit und an die Begrenzung der Abstrahlung hochfrequenter Störsignale sind sehr hoch.

Mehr über die Anforderungen an Steuergeräte ist im „Redaktionellen Kasten" dieses Kapitels zu finden.

Aufbau

Die Leiterplatte mit den elektrischen Bauteilen (Bild 1) befindet sich in einem Kunststoff- oder Metallgehäuse. Die Sensoren, die Stellglieder und die Stromversorgung sind über eine vielpolige Steckverbindung (1) an das Steuergerät angeschlossen. Die Leistungsendstufen (3) zur direkten Ansteuerung der Stellglieder sind so im Gehäuse des Steuergeräts integriert, dass eine sehr gute Wärmeableitung zum Gehäuse und zur Umgebung gewährleistet ist.

Die meisten elektronischen Bauteile sind in SMD-Technik ausgeführt (Surface Mounted Devices, d. h. oberflächenmontierte Bauteile). Dies ermöglicht eine besonders platz- und gewichtsparende Bauweise. Nur einige Leistungsbauteile und die Stecker sind in Durchsteckmontagetechnik ausgeführt.

Für den Anbau von Steuergeräten direkt am Motor gibt es auch kompakte, thermisch höher beanspruchbare Ausführungen in Hybridtechnik.

Datenverarbeitung

Eingangssignale

Sensoren bilden neben den Stellgliedern (Aktoren) als Peripherie die Schnittstelle zwischen dem Fahrzeug und dem Steuergerät als Verarbeitungseinheit. Die elektrischen Signale der Sensoren werden dem Steuergerät über Kabelbaum und den Anschlussstecker (1) zugeführt. Diese Signale können unterschiedliche Formen haben:

Analoge Eingangssignale
Analoge Eingangssignale können jeden beliebigen Spannungswert innerhalb eines bestimmten Bereichs annehmen. Beispiele für physikalische Größen, die als analoge Messwerte bereitstehen, sind die Batteriespannung und die Getriebeöltemperatur. Sie werden von einem Analog-Digital-Wandler (ADW) im Mikrocontroller des Steuergeräts

in digitale Werte umgeformt, mit denen die zentrale Recheneinheit des Mikrocontrollers rechnen kann. Die maximale Auflösung dieser Analogsignale beträgt 5 mV. Damit ergeben sich für den gesamten Messbereich von 0...5 V ca. 1000 Stufen.

Digitale Eingangssignale

Digitale Eingangssignale besitzen nur zwei Zustände: „High" (logisch 1) und „Low" (logisch 0). Beispiele für digitale Eingangssignale sind Schaltsignale (Ein/Aus) oder digitale Sensorsignale wie Drehzahlimpulse eines Hall- oder Feldplattensensors. Sie können vom Mikrocontroller direkt verarbeitet werden.

Pulsförmige Eingangssignale

Pulsförmige Eingangssignale von induktiven Sensoren mit Informationen über Drehzahl und Bezugsmarke werden in einem eigenen Schaltungsteil im Steuergerät aufbereitet. Dabei werden Störimpulse unterdrückt und die pulsförmigen Signale in digitale Rechtecksignale umgewandelt.

Signalaufbereitung

Die Eingangssignale werden mit Schutzbeschaltungen auf zulässige Spannungspegel begrenzt. Das Nutzsignal wird durch Filterung weitgehend von überlagerten Störsignalen befreit und gegebenenfalls durch Verstärkung an die zulässige Eingangsspannung des Mikrocontrollers angepasst (0...5 V).

Je nach Integrationsstufe kann die Signalaufbereitung teilweise oder auch ganz bereits im Sensor stattfinden.

Signalverarbeitung

Das Steuergerät ist die Schaltzentrale für die Funktionsabläufe der Elektronischen Getriebesteuerung. Im Mikrocontroller laufen die Steuer- und Regelalgorithmen ab. Die von den Sensoren und den Schnittstellen zu anderen Systemen (z. B. CAN-Bus) bereitgestellten Eingangssignale dienen als Eingangsgrößen. Sie werden im Rechner nochmals plausibilisiert. Mithilfe des Steuergeräteprogramms werden die Ausgangssignale zur Ansteuerung der Aktoren berechnet.

---

1 Aufbau eines Steuergeräts am Beispiel der Elektronischen Getriebesteuerung (GS 8.60)

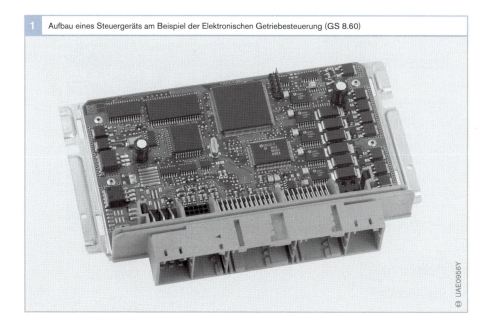

UAE0956Y

Mikrocontroller

Der Mikrocontroller ist das zentrale Bauelement eines Steuergeräts (Bild 2). Er steuert dessen Funktionsablauf. Im Mikrocontroller sind außer der CPU (**C**entral **P**rocessing **U**nit, d. h. zentrale Recheneinheit) noch Eingangs- und Ausgangskanäle, Timereinheiten, RAM, ROM, serielle Schnittstellen und weitere periphere Baugruppen auf einem Mikrochip integriert. Ein Quarz taktet den Mikrocontroller.

Programm- und Datenspeicher

Der Mikrocontroller benötigt für die Berechnungen ein Programm – die „Software". Sie ist in Form von binären Zahlenwerten, die in Datensätze gegliedert sind, in einem Programmspeicher abgelegt. Die CPU liest diese Werte aus, interpretiert sie als Befehle und führt diese Befehle der Reihe nach aus.

Das Programm ist in einem Festwertspeicher (ROM, EPROM oder Flash-EPROM) abgelegt. Zusätzlich sind variantenspezifische Daten (Einzeldaten, Kennlinien und Kennfelder) in diesem Speicher vorhanden. Hierbei handelt es sich um unveränderliche Daten, die im Fahrzeugbetrieb nicht verändert werden können. Sie beeinflussen die Steuer- und Regelablaufe des Programms.

Der Programmspeicher kann im Mikrocontroller integriert und je nach Anwendung noch zusätzlich in einem separaten Bauteil erweitert sein (z. B. durch ein externes EPROM oder Flash-EPROM).

ROM

Programmspeicher können als ROM (**R**ead **O**nly **M**emory) ausgeführt sein. Das ist ein Lesespeicher, dessen Inhalt bei der Herstellung festgelegt wird und danach nicht wieder geändert werden kann. Die Speicherkapazität des im Mikrocontroller integrierten ROM ist begrenzt. Für komplexe Anwendungen ist ein zusätzlicher Speicher erforderlich.

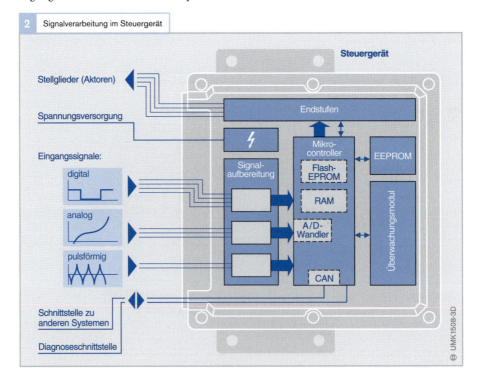

2   Signalverarbeitung im Steuergerät

Steuergerät

Stellglieder (Aktoren)

Spannungsversorgung

Eingangssignale:

digital

analog

pulsförmig

Schnittstelle zu anderen Systemen

Diagnoseschnittstelle

Endstufen

Signal-aufbereitung

Mikro-controller

Flash-EPROM

RAM

A/D-Wandler

CAN

EEPROM

Überwachungsmodul

UMK1508-3D

EPROM

Das EPROM (**E**rasable **P**rogrammable **ROM**, d. h. lösch- und programmierbares ROM) kann durch Bestrahlen mit UV-Licht gelöscht und mit einem Programmiergerät wieder neu beschrieben werden. Das EPROM ist meist als separates Bauteil ausgeführt. Die CPU spricht das EPROM über den Adress-/Datenbus an.

Flash-EPROM (FEPROM)

Das Flash-EPROM ist auf elektrischem Wege löschbar. Somit kann das Steuergerät in der Kundendienst-Werkstatt umprogrammiert werden, ohne es öffnen zu müssen. Das Steuergerät ist dabei über eine serielle Schnittstelle mit der Umprogrammierstation verbunden.

Enthält der Mikrocontroller zusätzlich ein ROM, so sind dort die Programmierroutinen für die Flash-Programmierung abgelegt. Flash-EPROMs können auch zusammen mit dem Mikrocontroller auf einem Mikrochip integriert sein.

Das Flash-EPROM hat aufgrund seiner Vorteile das herkömmliche EPROM weitgehend verdrängt.

Variablen- oder Arbeitsspeicher

Ein solcher Schreib-Lese-Speicher ist notwendig, um veränderliche Daten (Variablen), wie z. B. Rechenwerte und Signalwerte, zu speichern.

RAM

Die Ablage aller aktuellen Werte erfolgt im RAM (**R**andom **A**ccess **M**emory, d. h. Schreib-Lese-Speicher). Für komplexe Anwendungen reicht die Speicherkapazität des im Mikrocontroller integrierten RAM nicht aus, sodass ein zusätzlicher RAM-Baustein erforderlich ist. Er ist über den Adress-/Datenbus an den Mikrocontroller angeschlossen.

Beim Trennen des Steuergeräts von der Versorgungsspannung verliert das RAM den gesamten Datenbestand (flüchtiger Speicher). Adaptionswerte (erlernte Werte über Motor- und Betriebszustand) müssen beim nächsten Start aber wieder bereitstehen. Sie dürfen beim Abschalten der Zündung nicht gelöscht werden. Um das zu verhindern, ist das RAM permanent mit Spannung versorgt (Dauerversorgung). Beim Abklemmen der Batterie gehen jedoch auch diese Werte verloren.

EEPROM (auch E²PROM genannt)

Daten, die auch bei abgeklemmter Batterie nicht verloren gehen dürfen (z. B. wichtige Adaptionswerte, Daten des Fehlerspeichers), müssen dauerhaft in einem nicht flüchtigen Dauerspeicher abgelegt werden. Das EEPROM ist ein elektrisch löschbares EPROM, bei dem im Gegensatz zum Flash-EPROM jede Speicherzelle einzeln gelöscht werden kann. Somit ist das EEPROM als nicht flüchtiger Schreib-Lese-Speicher einsetzbar.

Einige Steuergeräte-Varianten nutzen auch separat löschbare Bereiche des Flash-EPROMs als Dauerspeicher.

ASIC

Die moderne Halbleitertechnik erlaubt nun die Integration einer Vielzahl von elektronischen Funktionen in „ASICs" (**A**pplication **S**pecific **I**ntegrated **C**ircuits). Die ASICs in den Steuergeräten lassen sich in drei Klassen einteilen:

● Spannungsversorgung und -überwachung,
● Signalaufbereitung, Überwachung und Diagnose sowie
● Leistungsendstufen.

Durch die Hochintegration wird die Anzahl der Bauelemente und damit der benötigte Bauraum reduziert und die Zuverlässigkeit gesteigert.

Überwachungsmodul

Das Steuergerät verfügt über ein Überwachungsmodul. Der Mikrocontroller und das Überwachungsmodul überwachen sich gegenseitig durch ein so genanntes „Frage-und-Antwort Spiel". Wird ein Fehler erkannt, so können beide unabhängig voneinander entsprechende Ersatzfunktionen einleiten.

Ausgangssignale

Der Mikrocontroller steuert mit den Ausgangssignalen Endstufen an, die üblicherweise genügend Leistung für den direkten Anschluss der Stellglieder (Aktoren) liefern. Es ist auch möglich, dass für besonders große Stromverbraucher bestimmte Endstufen ein Relais ansteuern.

Die Endstufen sind gegenüber Kurzschlüssen gegen Masse oder der Batteriespannung sowie gegen Zerstörung infolge elektrischer oder thermischer Überlastung geschützt. Diese Störungen sowie aufgetrennte Leitungen werden durch den Endstufen-IC als Fehler erkannt und dem Mikrocontroller gemeldet.

Schaltsignale

Mit den Schaltsignalen können Stellglieder ein- und ausgeschaltet werden (z. B. On-/Off-Ventile).

PWM-Signale

Digitale Ausgangssignale können als PWM-Signale ausgegeben werden. Diese „Puls-Weiten-Modulierten" Signale sind Rechtecksignale mit konstanter Frequenz und variabler Einschaltzeit (Bild 3). Mit diesen Signalen können verschiedene Stellglieder (Aktoren) in beliebige Arbeitsstellungen gebracht werden (z. B. PWM-Ventil).

Kommunikation innerhalb des Steuergeräts

Mikrocontroller und externe Speicher (Flash, RAM) tauschen ihre Daten über parallele Adress-/Datenleitungen aus.

Ein aktuelles 32-Bit-System verfügt über einen 32-Bit-Daten- und einen > 20-Bit-Adressbus. Diese Busse werden mit dem Mikrocomputer-Takt (~ 50 MHz) betrieben.

Für die Kommunikation mit den ASICs (langsame Ansteuersignale, Schreiben und Lesen von Diagnoseinformationen) oder dem externen E²PROM hat sich der SPI-Bus als Standard etabliert (synchrones, serielles 3-Draht-Interface, Takt ca. 1 MHz).

EOL-Programmierung

Die Vielzahl von Fahrzeugvarianten, die unterschiedliche Steuerungsprogramme und Datensätze verlangen, erfordert ein Verfahren zur Reduzierung der vom Fahrzeughersteller benötigten Steuergerätetypen. Hierzu kann der komplette Speicherbereich des Flash-EPROMs mit dem Programm und dem variantenspezifischen Datensatz am Ende der Fahrzeugproduktion mit der EOL-Programmierung (**E**nd **O**f **L**ine) programmiert werden.

Eine weitere Möglichkeit zur Reduzierung der Variantenvielfalt ist, im Speicher mehrere Datenvarianten (z. B. Motorvarianten) abzulegen, die dann durch Codierung am Bandende ausgewählt werden. Diese Codierung wird im EEPROM abgelegt.

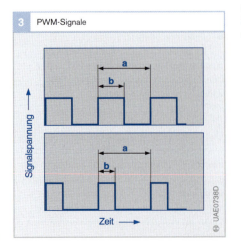

3   PWM-Signale

Signalspannung →

a

b

a

b

Zeit →

UAE0738D

Bild 3

a   Periodendauer
    (fest oder variabel)

b   variable Einschaltzeit

▶ Von Steuergeräten wird viel verlangt!

Ein Steuergerät im Kraftfahrzeug funktioniert im Prinzip wie Ihr PC. Daten werden eingelesen und Ausgangssignale berechnet.
Wie beim PC ist das Herzstück eines Steuergeräts die Leiterplatte mit dem Mikrocontroller in präzise gefertigter Mikroelektronik. Doch es gibt einige Anforderungen, die das Steuergerät zusätzlich erfüllen muss:

Echtzeitfähigkeit
Systeme für den Motor und das Getriebe erfordern ein schnelles Ansprechen der Regelung. Das Steuergerät muss daher „echtzeitfähig" arbeiten. Das heißt, die Reaktion der Regelung muss zeitlich mit dem physikalischen Prozess Schritt halten. Ein Echtzeit-System muss garantiert innerhalb einer definierten Zeitspanne auf Anforderungen reagieren können (Rechtzeitigkeit). Dies erfordert eine geeignete Rechnerarchitektur und eine hohe Rechnerleistung.

Integrierter Aufbau
Bauraum und Gewicht spielen im Kraftfahrzeug immer eine große Rolle. Um die Steuergeräte so klein und leicht wie möglich zu machen, werden u. a. folgende Techniken eingesetzt:

- **Multilayer:** Die zwischen 0,035 und 0,07 mm dicken Leiterbahnen sind in mehreren Schichten übereinander angeordnet.
- **SMD-Bauteile:** Diese sehr kleinen oberflächenmontierten Bauteile (**S**urface **M**ounted **D**evices) sind plan, ohne Durchkontaktierungen bzw. Bohrungen direkt auf die Leiterplatte oder das Hybridsubstrat gelötet oder geklebt.
- **ASIC:** Speziell entworfene integrierte Bausteine (**A**pplication **S**pecific **I**ntegrated **C**ircuit) können viele Funktionen zusammenfassen.

Betriebssicherheit
Redundante (zusätzliche, meist auf anderen Programmpfaden parallel ablaufende) Rechenvorgänge und eine integrierte Diagnose bieten große Sicherheit gegen Störungen.

Umwelteinflüsse
Auch die Umwelteinflüsse, unter denen die Elektronik sicher arbeiten muss, sind beachtlich:

- **Temperatur:** Steuergeräte im Kraftfahrzeug müssen je nach Anwendungsbereich im Dauerbetrieb Temperaturen zwischen −40 °C und + 60 ... 140 °C standhalten. In einigen Bereichen der Substrate ist die Temperatur aufgrund der Abwärme der elektronischen Bauteile sogar noch deutlich höher. Besondere Anforderungen stellen auch die Temperaturwechsel vom kalten Fahrzeugstart bis zum heißen Volllastbetrieb.
- **EMV:** Die Elektronik des Fahrzeugs wird sehr streng auf **E**lektro**m**agnetische **V**erträglichkeit geprüft. Das heißt, elektromagnetische Störquellen (z. B. elektromechanische Steller) oder Strahler (z. B. Radiosender, Handy) dürfen das Steuergerät nicht stören. Umgekehrt darf das Steuergerät die andere Elektronik nicht beeinflussen.
- **Rüttelfestigkeit:** Steuergeräte, die im Getriebe eingebaut sind, müssen bis zu 30 g (das heißt, die 30fache Erdbeschleunigung!) aushalten.
- **Dichtheit und Medienbeständigkeit:** Je nach Einbauort muss das Steuergerät Nässe, chemischen Flüssigkeiten (z. B. Öle) und Salzsprühnebel widerstehen.

Diese und andere Anforderungen bei der steigenden Fülle von Funktionen wirtschaftlich umzusetzen, stellt an die Entwickler von Bosch ständig neue Herausforderungen.

▼ Hybridsubstrat eines Steuergeräts

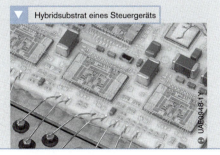

UAE0948-1Y

Steuergeräte für die elektronische Getriebesteuerung

Anwendung

Bei der Realisierung einer elektronischen Getriebesteuerung bestehen verschiedene Möglichkeiten, das Steuergerät im Fahrzeug zu positionieren. So gibt es zum Beispiel separate, kombinierte, angebaute oder integrierte Steuergeräte (Bild 1).

Die im Fahrzeug letztendlich genutzte Aufteilung ist im Wesentlichen bestimmt durch
- den Anteil der Fahrzeuge mit AT-Getriebe im Vergleich zu Handschaltgetrieben und
- den Anforderungen des Getriebes an die Steuerung (Leistung des eingesetzten Mikrocontrollers).

In Europa bestimmen gegenwärtig noch die separaten Leiterplattensteuergeräte ME und GS den Markt (Bild 1a). Dagegen kommt in den USA vorwiegend das kombinierte Triebstrangsteuergerät (MEG) für AT-Getriebe mit 3 oder 4 Gängen zur Anwendung (Bild 1b); denn AT-Getriebe weisen dort einen Marktanteil von über 85 % auf.

Erst die neueren Getriebetypen mit 5 oder 6 Gängen sowie die steigenden Anforderungen an die Motorsteuerung (Abgasgesetzgebung, CARB-Forderungen) bewirken auch in den USA einen Trend weg von den kombinierten Steuergeräten hin zu separaten Steuergeräten. Dieser Trend verstärkt sich noch durch die neueste 6-Gang-Getriebegeneration. In diesen Getrieben sind bereits Elektronikmodule mit integrierter Elektronik eingebaut.

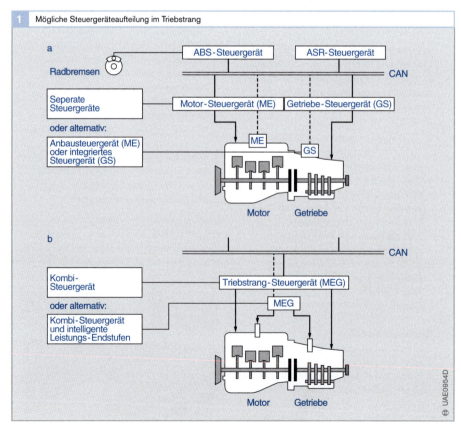

1 Mögliche Steuergeräteaufteilung im Triebstrang

Bild 1
a   Anordnung mit separaten Leiterplattensteuergeräten ME und GS
b   Anordnung mit kombiniertem Triebstrangsteuergerät

Aufbau und Arbeitsweise

Im Folgenden werden nun die verschiedenen Steuergeräte mit ihrem technischen und funktionalen Inhalt näher beschrieben.

Leiterplattensteuergeräte

Die zurzeit noch am weitesten verbreiteten Steuergeräte sind Leiterplattengeräte.

Bild 2 zeigt ein Steuergerät mit einem 32-Bit-Mikrocontroller (Motorola 683xx) für ein 5-Gang-Getriebe der Firma ZF, das seit einigen Jahren bei BMW in Serie ist. Es stellt den prinzipiellen Aufbau und den Datenfluss des Steuergeräts in einem Blockschaltbild dar. Das Steuergerät lässt sich grob in drei Bereiche unterteilen:

1. Eingangsseite

Die Eingangsseite bestehend aus der Spannungsversorgung (Klemmen 15 und 30), der Signalerfassung und der Kommunikationsschnittstelle.

Zu den Eingangssignalen gehören die Signale der Motordrehzahl, Turbinendrehzahl, Abtriebsdrehzahl und Raddrehzahlen. Die Signale der Motordrehzahl und der Raddrehzahlen erhält das Getriebesteuergerät meistens über die CAN-Schnittstelle von den erfassenden Steuergeräten (Motor- und ABS-Steuergerät).

Das Steuergerät erfasst die Getriebeöltemperatur als analoges Eingangssignal, da die Eigenschaften des Öls die Schaltqualität maßgeblich beeinflusst, insbesondere in kaltem Zustand. Die Stellung des Positionshebels erhält das Steuergerät als digitales Signal. Über die CAN-Schnittstelle werden außerdem noch folgende Informationen erfasst und ausgewertet:
● Fahrpedalstellung (Fahrerwunsch),
● Kickdownschalter,
● Motortemperatur und
● Motormoment.

2. Rechnerkern

Der Rechnerkern besteht aus Mikrocontroller, Flash, RAM, EEPROM, Analog-Digital-Wandler und Bussystem CAN.

3. Ausgangsseite

Die Ausgangsseite mit ihren Endstufen für die On-/Off-Ventile, ASICs, Stromregelung (CG205) und Kleinsignalendstufen.

---

2 Leiterplattensteuergerät für die Elektronische Getriebesteuerung (Blockschaltbild)

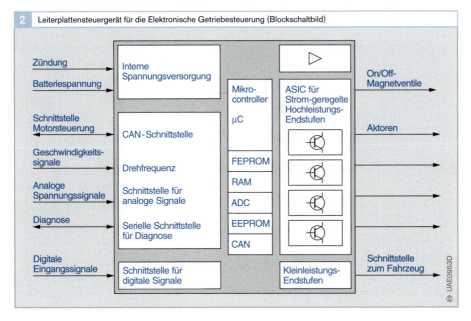

Zündung
Batteriespannung
Schnittstelle Motorsteuerung
Geschwindigkeitssignale
Analoge Spannungssignale
Diagnose
Digitale Eingangssignale

Interne Spannungsversorgung
CAN-Schnittstelle
Drehfrequenz
Schnittstelle für analoge Signale
Serielle Schnittstelle für Diagnose
Schnittstelle für digitale Signale

Mikrocontroller
µC
FEPROM
RAM
ADC
EEPROM
CAN

ASIC für Strom-geregelte Hochleistungs-Endstufen

Kleinleistungs-Endstufen

On/Off-Magnetventile
Aktoren

Schnittstelle zum Fahrzeug

UAE0953D

Triebstrangsteuergeräte

Triebstrangsteuergeräte MEG (Motor-Egas-Getriebe) basieren auf den Standard-Leiterplattensteuergeräten für Motor und Getriebe. Sie kommen insbesondere in den USA zum Einsatz. Wie das Blockschaltbild in Bild 3 zeigt, besteht der wesentliche Vorteil dieses Steuergeräts darin, bestimmte Teile der Elektronik nur einmal zu verbauen und damit Kosten zu sparen.

Ein Motor-Getriebe-Steuergerät MG war auch die erste, je in Serie gegangene Umsetzung einer Elektronischen Getriebesteuerung.
Dies geschah bereits 1983 für BMW mit einem ZF-Automatik-Getriebe 4HP22 (Bild 4).

4 BMW-Triebstrangsteuergerät von 1983

UAE0946Y

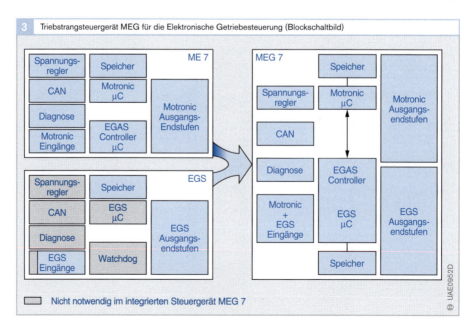

3 Triebstrangsteuergerät MEG für die Elektronische Getriebesteuerung (Blockschaltbild)

Nicht notwendig im integrierten Steuergerät MEG 7

UAE0952D

| 5 | Kombiniertes Triebstrangsteuergerät MG7.9 |

⊕ UAE0950Y

Das Bild 5 zeigt die zum Blockschaltbild in Bild 3 zugehörige aktuelle Umsetzung eines Triebstrangsteuergeräts.

Seit dieser Zeit haben sich die Anforderung an die Rechenleistung und den Speicherplatz der Steuergeräte dramatisch verändert (siehe Bild 6 und Tabelle 1).

Wie die Zahlen in Tabelle 1 zeigen, steigen die Anforderungen stetig an und ein Ende der Entwicklung ist noch nicht abzusehen.

1	Entwicklung der Rechnerperformance		
Jahr	**Rechner**	**Speicher**	**RAM**
Jahr	Rechner	Speicher	RAM
1983	Cosmac	8 k ROM	128 Byte
1988	80515	32 k ROM	256 Byte
1992	80517	64 k ROM	256 Byte
1996	80509	128 k Flash	2 k
199x	C167	256 k Flash	4 k
1996	683xx	256 k Flash	8 k
2001	MPC555	448 k Flash	28 k
2003	MPC555	1 MB Flash	28 k
2005	?	1,5 MB Flash	66 k

Tabelle 1

| 6 | Steigende Anforderungen an die Rechenleistung und den Speicherplatz der Steuergeräte |

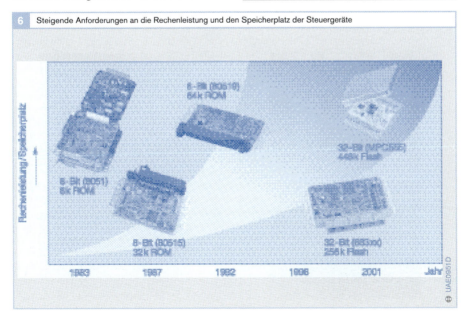

⊕ UAE0951D

Mikrohybridsteuergeräte

Mit der Einführung neuer Getriebe (wie z. B. Ausführung 6HP26 von ZF) wandelte sich auch die Art des Steuergeräts vom Leiterplattensteuergerät hin zum Mikrohybridsteuergerät. Einfluss darauf haben die sich ändernden Anforderungen, hauptsächlich wegen der Umweltbedingungen, unter denen das Steuergerät zum Einsatz kommt (Tabelle 2).

Im Wesentlichen enthält das Mikrohybridsteuergerät den Schaltungsinhalt der Leiterplatte, allerdings werden Halbleiterbauelemente unverpackt, d. h. als „nackte" Silizium-Chips, eingesetzt. Die elektrische Kontaktierung erfolgt über Drahtbondung (bei LP-SG mit Lötung). Passive Bauelemente werden über leitenden Kleber elektrisch kontaktiert.

Im Gegensatz zu den gegenwärtig in Serie befindlichen Schaltungen mit LTCC (Low-Temperature Confired Ceramics) kommen bei den neuen Systemen mit 32-Bit-Prozessoren feinere Layoutstrukturen zur Anwendung. Dies betrifft insbesondere die Viadichte und die Bondlandgröße.

Mit dem bisherigen Bondlandraster von 450 μm wären vier Bondreihen und mindestens drei Verdrahtungslagen zur Entflechtung des Rechnerkerns notwendig. Bei dem verwendeten Viaraster von 260 μm genügen zwei Bondreihen bei sogar verringertem Flächenbedarf und nur zwei Verdrahtungslagen.

Bild 7a zeigt die Bondzonen der Rechner von ABS (44 Bonds) auf LTCC-Standardsubstrat im Vergleich zum 32-Bit-Controller in der Dieselsteuerung (240 Bonds) auf LTCC-fine-line in Bild 7b.

2	Technische Grenzen für Leiterplatten und Mikrohybrid	
Bauart	**PCB**	**Mikrohybrid**
	 	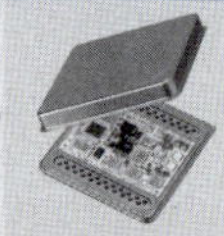
Verbauort	Innen- oder Motorraum	Im Getriebe
Temperatur	−40...+85/+105 °C	−40...+85/+140 °C
Schütteln	...5 g	...30 g
Schutzklasse	IP 40 / IP 69	IP6K9K in ATF

7 Bondzonen-Mikrocontroller LTCC im Vergleich zu LTCC-fine-line

a

b

UTS0318Y

8 Verdrahtungsdichtes des Hybrids

a

b

UTS0319Y

Bild 7
a Auf LTCC-Standardsubstrat
b auf LTCC-fine-line-Substrat

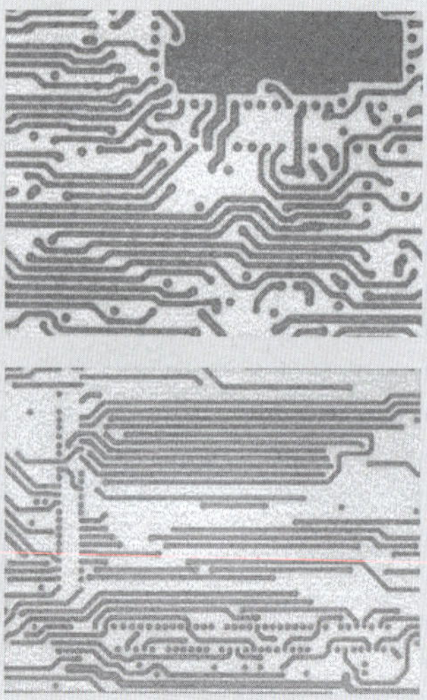

Bild 8
a Innere Lagen
b Rückseite mit Widerständen

Zur Ergänzung zeigt Bild 8 im Vergleich die Verdrahtungsdichte der innerer Lagen (Bild 8a) und die Rückseite des Hybrids mit den integrierten Widerständen (Bild 8b).

Folgende wesentliche Schritte führten bei den Mikrohybridsteuergeräten zu einer Prozessverbesserung:
● Einsatz feinerer Stanznadeln,
● feinere Siebe,
● Anpassung der verwendeten Pasten und
● Toleranzoptimierung durch angepasste Prozessführung.

Diese Layoutverdichtung macht es möglich, die Schaltung einer Getriebesteuerung auf einer Fläche von 2 x 1,2″ zu realisieren. Das bedeutet, dass die Substratfertigung bei dem Arbeitsformat von 8 x 6″ allein 20 Schaltungen parallel prozessieren kann.

Zur optimalen Kühlung von verlustleistungsreichen ICs werden parallel zu den Funktionsvias thermische Vias mit einem Durchmesser von 300 µm gefüllt. Die thermische Leitfähigkeit des Substrats wird so von ca. 3 W/mK auf effektiv 20 W/mK gesteigert.

Das Bild 9 zeigt den kompletten Mikrohybrid in seinem Gehäuse. Für den Montageprozess kommt folgende Aufbautechnik zur Anwendung:
● Alle Bauteile werden mit Leitkleber geklebt,
● die Bondung erfolgt mit einem 32-µm-Golddraht und einem 200-µm-Aluminiumdraht,
● der Hybrid wird mit wärmeleitendem Kleber auf die Stahlplatte geklebt,
● die Verbindung zur Glasdurchführung erfolgt durch eine 200-µm-Aluminiumdrahtbondung und
● das Gehäuse wird hermetisch dicht verschweißt.

9   Mikrohybridsteuergerät im Stahlgehäuse

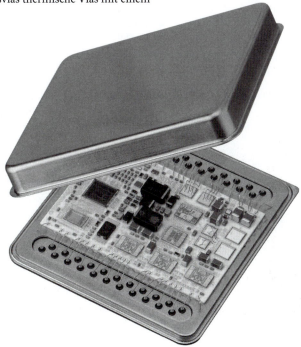

UAE0948Y

ASIC-Bausteine

Anwender-spezifische integrierte Schaltkreise bilden neben den Rechner- und Speicherbausteinen einen sehr wesentlichen Anteil der Elektronikkomponenten in den Steuergeräten.

Zur Senkung der Kosten und Vereinheitlichung des elektronischen Designs der Getriebesteuerung wurden verschiedene Funktionen in ASIC-Bausteinen zusammengefasst. Diese ASICs stehen verpackt und nicht verpackt zur Verfügung und werden sowohl für Mikrohybrid- als auch für Leiterplattensteuergeräte eingesetzt. In der Getriebesteuerung befinden sich derzeit mehrere verschiedene ASICs im Serieneinsatz, wobei die im Mikrohybridsteuergerät eingesetzten drei ASICs hier vorgestellt werden sollen.

Stromregler ASIC CG205

Für die hoch genaue Druckregelung im Getriebe wurde der Stromregler-ASIC CG205 mit integriertem Mess-Shunt entwickelt. Er erreicht eine Regelgenauigkeit von 1 % über den gesamten Temperaturbereich.

10 ASIC-Bausteine

Bild 10a zeigt den verpackten ASIC, wie er in Leiterplattensteuergeräten zum Einsatz kommt.

Zusätzlich besteht die Möglichkeit, den Strombereich sowie die PWM-Ausgangsfrequenz mithilfe einer externen Beschaltung einzustellen.

Watchdog ASIC CG 120

Da es beim 6-Gang-Getriebe mit integriertem Elektronikmodul keine mechanische Verbindung des Positionshebels zum Getriebe mehr gibt, erfordert die Steuerung besondere Sicherheitsmechanismen. Diese Funktion erfüllt der ASIC CG120 (Bild 10b), der den Mikrocontroller in seiner Funktion überwacht (siehe auch Kapitel „Diagnosefunktionen"). Der ASIC CG120 erfüllt folgende Funktionen:

- Spannungsversorgung mit 5 bzw. 3,3 V,
- Sensorversorgung,
- Watchdog,
- serielle Schnittstelle,
- CAN-Schnittstelle,
- ISO 9141-Schnittstelle und
- über SPI-Schnittstelle programmierbar.

I/O-ASIC CG115

Um die hohe Integration im Mikrohybrid zu erreichen, müssen möglichst viele Funktionen in einem ASIC zusammengefasst sein. Eine Realisierung mit Einzelbauelementen würde deshalb einen zu großen Platz auf dem Substrat beanspruchen.

Im I/O-ASIC CG115 (Bild 10c) sind folgende Funktionen integriert:

- Spannungsüberwachung,
- Ein- und Ausgänge für digitale Signalübertragung,
- 2 Eingänge für induktive Hall-Sensorsignale,
- 8-Kanal-Analogmultiplexer,
- serielle Schnittstelle und
- über SPI-Schnittstelle programmierbar.

Bild 10

a Stromregler ASIC CG205
b Watchdog ASIC CG120
c I/O ASIC CG115

Thermo-Management

Der Abtransport der in den Steuergeräten erzeugten Verlustleistung ist ein Kernthema bei der Konzipierung mechatronischer Module, insbesondere dann, wenn es durch „Hotspots" zu einer stark ungleichmäßigen Verteilung der Verlustwärme kommt. Das Bild 1 zeigt das Modell des Wärmetransports in einem Steuergerät bis zu einer Wärmesenke, die sich bei diesem Beispiel im Ventilgehäuse befindet. Es handelt sich um einen LTCC-Mikrohybrid in einem verschweißten Stahlgehäuse, das auf das Aluminiumgehäuse der hydraulischen Hauptstufe der Steuerung montiert ist.

Ein gutes Wärmemanagement der IC benötigt einen engen Kontakt zwischen den Chips und dem Gehäuse. Dazu eignen sich Materialien mit einer hohen thermischen Leitfähigkeit.

Wie auch aus anderen Untersuchungen zu den verschiedenen Trägermaterialien (Substraten) für den Hochtemperatureinsatz hervorgeht, haben diese eine sehr unterschiedliche Wärmeleitfähigkeit. Bei der LTCC-Glaskeramik ist sie gegenüber der Aluminiumoxydkeramik (Al_2O_3) zunächst um fast den Faktor 10 schlechter. Diesen Nachteil gleichen aber „Thermal vias" im Mikrohybrid aus, sodass die LTCC-Technik eine gleich gute Wärmeleitfähigkeit wie die Aluminiumoxyd-Technik aufweist.

Das Bild 2 stellt ein Feld von „Thermal vias" dar. Der Fertigungsprozess erzeugt diese der Wärmeableitung dienenden „Thermal vias" (Heat-Spreader) parallel zu den elektrischen Verbindungen.

Im Wesentlichen kennzeichnen die Begriffe „Verlustleistung", „Sperrschicht-/Junction-Temperatur" und „Wärmeableitung" die Grenzen für ein Mikrohybridsteuergerät.

Die Verlustleistung P_V lässt sich vereinfacht für den stationären Betrieb folgendermaßen beschrieben:

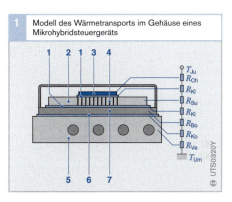

1 Modell des Wärmetransports im Gehäuse eines Mikrohybridsteuergeräts

T_{Ju}
R_{Ch}
R_{Kl}
R_{Su}
R_{Kl}
R_{Bo}
R_{Ko}
R_{Ve}
T_{Um}

Bild 1
1 Kleber
2 Substrat
3 Si-Chip
4 Thermal vias
5 Al-Ventilgehäuse
6 ATF-Öl
7 Stahl-Gehäuseboden

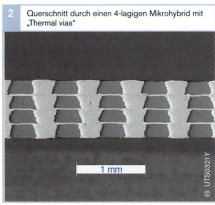

2 Querschnitt durch einen 4-lagigen Mikrohybrid mit „Thermal vias"

1 mm

$$P_V = (T_j - T_u) / R_{jth}$$

mit

T_j Junction-Temperatur
R_{jth} thermischer Innenwiderstand
T_u Umgebungstemperatur

Der thermische Widerstand R_{jth} (Hilfsgröße!) hängt von den geometrischen Parametern und der spezifischen Wärmeleitfähigkeit des Materials ab und wird aus Messungen ermittelt. Die maximal zulässige Sperrschichttemperatur T_j bestimmt die maximal zulässige Verlustleistung P_{Vmax}, wobei T_j vom Material abhängt (für Silizium ist $T_{jmax} = 150...200\,°C$). Aktuelle Spezifikationen von Mikrocontroller-Herstellern legen eine Obergrenze von $T_{jmax} = 150\,°C$ fest.

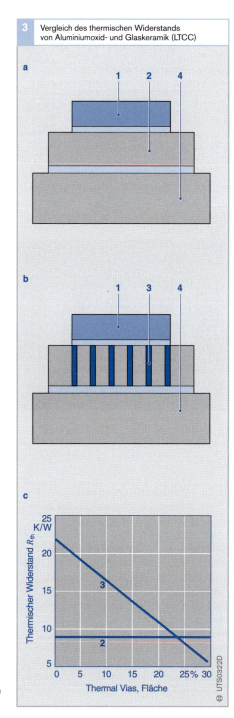

3 Vergleich des thermischen Widerstands von Aluminiumoxid- und Glaskeramik (LTCC)

Bild 3

a   Aluminiumoxid-Keramik

R_{th} = 12 K/W (CS 200 auf Aluminium)

b   LTCC

R_{th} = 10...11 K/W (CS 200 in ABS 5.3)

c   Vergleich

1   Chip
2   Al_2O_3
3   LTCC (Thermal vias)
4   Aluminium

Da T_j auch vom Design abhängt, ist für eine Optimierung bezüglich der Junction-Temperatur die Berücksichtigung von Design-Regeln von Bedeutung, z. B.:

- Thermisch belastete Schaltungsanteile sind nicht nach den sonst geltenden Minimalkriterien auszulegen, sondern z. B. betroffene Endstufenbereiche (Transistoren/pn-Übergänge) sind geometrisch zu vergrößern.
- „Hotspots" sind nicht in den Ecken des ICs zu platzieren, damit das Substratmaterial des ICs nach allen Seiten hin als „Heat-Spreader" wirken kann.

Das Design der im Abschnitt „ASIC-Bausteine" vorgestellten ASICs für die Getriebesteuerung eignet sich für maximale Junction-Temperaturen von T_{jmax} = 175 °C.

In Bezug auf das Gesamtsystem „Mikrohybrid" wird auf eine Optimierung hinsichtlich des Aufwandes zwischen der Vergrößerung des IC, dem Einsatz von „Thermal vias" und der Montage auf speziellen Substraten wie DBC oder LBS hingearbeitet.

Dabei bedeuten:
DBC (**D**irect **B**onded **C**opper): kupferbeschichtete Keramik
und
LBS (Leistungs-Bau-Steine): auf Kupferplättchen gelötete Chips.

Das Bild 3 stellt einen Vergleich des thermischen Widerstands von Aluminiumoxid (Bild 3a) und Glaskeramik, d. h. LTCC (Bild 3b) speziell auch in einem Diagramm dar (Bild 3c).

Prozesse und Tools in der Steuergeräteentwicklung

Simulationswerkzeuge

Für einen verbesserten und schnelleren Entwicklungsprozess bekommt die Simulation von Einzelkomponenten sowie die Simulation des Gesamtsystems einen immer höheren Stellenwert. Die Vorteile der mathematischen Modellierung gegenüber den physikalischen Modellen (Prototypen) sind:

- Beliebig häufige Reproduzierbarkeit,
- tieferes Verständnis des Systemverhaltens,
- einzelne Parameteruntersuchungen möglich,
- geringere Kosten,
- geringerer Aufwand bei Modifikationen des Modells und
- flexible Anwendung in allen technischen Bereichen.

Die nachfolgende Beschreibung stellt kurz gefasst einige eingesetzte „Tools" für die Simulation vor.

Bild 1 zeigt dazu beispielhaft die Thermo-Simulation eines Mikrohybrid-Steuergeräts.

Daraus geht deutlich die hohe Temperatur des Hotspots in der Elektronik hervor, die im vorliegenden Fall an einem Spannungsregler auftritt. Anhand dieser Simulation lässt sich die Positionierung der „Thermal vias" und die Verteilung der Bauteile vor dem Aufbau des realen Steuergeräts optimieren.

Schaltungssimulation mit SABER

Schon vor Aufbau einer Schaltung mit den realen Bauelementen lässt sich die Funktion mithilfe des Simulationstools SABER® überprüfen. Hierzu bieten viele Hersteller von Bauelementen bereits die Daten ihrer Produkte in einer SABER-Bibliothek an (Bild 2).

Auf der Basis dieser Daten kann dann die Schaltung im Hinblick auf ihre Robustheit, ihrer Thermik, ihrem „Worst Case"-Verhalten sowie ihrem EMV-Verhalten überprüft werden und so bereits in einem sehr frühen Entwicklungsstadium eine Schaltungsoptimierung möglich machen.

Auf diese Weise kann die Anzahl der Re-Designs verringert werden.

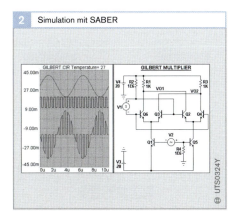

1 Thermo-Simulation eines Mikrohybrid-Layouts

2 Simulation mit SABER

Softwareentwicklung

Bei der Betrachtung der aktuellen Serien-
projekte und dem Einsatz der Entwicklungs-
kapazitäten stellt sich heraus, dass ca. 60 %
der aufgewendeten Zeit während einer
Steuergeräteentwicklung für das Erstellen
der benötigten Software aufzubringen ist.
Aus diesem Grund ist der Einsatz von modernen Tools und Prozessen unumgänglich.

Entwicklungsprozess

Definition des Entwicklungsprozesses

Als Basis aller Aktivitäten der Softwareentwicklung dient die Abbildung der Entwick-
lungsschritte in einem V-Modell (Bild 1).
Anhand dieses Modells erfolgt eine Detail-
lierung der Prozessschritte, um eine Umsetzung innerhalb einer Produktentwicklungs-
abteilung zu ermöglichen.

Qualitätsbewertung

Im Entwicklungsprozess (Bild 2) sind an definierten Stellen für die Prozessüberwachung
Qualitätsbewertungen eingeplant:

QB1
Wann: Bei Projektstart
Was: Check der Resourcen
(Kapazität, Entwicklungsumgebung,
Verantwortung)

QB1F
Wann: Vor der Funktionsimplementierung
Was: Check der Funktionsspezifikation

QB2F
Wann: Nach der Funktionsimplemen-
tierung
Was: Review jeder einzelnen Funktion
und Check folgender Dokumente:
- Spezifikation,
- Funktionsbeschreibung,
- Source Code,
- Datendefinitionen und
- Testdokumentation.

QB2
Wann: Vor Softwareauslieferung
Was: Review aller QB2F-Dokumente

QB3
Wann: Vor Serienstart
Was: Serienproduktions-Review für
Hard- und Software

Wesentlicher Bestandteil des Entwicklungsprozesses ist außerdem die Trennung zwischen Spezifikation und Implementierung.
Diese Aufteilung erlaubt ein „Programming
by Contract", wobei Projektteams das Soft-
ware-„Know-how" von ReUse-Teams nutzen, die für mehrere Kunden die Funktionen
(z. B. Keyword 2000 Protokoll) umsetzen.
Dazu schreiben die Projektteams Funktions-
verträge aus, die die Randbedingungen der
Umsetzung festschreiben. Die Testumfänge
und Testtiefen der einzelnen Funktionen
werden unter Berücksichtigung der Kunden-
anforderungen im projektspezifischen
Qualitätsplan (PQSP) festgelegt.

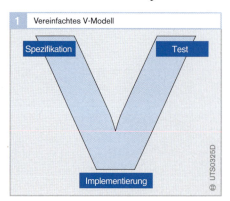

1 Vereinfachtes V-Modell

Spezifikation
Test
Implementierung

UTS0325D

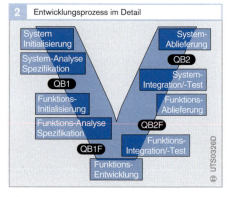

2 Entwicklungsprozess im Detail

System-Initialisierung
System-Analyse Spezifikation
QB1
Funktions-Initialisierung
Funktions-Analyse Spezifikation
QB1F
Funktions-Entwicklung
System-Ablieferung
QB2
System-Integration/-Test
Funktions-Ablieferung
QB2F
Funktions-Integration/-Test

UTS0326D

Dazu gehört auch die Festlegung der QB x F-Umfänge.

Der PQSP ist ein zentrales Element zur Projektdurchführung und sollte zwischen Fahrzeughersteller und Zulieferer durchgesprochen werden. Er regelt unter anderem die Verantwortlichkeiten, die Kundenbeziehungen, die Entwicklungswerkzeuge, Test- und Dokumentationsumfänge u. v. m.

Der Prozess im ReUse-Team stellt sich folgendermaßen dar:

- Der Projektbearbeiter formuliert die Aufgabe (gegebenenfalls Übernahme der Kundenanforderung).
- Der Funktionsvertrag wird erstellt (mit Angaben zur Aufgabe, Projekt, Wunschtermin, Umfang und Bezugsdokumenten) und an die ReUse-Teams gegeben.

- Der ReUse-Bearbeiter und der Projektbearbeiter sprechen den Antrag durch und legen gemeinsam die Umfänge und Termine fest.

- Der ReUse-Bearbeiter entscheidet über das Varianten- und Versionshandling und setzt die Aufgabe um.
- Nach Fertigstellung werden alle Unterlagen an den Projektbearbeiter übergeben.

Um eine möglichst hohe Wiederverwendung der erstellten Software zu erreichen, existieren für alle Entwickler verbindliche C-Programmierrichtlinien, die in den entsprechenden Reviews (z. B. QB2F) abgefragt werden.

Richtlinien für die Programmierung

In einer heterogenen, über Länder und Kontinente verteilten Entwicklung ist ein einheitliches Vorgehen bei der Erstellung der Software ein wesentlicher Bestandteil des „Time to Market"-Prozesses. Diese Richtlinien behandeln folgende Punkte für alle Programmierer verbindlich:

- Richtlinien, allgemein (Begriffe, Wortwahl, Abweichungshandling),
- Richtlinien für Software-Entwicklungen in C (Templates, Struktur),
- Definitions- und Deklarationsteil (Include, defines, typedefs),
- Kontrollanweisungen (if, for, while, break, return ...),
- Kodierungsvorgaben und -hinweise (Typecast, Arithmetik, Pointer),
- Seiteneffekte bei der Verwendung von Variablen (Alignment, Address),
- Hinweise zur Datenkonsistenz (preemptive) sowie
- Hinweise zur Ressourcenentlastung.

Diese Richtlinien dienen gleichzeitig auch als Wissensspeicher für eine effektive Code-Gestaltung, um den Beschränkungen in Bezug auf Speicherplatz und Laufzeit bei der Programmierung der Mikrocontroller entgegenzuwirken.

Tools zum Erstellen der Software

Neben den formalen Aspekten wie Prozess- und Programmierrichtlinien ist auch eine durchgehende Unterstützung der Tools für die Produktqualität von entscheidender Bedeutung. Das Bild 3 gibt einen Überblick über die aktuell im Einsatz befindlichen Tools für die verschiedenen Entwicklungsphasen. Wesentliche Kennzeichen dieser Tool-Kette sind:
- Durchgehender Support über den ganzen Entwicklungsprozess und
- Produkt-spezifische optimierte Lösungen mit zum Teil „In house" entwickelten Tools.

Wie bereits aus der Vielzahl der Tools zu ersehen ist, handelt es sich bei der Erstellung der Software für ein Steuergerät der neuesten Generation um einen sehr komplexen Prozess. Das Bild 4 soll einen „einfachen" Überblick vermitteln, wie die einzelnen Tools von der Spezifikation bis zum fertigen Steuergeräteprogramm zusammenspielen.

Beispielhaft werden nun zwei Bestandteile der Toolkette näher beschrieben:
- Design mit ASCET-SD und
- Fahrzeugsimulaton mit TCM-Simutec.

3 Tools im Entwicklungsprozess

Organisation: MS Project

Design	Proto-typing	Implemen-tation	Test
ASCET-SD StP	ASCET-SD	ESPRIT Innovator Codewright DAMOS++ ASCET-SD	INCA-PC TCM-LabCar ASCET-LabCar

Dokumentation: MS Word

UTS0327D

Erläuterung:

ASCET:	Advanced Simulation and Control Engineering Tool
ASCET-SD:	ASCET Software Developer
StP:	Software through Pictures (Fa. Aonix) zur OO-Modellierung
ESPRIT:	Engineering Software-Production User Interface for Tools
Innovator:	Software-Entwicklungsumgebung (MID)
Codewright:	Software-Entwicklungsumgebung (Premia)
DAMOS:	Datenbank für Mikrocontroller-orientierte Systeme
INCA-PC:	Integrated Car Application System
TCM-Simutec:	Fahrzeugsimulator
ASCET-LabCar:	Vehicle Simulator for HiL-Simulation
ClearCase:	Konfigurations-Management Tool

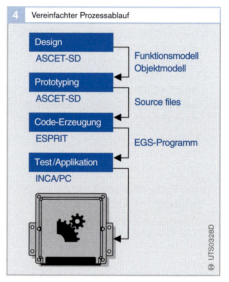

4 Vereinfachter Prozessablauf

Design	
ASCET-SD	Funktionsmodell Objektmodell
Prototyping	
ASCET-SD	Source files
Code-Erzeugung	
ESPRIT	EGS-Programm
Test/Applikation	
INCA/PC	

UTS0328D

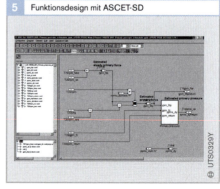

5 Funktionsdesign mit ASCET-SD

UTS0329Y

Design mit ASCET-SD

ASCET-SD (Bild 5) bietet für das Design von Software folgende Funktionalität:
- Interaktive Erzeugung von Funktionsbeschreibungen und Funktionsmodellen,
- eine grafische Benutzeroberfläche,
- Unterstützung von Objekt-orientiertem Design, Datenfluss-orientiertem Design und State-Maschinen.

Das Betriebssystem ERCOS^{EK} ist Bestandteil der Entwicklungsumgebung, und es ermöglicht die Ausführung einer Echtzeitsimulation des Funktionsmodells.

Für das Rapid-Prototyping von Funktionen bietet ASCET-SD folgende Unterstützung:
- ASCET-SD arbeitet als Bypass-Rechner für das Seriensteuergerät, d. h. einzelne Funktionen des Steuergeräts laufen im PC, während die anderen Funktionen weiterhin von der EGS ausgeführt werden (Bild 6).
- Die Verbindung erfolgt über CAN oder das INCA-ETK (Emulatortastkopf).

Der nächste Schritt ist die automatische C-Code-Erzeugung sowie die Erzeugung der entsprechenden Datendateien für die Applikation aus den Modellen.

Weitergehende Informationen finden Sie unter   http://www.etas.de

Fahrzeugsimulation mit TCM-Simutec

Zum Testen der Funktionalität einer Getriebesteuerung im Labor gibt es einen Simulator für die Fahrzeug- und Getriebeumgebung, der die Eingangssignale für die EGS bereitstellt. Das Bild 7 stellt einen solchen Simulator dar.

Der Simulator ist auf der Frontplatte mit diversen Drehpotenziometern sowie Schaltern und Tastern ausgestattet, die die Vorgabe der Eingangsgrößen wie Abtriebsdrehzahl, Positionshebelstellung, Getriebetemperatur usw. ermöglichen.

Auf der Oberseite des Simulators ist eine Breakbox angebracht, die einen Zugriff auf jeden Steuergerätepin gestattet. An diesen Buchsen lassen sich auch ohne Aufwand Messgeräte anschließen, um sich z. B. per Oszilloskop ein PWM-Signal eines Druckreglerausgangs zu betrachten.

Im Laborauto befinden sich außerdem Rechnerkarten, die die anderen Steuergeräte im Fahrzeugverbund (z. B. Steuergeräte für die Motorsteuerung, für ABS usw.) und auch deren Signale nachbilden.

Prozess und Reifegradmodell

Eine klare Definition des Entwicklungsprozesses und die entsprechende Umsetzung in den Projekten ermöglicht eine Softwareentwicklung, die sich mit einem Reifegradmodell wie CMM (Capture Maturity Model) bewerten lässt.

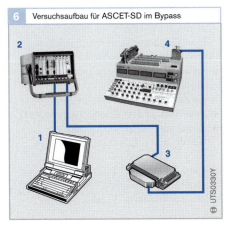

6 Versuchsaufbau für ASCET-SD im Bypass

UTS0330Y

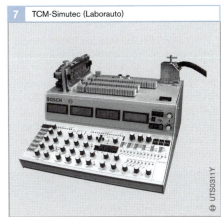

7 TCM-Simutec (Laborauto)

UTS0311Y

Bild 6
1 ASCET-SD und INCA-PC
2 ASCET-Hardware (ETAS ES 1000.2)
3 ETK
4 EGS-Simutec (Laborauto)

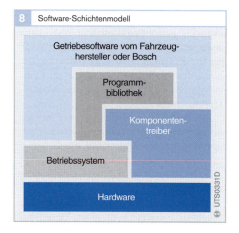

8 Software-Schichtenmodell

Getriebesoftware vom Fahrzeug-hersteller oder Bosch

Programm-bibliothek

Komponenten-treiber

Betriebssystem

Hardware

UTS0031D

Softwarestruktur

Innerhalb der Getriebesteuerung ist die im Folgenden näher beschriebene Software-struktur umgesetzt. Dieses „Schichten-modell" (Bild 8) umfasst
- die vom Fahrzeughersteller oder vom Zu-lieferer (in diesem Fall von Bosch) bereit-gestellte Anwendungssoftware (Getriebe-software) mit Programmbibliothek,
- das Betriebssystem,
- den Komponententreiber und
- die Hardware.

Die Entkopplung von Hardware und An-wendungssoftware gewährleistet eine ein-fache Portierbarkeit der Software auf neue Hardwareplattformen. Nur die zweite Schicht, bestehend aus Betriebssystem und Komponententreiber (BIOS), muss ange-passt werden.
　Im Folgenden soll nun der Inhalt für die einzelnen Schichten aufgegliedert werden:

Die Hardware des Steuergeräts, die erste Schicht des Software-Schichtenmodells, besteht aus dem Mikrocontroller (hier als Beispiel der MPC555), dem Speicher, den Schnittstellen (SPI, CAN und UART) und den Peripheriebausteinen (ASICs):

CPU-Kern-Timer und	SPI	TPU	MIOS	CAN (2)	UART (2)
Speicher, Hardware, Treiber usw.					

Auf dieser Hardware wird dann das Be-triebssystem mit seinen Services sowie die Hardware-nahe Software implementiert:

ERCOSEK (OS)	EEPROM driver	Hardware Input/Output	KWP 2000 driver
	Device driver	Device driver	Device driver

Die Interfaceschicht und Programmbiblio-thek für die Applikationssoftware enthält:

Diagnosis handling	Diagnosis monitoring functions	Security software (SSK)
EEPROM handling	KWP2000 application	Shift by wire functions

Anwendungssoftware (kundenspezifische Software) umfasst:

z. B. ASIS (RB/ZF) AGS (BMW)	Getriebe-Software
Software-Sharing (Schnittstelle)	

Betriebssystem

Zur Erfüllung der aktuellen Echtzeitanforde-rungen an ein Steuergerät ist der Einsatz eines OSEK-konformen Betriebssystems zwingend erforderlich. In den Getriebe-steuergeräten von Bosch kommt dafür das Betriebssystem ERCOSEK der Firma ETAS zum Einsatz (verfügbar für die verschiedens-ten Mikrocontroller).

Ein Betriebssystem gliedert sich in „Pro-zesse" und „Tasks" (Bild 9):
　Ein *Prozess* ist eine Funktion, die keinen Aufruf- und Rückgabeparameter besitzt.
　Eine *Task* besteht aus verschiedenen Prozessen und ist gekennzeichnet durch
- die sequenzielle Abarbeitung von Prozessen,
- die Zuordnung Prozesse → Task,
- jeder Task ist eine Priorität zugeordnet,
- Tasks lassen sich einem Zeitraster zuordnen.

Für den Taskwechsel gibt es entweder das „kooperative Scheduling" oder das „pre-emptive Scheduling" (Taskverwaltung):

Kooperatives Scheduling

Bei einem kooperativem Scheduling kann eine Task nur zwischen zwei Prozessen von einer Task mit höherer Priorität unterbrochen werden (Bild 10).

Die Vorteile dieses Verfahrens sind der geringe Speicherplatzbedarf (Registerbänke, Stack), die einfache Verwaltung und die Datenkonsistenz. Nachteile sind die begrenzte Antwortzeit (abhängig von der Prozesslaufzeit) und der Jitter auf der Taskperiode.

Preemptives Scheduling

Wegen der Nachteile des kooperativen Schedulings kommt das preemptive Scheduling bei Betriebssystemen zur Anwendung, die als Echtzeitsysteme arbeiten.

Bei diesem Scheduling kann eine Task mit höherer Priorität zu jedem Zeitpunkt eine niederpriore Task unterbrechen (Bild 11). Die Vorteile dieses Verfahrens sind die sehr kurzen Antwortzeiten, der kleine Jitter auf der Taskperiode sowie die von der Prozessimplementierung unabhängige Antwortzeit. Als Nachteil treten hierbei der erhöhte Speicherplatzbedarf (Stack, Registerbänke) sowie Probleme mit der Datenkonsistenz auf.

Mischen der Schedulings

ERCOS[EK] bietet die Möglichkeit, beide Arten des Schedulings in *einer* Anwendung zu mischen. Dazu dient eine Kombination aus Hardware- und Software-Scheduling. Das Bild 12 zeigt die Aufteilung zwischen

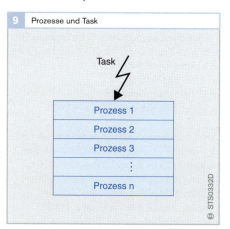

9 Prozesse und Task

STS0332D

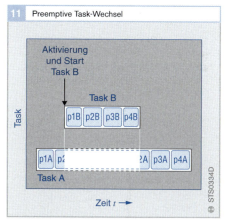

11 Preemptive Task-Wechsel

STS0334D

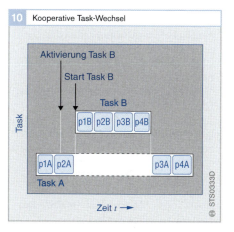

10 Kooperative Task-Wechsel

STS0333D

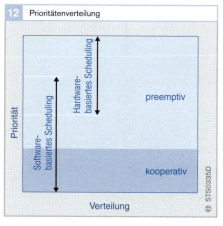

12 Prioritätenverteilung

STS0335D

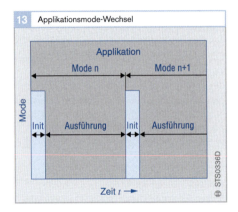

13 Applikationsmode-Wechsel

STS0336D

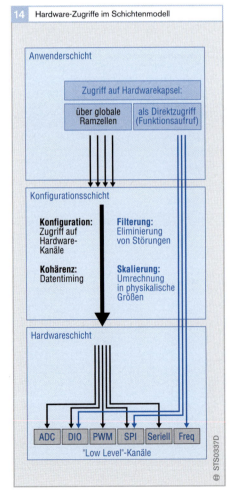

14 Hardware-Zugriffe im Schichtenmodell

STS0337D

„kooperativ" und „preemptiv" anhand der den Tasks zugeordneten Prioritäten.

Ein Software-Aufruf startet das Betriebssystem. Es kann verschiedene Applikations-Modes (z. B. verschiedene Task-Sätze für Initialisierung, Betrieb und Steuergeräte-nachlauf, Bild 13) unterstützen. Jeder Applikationsmode besteht dabei aus einer Initialisierungs- und einer Ausführungsphase. Während der Initialisierung eines Applikations-Modes sind Unterbrechungen (Interrupts) verboten.

Weiterführende Unterlagen zum Thema ERCOS^{EK} / OSEK gibt es im Internet unter:
http://www.etas.de
http://www.osek-vdx.org

Erfassung der Ein- und Ausgangsgrößen

Im Rahmen des Software-Schichtenmodells erfolgen Zugriffe auf die Hardware nach drei Schichten (Bild 14):
● Anwenderschicht,
● Konfigurationsschicht und
● Hardware-Schicht.

Als Umsetzungsbeispiele seien hier als Erstes der Zugriff (A) über globale RAM-Zellen aufgeführt. Die Tabelle 1 beschreibt den Namen der RAM-Zelle, die Signalrichtung (Eingang oder Ausgang), die Signalart (analog, digital, Frequenz oder PWM), die Beschreibung sowie die physikalische Umsetzung.

Das zweite Beispiel stellt einen Zugriff über (B) Funktionsschnittstellen dar. Der Aufbau der Tabelle 2 ist analog zur Tabelle 1, wobei anstelle der globalen RAM-Zelle ein Funktionsaufruf steht.

In der Konfigurationsschicht besteht das Ziel, bei der Umsetzung der Hardware-Zugriffe in eine reale Software die Unabhängigkeit von Plattform- und Projekt zu erreichen. Dies wird zum einen über den Einsatz von Tools realisiert, die automatisch den C-Code für den Zugriff auf die Hardware erzeugen, und zum anderen durch den Einsatz von C-Makros, die dann Prozessor-spezifisch aufgelöst werden.

1   Hardware-Zugriff über globale RAM-Zellen

RAM-Zelle	I/O	Typ		Inhalt	Skalierung
ugt_Batt	In	ANA	16 Bit	Batteriespannung	0...25 000 mV
CGT	In	ANA	8 Bit	Öltemperatur	−40...+215°C
ccu_Chip	In	ANA	8 Bit	Substrattemperatur	−40...+215°C
fgt_Fet	Out	DIG	8 Bit	Status HSD-Fet	0.. 1 (Ein/Aus)
fpo_L1	In	DIG	8 Bit	Wählhebel Pos 1	0..1 (Ein/Aus)
fpr_PinM	In	DIG	8 Bit	M-Taster	0..1 (Ein/Aus)
NAB	In	FREQ	16 Bit	Abtriebsdrehzahl	0...20 000 min⁻¹
NAB32	In	FREQ	8 Bit	Abtriebsdrehzahl/32	0...255 min⁻¹/32
NTU	In	FREQ	16 Bit	Turbinendrehzahl	0...20 000 min⁻¹
NTU32	In	FREQ	8 Bit	Turbinendrehzahl/32	0...255 min⁻¹/32
hmv1	Out	PWM	16 Bit	Magnetventil-Ausgabe	0...1000 Promille
idr1s	Out	ANA	16 Bit	Sollstrom Druckregler	0..12 000 mA

Tabelle 1

2   Hardware-Zugriff über Funktionen

Software-Funktion	I/O	Return value	Inhalt	Skalierung
GetHWIO_U_IgnRunCrnk()	In	ANA 16 Bit	Batteriespannung	0...32 V
GetHWIO_T_TransOil()	In	ANA 16 Bit	Öltemperatur	−40...+215°C
GetHWIO_b_HSD()	In	ANA 8 Bit	Status HSD-Fet	0...1 (Ein/Aus)
GetHWIO_e_TapUpDwnReq()	In	ENUM 8 Bit	Tipp(+/−)Funktion	0 x 00...0 x 40
TsHWIO_PRNDL GetHWIO_s_PRNDL(void)	In	DIG 8 Bit	Getriebebedienfeld	0...1
TsHWIO_FreqParams GetHWIO_s_NTU(void)	In	FREQ struct	Turbinendrehzahl	Zeitstempel + Zählerwert
TsHWIO_NAB_DualEdgeParams GetHWIO_s_NAB_DualEdge()	In	FREQ struct	Abtriebsdrehzahl, Flanke umschaltbar	Zeitstempel + Zählerwert + Betriebsflanke
SetHWIO_e_NAB_DualEdgeCptr Mode(BYTE)	Out	–	n_{ab} Flankenumschaltung	steigend, fallend, beide

Tabelle 2

Ein weiterer Bestandteil der Signalerfassung ist der Signalaustausch über die Kommunikationsschnittstelle. Dabei hat sich in den letzten Jahren der CAN-Bus (Controller Area Network) durchgesetzt.

CAN ersetzt den konventionellen Kabelbaum bzw. die bisher übliche Vernetzung der Steuergeräte (Bild 15). Dabei muss das Bussystem folgende Anforderungen erfüllen:
Echtzeitaktualisierung für
Sicherheitsfunktionen: 10 ms
Komfortfunktionen: 10...100 ms
Maximale Leitungslänge: 40 m

15   Steuergerätevernetzung

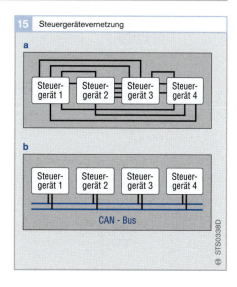

Bild 15
a   konventionell
b   mit CAN

3	Übertragungsraten in Abhängigkeit von der Leitungs-(Bus-)Länge	
Maximale Übertragungsrate kBit/s		**Buslänge m**
1000		40
500		100
250		250
125		500
40		1000

Tabelle 3

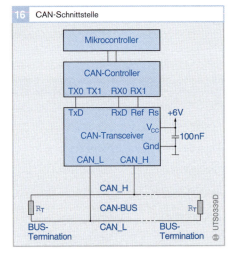

16 CAN-Schnittstelle

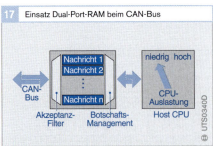

17 Einsatz Dual-Port-RAM beim CAN-Bus

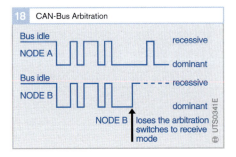

18 CAN-Bus Arbitration

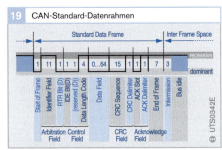

19 CAN-Standard-Datenrahmen

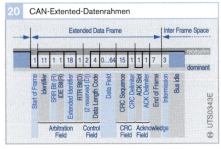

20 CAN-Extended-Datenrahmen

Des Weiteren muss das System unempfindlich gegenüber Temperatur und Feuchtigkeit sein. Der CAN-Bus hat sich inzwischen auch im Bereich der Automatisierungstechnik durchgesetzt. Die Tabelle 3 führt die maximal möglichen Übertragungsraten für verschiedene Leitungslängen auf.

Das Bild 16 zeigt die schaltungstechnische Umsetzung der CAN-Schnittstelle in einem Steuergerät.

Im Mikrocontroller selbst erfolgt das Message-Handling über ein Dual-Port-RAM (Bild 17). Da dieser RAM-Baustein, wie der Name schon sagt, von zwei Seiten beschrieben werden kann (CAN-Transceiver und Mikrocontroller), wird die CPU-Auslastung für die Signalübertragung stark entlastet.

Die komplette Arbitration (Botschaftsorganisation, wer darf wann senden) auf dem CAN-Bus führt der CAN-Transceiver eigenständig aus. Er benötigt keine Rechenleistung im Mikrocontroller (Bild 18). Innerhalb von CAN-Botschaften wird zwischen „Standard"- und „Extended"-Datenrahmen unterschieden (Bilder 19 und 20).

Folgende Daten kennzeichnen den
Standard-Datenrahmen (Bild 19):
Datenkapazität: 0...8 Bytes
Identifier-Länge: 11 Bits
Message-Länge: max. 130 Bits

Im Gegensatz dazu hat der Extended-Daten-
rahmen (Bild 20) folgende Kenndaten:
Datenkapazität: 0...8 Bytes
Identifier-Länge: 29 Bits
Message-Länge: max. 150 Bits.

Gangauswahl und adaptive Funktionen

Im Rahmen der Entwicklung hat die Getriebesteuerung mehrere Phasen bzw. Ausbau-
stufen durchschritten.

Die Grundfunktionen sowie die Adaptiv-
programme für Schaltpunkte und Drucksteuerung sind nun Standard im Bereich der
Elektronischen Getriebesteuerung (EGS).
Eine Differenzierung der unterschiedlichen
Marken und Fahrzeuge erfolgt dann durch
die verschiedenen Strategien bei der selbsttätigen Anpassung des Getriebes an den
Fahrstil und die Verkehrssituation. Dies ist
auch ein Bereich in der Software, der immer
mehr direkt vom Fahrzeughersteller besetzt
wird und nicht mehr in der Hand eines Zu-
lieferers liegt. Die Adaptivfunktionen für
Schaltpunktsteuerung und Drucksteuerung
wurden bereits in den Kapiteln „Schaltablaufsteuerung" und „Adaptive Drucksteuerung" behandelt.

Im Folgenden geht es nun um Bosch-
spezifische Umsetzungen von selbsttätigen
Anpassungen (Lernfunktionen). Die adaptive Schaltstrategie ermittelt zyklisch aus
Fahrerwunsch, Fahrzeugzustand und Fahrsituation eine Gangstufe. Sie ist adaptiv in
Bezug auf den Fahrertyp (Sportlichkeit) und
berücksichtigt dabei auch automatische
oder manuelle Gangvorgaben (Tipp-Betrieb,
wie z. B. von der Porsche-Tiptronic© oder
der BMW-Steptronic© her bekannt). Das
ganze Softwarepaket wurde für eine optimale Wiederverwendung Objekt-orientiert
modelliert.

Objekt-orientierter Ansatz

Fahrzeugsteuerung

Zum Einstieg zeigt das Bild 21 die Schaltkennlinien 1-2 HS bzw. 2-1 RS für ein Fahrprogramm.

Die Schaltkennlinien gemäß Bild 22
erweitern dieses System für verschiedene
Fahrprogramme von „Super Sparsam" (XE)
bis „Super Sportlich" (XS). Sie machen deutlich, dass sich der Hochschaltpunkt beim
sportlichen Fahrprogramm zu höherer Geschwindigkeit bzw. höherer Motordrehzahl
verschiebt und damit eine optimale Ausnutzung der Motorleistung erzielt.

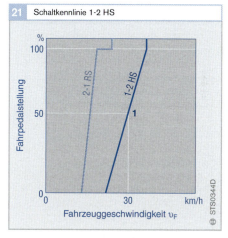

21 Schaltkennlinie 1-2 HS

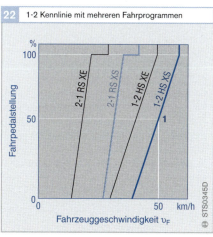

22 1-2 Kennlinie mit mehreren Fahrprogrammen

Bilder 21 und 22

1 Hochschaltung

Zur Auswahl einer Schaltkennlinie anhand des Fahrertyps und des Fahrwiderstands müssen diese erst einmal erfasst und bewertet werden. Dazu dient die in Bild 23 dargestellte *Gesamtstruktur Fahrzeugsteuerung*.

Einerseits gibt es die das Fahrzeug und seinen Zustand bestimmenden Größen:
- Getriebebedienfeld (GBF),
- das Getriebe selbst,
- der Motor,
- die Fahrpedalstellung und
- die Fahrzeuggrößen (z. B. Geschwindigkeit, Raddrehzahl usw.).

Andererseits gibt es die für die Schaltpunktauswahl maßgeblichen Größen:
- Fahrertyp,
- Fahrsituation und
- Fahrprogramm.

Deutlicher wird dies mit der neu geordneten Grafik *Gesamtstruktur Gangauswahl* in Bild 24. Jede dieser Größen ist dann nochmals untergliedert in verschiedene Teilbewertungen.

Die *Fahrertypbewertung* gibt an, ob der momentane Fahrstil sparsam oder sportlich geprägt ist. Dazu lässt sich die *Fahrertypermittlung* gemäß Bild 25 darstellen.

Das Ergebnis der Fahrertypermittlung ist ein *Fahrertypzähler* (Bild 26) mit einem zugeordneten Fahrprogramm (XE bis XXS).

Nach der Fahrertypbewertung erfolgt eine *Bergerkennung* (auf Basis des Fahrwiderstands des Fahrzeugs), die verschiedene Arten der Bergan- und Bergabfahrt mit folgender Zuordnung unterscheidet (Bild 27):

B0	Bergab 2
B1	Bergab 1
B2	Ebene
B3	Bergan 1
B4	Bergan 2

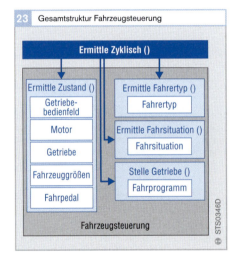

23 Gesamtstruktur Fahrzeugsteuerung

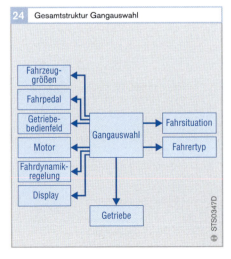

24 Gesamtstruktur Gangauswahl

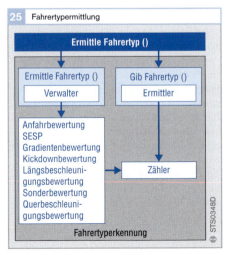

25 Fahrertypermittlung

Als Nächstes erfolgt die Ermittlung der -
Fahrsituation (Bild 28).

Übersetzungskriterien (UK)

Fahrertyp und Fahrsituation bilden eines
von drei Übersetzungskriterien (UK), die
alle unterschiedliche Funktionen aufweisen:

UK Fahrertyp

UK Fahrertyp macht einen Gangvorschlag
unter Verwendung einer Schaltkennlinie, abhängig vom jeweiligen Fahrertyp. Der Fahrer
dient damit als
Übersetzungslieferant (UL).

UK FastOff

UK FastOff verhindert Hochschaltungen,
wenn auf FastOff erkannt wurde, d. h., es
erfolgt eine
Schaltverhinderung (HSV, RSV).

UK GBF

UK GBF verändert die Prioritätenreihen-
folge der Übersetzungslieferanten, entsprechend der Bedienung des Getriebebedien-
feldes (GBF). Damit erfolgt eine der
Schaltsituation (SS)
angepasste Auswahl der UK.

Zusammenfassung

Folgende Eigenschaften lassen sich für die
Objekt-orientierte adaptive Fahrstrategie
zusammenfassen:

- zyklische Ermittlung der Gangstufe,
- Berücksichtigung von Fahrerwunsch,
  Fahrzeugzustand, Fahrsituation,
- adaptiv in Bezug auf Fahrertyp
  (Sportlichkeit),
- Aufteilung in ein statisches und ein
  dynamisches Fahrprogramm,
- automatische und manuelle Gangvorgabe
  (Tipp-Betrieb),
- neues, flexibles Priorisierungsverfahren
  sowie
- Objekt-orientierte Struktur.

27 Bergerkennung

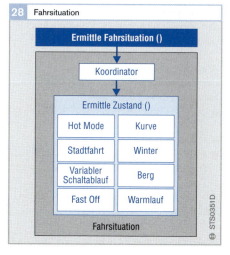

28 Fahrsituation

26 Fahrertypzähler

Anfahrbewertung
Gradientenbewertung
Querbeschleunigungsbewertung
"Kick Fast"-Bewertung
Sonderbewertung

Fahrertypzähler
0.....255

XE   E   S   XS   XXS
Fahrprogramm (Kennlinien)

Diagnosefunktionen

Neben den eigentlichen Funktionen zur Getriebesteuerung nehmen die Überwachungsfunktionen einen immer größeren Teil der Software ein. Zurzeit lassen sich ca. 30 % der im Steuergerät gespeicherten Software der Diagnose zuordnen.

Die gesamte Diagnose dient zur Erhöhung der Fahrsicherheit und mithilfe der Ersatzfunktionen auch zur höheren Verfügbarkeit des Systems. Dabei muss die Diagnoseverwaltung folgende Funktionen zur Verfügung stellen:

- Verwaltung des Fehlerspeichers,
- CARB-Fehlerverwaltung, applizierbar für jeden einzelnen Fehler-Code (nur bestimmte Fehler verändern das Abgasverhalten des Fahrzeugs und sind damit für CARB relevant),
- Filterung (Zeit- und Ereignis-gesteuert),
- Anforderung von Maßnahmen (Ersatzfunktionen, Notlauf),
- Bereitstellung der Daten zur Applikation der Diagnoseverwaltung für jeden einzelnen Fehlertyp,
- Überwachungsfunktionen rufen die Diagnoseverwaltung auf; diese hat deshalb nur wenige Aufrufe in den Task-Listen.

Fehlerspeicher

Der Fehlerspeicher gliedert sich in verschiedene Teilbereiche, die auch unterschiedlich in Bezug auf den Speicherplatz und nach dem Eingang des Signals „Zündung aus" behandelt werden.

Primärfehlerspeicher (PFS)

Der Primärfehlerspeicher (PFS) weist folgende Eigenschaften auf:

- gesichert im nicht flüchtigen Speicher (EEPROM),
- typisch 10 Speicherplätze,
- enthält Fehlercode/-art, Umweltbedingungen, CARB-/„Warm up"-Zähler und Flags.

Sekundärfehlerspeicher (SFS)

Der Sekundärfehlerspeicher (SFS) weist folgende Eigenschaften auf:

- ein Speicherplatz für jeden Fehlercode (nur im flüchtigen RAM),
- enthält Filter, Zeitstempel und verschiedene Flags,
- steuert den internen Programmablauf über die Flags.

Backup-Fehlerspeicher (BFS)

Der Backup-Fehlerspeicher (BFS) weist folgende Eigenschaften auf:

- Anwendung optional,
- Ringspeicher, gesichert im nicht flüchtigen Speicher,
- typisch 5 bis 10 Speicherplätze,
- enthält Fehlereinträge, die aus dem PFS gelöscht wurden.

Snapshot-Speicher

Der Snapshot-Speicher ist optional und enthält weitere Umweltbedingungen für den ersten PFS-Eintrag.

Die Einträge in diese Fehlerspeicher können in der Werkstatt mithilfe des Diagnosetesters ausgelesen werden und geben wichtige Hinweise für die Reparatur des Fahrzeugs.

Überwachungsfunktionen

Die folgende Beschreibung befasst sich mit den wichtigsten Überwachungsfunktionen in einer Getriebesteuerung:

Magnetventilüberwachung

Für die Überwachung eines Magnetventils im Getriebe gelten folgende Bedingungen:

- Ansteuerung erfolgt im PWM-Betrieb,
- alternativ On-/Off-Funktion (100 %/0 % PWM),
- PWM mit Grundfrequenz 1 kHz,
- Puls-Pausen-Verhältnis abhängig von der Versorgungsspannung,
- Sprung von ca. 95 % auf 100 % im PWM-Betrieb,
- für Diagnose analoge Rückführungen, getrennt für Zustand „Ein" und „Aus",
- generelle Prüfbedingung: Batteriespannung $\geq$ Schwelle (7 V),
- Fehlererkennung nach Tabelle 4.

4 Magnetventilüberwachung				
PWM (%)	KSMU	KSM	U	KSP
0	–	HW	HW	–
0…5	–	SW	SW	–
5…95	–	SW	SW	SW
95…100	–	–	–	SW
100	HW	–	–	HW

Erläuterung:

PWM	Pulsweitenmodulation
KSMU	Kurzschluss nach Masse oder Unterbrechung
KSM	Kurzschluss nach Masse
U	Unterbrechung
KSP	Kurzschluss nach Plus
HW	Diagnose durch Hardware
SW	Diagnose durch Software

Eine weitere Methode der Magnetventil-überwachung ist die Auswertung von ISIG (**In**ductive **Sig**nature). Sie überwacht den Spannungsverlauf am Magnetventil und wertet den Einbruch (U_{ISIG}) aus, der sich durch das Bewegen des Schiebers einstellt (Bild 29). Ziel hierbei ist es, die mechanische Funktion des On-/Off-Ventils zu überwachen. Da es sich nur um einen sehr kleinen und sehr kurzen Spannungseinbruch (t_{ISIG}) handelt, muss hierfür eine spezielle Auswerteschaltung eingesetzt werden.

Druckreglerüberwachung
Da die Funktion der Druckregler maßgeblich für die Funktion des Getriebes sind, müssen diese permanent überwacht werden.

Programmablaufkontrolle (PAK)
Die **P**rogramm**a**blauf**k**ontrolle (PAK) stellt das Erkennen folgender Vorfälle sicher:
- Vertauschungen,
- doppelte Ausführung von Code-Teilen und
- Überspringen von Code-Teilen.

Jedes Modul bzw. jeder für die Sicherheit relevanter Code-Teil muss am Beginn und am Ende eine Prüfstelle haben, damit ein korrekter Durchlauf mit maximal hoher Wahrscheinlichkeit sichergestellt ist. Die Nummern repräsentieren das jeweilige Modul (Funktion oder Prozess). Sie liegen im Bereich von 0 bis 9. Die Beziehung der

Reihenfolge stellt der Prüfsummenalgorithmus (MISR-Verfahren) sicher.

Jedes Raster (je 10-, 20- und 30-ms-Raster) hat einen eigenen Enumerator und liefert eine eigene Teilantwort. Nach der letzten abgeprüften Stelle in einem PAK-Teil muss ein „Complete Check" erfolgen, der die jeweilige PAK-Teilantwort mithilfe von Korrekturwerten generiert. Die Teilantworten werden XOR-verknüpft und bilden so die Gesamtteilantwort der PAK zur Frage-Antwort-Kommunikation. Als Eingangsgröße in die PAK (genauer in jeden der PAK-Teile) dient die aktuelle Frage, d. h., der Programmablauf wird Frage-abhängig überwacht. Während der Initialisierungsphase muss ein Dummy die PAK-überwachten Stellen nachbilden, weil sie in der Initialisierung nicht durchlaufen werden.

Tabelle 4

Wenn Fehler in der PAK auftreten, d. h. erkannt werden, wird eine falsche Gesamtteilantwort der PAK gebildet, was seinerseits zum Senden einer inkorrekten Gesamtantwort an das Überwachungsmodul (Watchdog im externen ASIC, siehe auch Abschnitt „ASIC") führt. Dieses inkrementiert seinen Fehlerzähler um 1 (eine fehlerfreie Gesamtantwort führt zu einer Dekrementierung bis minimalen Fehlerzählerstand 0). Das Überwachungsmodul schaltet die Endstufen bei Erreichen des Fehlerzählerstands 5 ab, bei Fehlerzählerstand 7 löst es einen Reset aus.

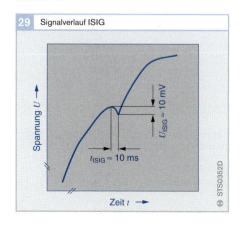

29 Signalverlauf ISIG

Bild 29
U_{ISIG} Spannungseinbruch
t_{ISIG} Zeitspanne für Spannungseinbruch

Elektrohydraulische Aktuatoren

Elektrohydraulische Aktuatoren (auch Aktoren genannt) bilden die Schnittstelle zwischen der elektrischen Signalverarbeitung (Informationsverarbeitung) und dem Systemprozess (Mechanik). Sie setzen die Stellsignale geringer Leistung in eine Stellkraft mit der für den Prozess erforderlichen erhöhten Leistung um.

Anwendung und Aufgabe

Die gegenwärtig am meisten verbreiteten Getriebetypen (AT, CVT, AST) verfügen über Aktuatoren für die unterschiedlichsten Funktionen. Die Tabelle 1 gibt einen Überblick über die wichtigsten Einsatzfälle und zeigt die Verknüpfung zwischen den Getriebefunktionen und den einsetzbaren Aktuatortypen auf.

Die Aktuatoren sind wesentliche Schalt- und Steuerelemente der elektrohydraulischen Getriebesteuerung. Sie kontrollieren den Ölfluss und die Druckverläufe in der hydraulischen Steuerplatte. Man unterscheidet folgende Aktuatortypen:
1. On-/Off-Magnetventile (On/Off, o/o)
2. Pulsweitenmodulierte Magnetventile (PWM)
3. Druckregler Schieber (DR-S)
4. Druckregler Flachsitz (DR-F)

In den meisten Automatikgetrieben dienen diese Aktuatoren gegenwärtig als „Vorsteuerelemente", deren Ausgangsdruck bzw. Volumenstrom in der hydraulischen Steuerplatte verstärkt wird, bevor er die Kupplungen bedient. Demgegenüber können „Direktsteller" ohne diese Verstärkung die Kupplungen mit entsprechend hohem Druck und Volumenstrom versorgen.

Anforderungen

Aus dem Einbauort (am Getriebe innerhalb der Ölwanne) ergeben sich weitreichende Anforderungen und anspruchsvolle Einsatzbedingungen für die zur Anwendung kommenden Aktuatoren. Bild 1 fasst diese Anforderungen zusammen.

Da künftig immer mehr Getriebe über eine „lebenslange" Ölfüllung verfügen, also keinen Getriebeölwechsel benötigen, verbleiben Abrieb und Schmutzpartikel aus dem Einlaufvorgang während des gesamten Betriebs im Ölkreislauf. Auch zentrale Ansaugfilter und Einzelfilter auf den Aktuatoren können nur Partikel über einer bestimmten Größe zurückhalten. Zu feine Filter würden sich bald zusetzen.

Dazu kommt, dass die Laufleistung der Getriebe immer höher wird: 250 000 km sind für übliche Pkw mindestens vorauszusetzen, für Taxibetrieb und ähnliche Einsatzbedingungen weit mehr.

Im Unterschied zu vielen anderen Elektromagneten (z. B. in ABS-Ventilen) müssen Aktuatoren für die Getriebesteuerung im gesamten Temperaturbereich auf 100 % Ein-

1 Getriebefunktionen und zugehörige Aktuatoren				
Stufen-Automatikgetriebe (AT)				
Funktion	**Aktuatortyp**			
	PWM	DR-F	DR-S	On/Off
• Hauptdruck regeln/steuern	X	X	X	
• Gangwechsel auslösen: 1-2-3-4-5-6		X		X
• Schaltdruck modulieren	X	X	X	
• Wandlerkupplung schalten/regeln	X	X		X
• Rückwärtsgangsperre				X
• Sicherheitsfunktionen		X		X

Stufenlose Automatikgetriebe (Pulley-CVT)				
Funktion	**Aktuatortyp**			
	PWM	DR-F	DR-S	On/Off
• Übersetzung verstellen		X	X	
• Bandspannung regeln		X	X	
• Anfahrkupplung steuern	X	X	X	
• Rückwärtsgangsperre				X

Automatisiertes Schaltgetriebe (AST)
Übliche elektromotorische Betätigung:
• Gangwechsel auslösen
• Kupplung betätigen
• Sicherheitsfunktionen (fail-safe)

Tabelle 1

schaltdauer ausgelegt sein, da sie z. B. während des „Gang-Haltens" den Druck halten oder während der Fahrt eine Wandlerkupplung regeln müssen. Daraus leitet sich die Notwendigkeit zur Begrenzung der Verlustleistung und entsprechend groß dimensionierte Kupferwicklungen ab.

Fahrzeug- bzw. getriebespezifische Funktionscharakteristika (Schalt- bzw. Regelverhalten, technische Kenndaten), auf den Einsatzfall zugeschnittene elektrische und hydraulische Schnittstellen und der Zwang zu Miniaturisierung und Kostenreduzierung sind weitere Randbedingungen für die Entwicklung von Aktuatoren für die Getriebesteuerung.

Aufbau und Arbeitsweise

Automatikgetriebe benötigen *Schaltventile* für die einfachen Ein-Aus-Schaltvorgänge und/oder *Proportionalventile* für die stufenlose Druckregelung. Bild 2 zeigt verschiedene Möglichkeiten der Umsetzung eines Eingangssignals (Strom bzw. Spannung) in ein Ausgangssignal (Druck). Grundsätzlich lässt sich ein proportionales oder ein umgekehrt proportionales Verhalten der Aktuatoren realisieren.

Ein-Aus-Ventile werden in der Regel spannungsgesteuert betrieben, d. h. die Batteriespannung liegt an der Kupferwicklung an. Der Hydraulikteil des Ventils ist entweder als Öffner (stromlos geschlossen, englisch: normally closed, n.c.) oder als Schließer (stromlos offen, englisch: normally open, n.o.) ausgeführt.

PWM-Schaltventile eignen sich wegen ihres pulsweitenmodulierten Eingangssignals (Strom mit konstanter Frequenz, variables Verhältnis von Ein- zu Ausschaltzeit) als Drucksteller, deren Ausgangsdruck proportional bzw. umgekehrt proportional zum „Tastverhältnis" verläuft. Man spricht von steigender oder fallender Kennlinie.

Druckregelventile schließlich werden mit einem geregelten Eingangsstrom betrieben und können ebenfalls mit steigender oder fallender Kennlinie ausgeführt sein. Hierbei handelt es sich um eine analoge Ansteuerung, während das PWM-Ventil digital angesteuert wird.

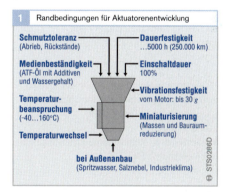

1 Randbedingungen für Aktuatorenentwicklung

Schmutztoleranz (Abrieb, Rückstände)
Dauerfestigkeit …5000 h (250.000 km)
Medienbeständigkeit (ATF-Öl mit Additiven und Wassergehalt)
Einschaltdauer 100%
Vibrationsfestigkeit vom Motor: bis 30 g
Temperaturbeanspruchung (–40…160°C)
Miniaturisierung (Massen und Bauraumreduzierung)
Temperaturwechsel
bei Außenanbau (Spritzwasser, Salznebel, Industrieklima)

STS0286D

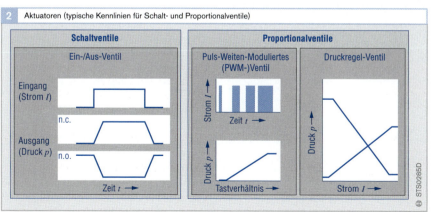

2 Aktuatoren (typische Kennlinien für Schalt- und Proportionalventile)

Schaltventile

Ein-/Aus-Ventil

Eingang (Strom I)

Ausgang (Druck p)
n.c.
n.o.

Zeit t →

Proportionalventile

Puls-Weiten-Moduliertes (PWM-)Ventil

Strom I
Zeit t →

Druck p
Tastverhältnis →

Druckregel-Ventil

Druck p
Strom I →

STS0286D

Aktuatorausführungen

Überblick

Die folgenden Ausführungen behandeln Beispiele von gängigen Aktuatoren für die Getriebesteuerung mit ihren Kennwerten und Charakteristika (Übersicht Bild 1). Die Beispiele beziehen sich auf Vorsteuerungsaktuatoren, die in einem Druckbereich von 400 bis ca. 1000 kPa arbeiten und auf ein Verstärkungselement in der Hydrauliksteuerung des Getriebes wirken. Schieberkolben innerhalb der Hydrauliksteuerung verstärken den Druck und/oder den Volumenstrom.

Die beschriebenen Aktuatoren können im konkreten Anwendungsfall an ihren Schnittstellen entsprechend den Bedingungen im Getriebe gestaltet sein, z.B.
- mechanisch (Befestigung),
- geometrisch (Einbauraum),
- elektrisch (Kontaktierung) oder
- hydraulisch (Schnittstelle zur Steuerplatte).

Die Funktionsdaten müssen konstruktiv an die Anforderungen im Getriebe angepasst sein, insbesondere hinsichtlich
- Zulaufdruck und
- Dynamik (d. h. Reaktionsgeschwindigkeit und Regelstabilität).

On-/Off-Magnetventile

On-/Off-Magnetventile (Bild 2) sind als einfache „3/2-Ventile" (3 Hydraulikanschlüsse/ 2 Schaltstellungen) am weitesten verbreitet. Sie sind, verglichen mit den in der Stationärhydraulik eher üblichen 4/3-Ventilen, deutlich einfacher aufgebaut und deshalb kostengünstig. Sie haben aber auch nicht die Nachteile der 2/2-Ventile (wie hohe Leckage oder begrenzten Durchfluss, bedingt durch deren Zusammenwirken mit einer externen Blende).

2 On-/Off-Magnetventile (Ansicht und Ölfluss)

a

b

F_{Mag}

1

p_{Kup}

p_{Zul}

F_{Zul}

UTS0313Y

UTS0287Y

Bild 2
a Ansicht als Schaltventil mit Kugelsitz
b Ölfluss im Ventil
1 Rücklauf zum Tank
F_{Mag} Magnetkraft
F_{Zul} Zulaufdruckkraft
p_{Zul} Zulaufdruck
p_{Kup} Kupplungsdruck

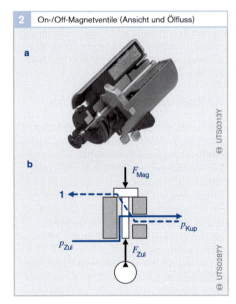

1 Aktuatoren (Überblick mit Ausführungsbeispielen)

Magnetventile

Schaltventile

PWM-Ventile

Hydraulik-Modul

Druckregler

Flachsitzventile

Schieberventile

UTS0288D

On-/Off-Magnetventile kommen hauptsächlich in den einfachen 3- oder 4-Gang-
Getrieben ohne Überschneidungssteuerung
zum Einsatz. Bei fortschrittlichen bzw. auf-
wändigen Getriebesteuerungen kommen sie
jedoch immer weniger zum Einsatz (eventuell noch für Sicherheitsfunktionen). Ein
Druckregler steuert die Gangwechsel.

Bei dem in Bild 3 gezeigten 3/2-Schaltventil
(n.o.) steht der von der Getriebepumpe erzeugte Zulaufdruck p_{Zul} vor dem Flansch an
(P) und schließt den Kugelsitz. Diese Eigen-
schaft wird als „selbstabdichtend" bezeichnet. Da stromlos im Arbeitsdruckkanal (A)
kein Druck anliegt, handelt es sich um ein
„stromlos geschlossenes" Ventil.
    In diesem Zustand ist der Arbeitsdruck,
der letztlich den Verbraucher (z. B. eine
Kupplung) versorgt, direkt mit dem Rücklauf zum Tank (Ölwanne) verbunden, sodass sich ein dort anstehender Druck ab-
bauen oder ein enthaltenes Ölvolumen entleeren kann.
    Beim Anlegen von Strom an die Wicklung
des Schaltventils reduziert die entstehende
Magnetkraft den Arbeitsluftspalt, und der
Anker bewegt sich samt dem mit ihm fest
verbundenen Stößel in Richtung Kugel und
öffnet diese. Das Öl fließt zum Verbraucher
(von P nach A) und baut dort den Pumpendruck auf. Gleichzeitig schließt der Rücklauf
zum Tank.

Bild 4 stellt die Kennlinie des 3/2-Schalt-
ventils mit den Schaltzyklen des Drucks dar.

Ein Schaltventil diesen Typs bietet folgende
Eigenschaften:
● geringe Kosten,
● unempfindlich gegenüber Schmutz,
● geringe Leckage und
● einfache Ansteuerelektronik.

Einsatzgebiete von On-/Off-Schaltventilen
sind:

● **Gangwechsel**
  bei Mehrfachverwendung derselben
  Hauptdruckregler.

● **Sicherheitsfunktionen**
  z. B. hydraulisches Sperren des Rückwärtsgangs bei Vorwärtsfahrt.

● **Wandlerüberbrückungskupplung**
  Zu- und Abschalten (aus Wirtschaftlich-
  keits- und Komfortgründen oft mit
  PWM-Ventil oder Druckregler geregelt).

● **Umschalten Registerpumpe**
  für zwei verschiedene Durchflussbereiche
  über o/o gewählt (hauptsächlich bei CVT-
  Getrieben).

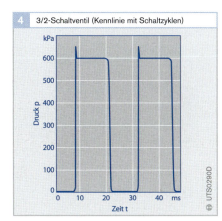

3 3/2-Schaltventil (Schnittbild)

A
T
P
p_{Zul}

UTS0289Y

4 3/2-Schaltventil (Kennlinie mit Schaltzyklen)

kPa
600
500
Druck p 400
300
200
100
0
0   10   20   30   40   ms
Zeit t

UTS0290D

Bild 3
A   Arbeitsdruckkanal
P   Zulauf
T   Rücklauf zum Tank
p_{Zul} Zulaufdruck

Kenndaten
(typisches Beispiel):
Zulauf-   400...600 kPa
druck
Durch-   > 2,5 $l \cdot min^{-1}$
fluss
Betriebs-   9...16 V
spannung
Wider-   12,5 Ω
stand
Zahl der   2 · 10⁶
Schalt-
spiele

PWM-Ventile

Prinzipiell sind PWM-Ventile (Bild 5) genau so aufgebaut wie Schaltventile. Da sie mit einer Frequenz von 30...100 Hz arbeiten, müssen sie für eine höhere Schaltgeschwindigkeit (Dynamik) und höhere mechanische Beanspruchung (Verschleiß) ausgelegt sein. Letzteres gilt besonders dann, wenn ein PWM zur Hauptdruck-Steuerung eingesetzt und während der gesamten Fahrzeuglaufzeit betrieben wird.

Diese Anforderungen wirken sich auch auf die Konstruktion aus. Die Darstellung im Schnitt (Bild 6) zeigt die Ausbildung einer Krempe am Anker, die für eine hohe Magnetkraft und eine hohe hydraulische Dämpfung im Schließfall sorgt. Der relativ lange Stößel nimmt Impulskräfte auf. Ein ringförmiger Sitz dichtet den Zulaufdruck im dargestellten stromlosen Zustand zum Arbeitsdruckkanal hin ab.

Diese Ausführung hat im Vergleich zum Kugelsitz den Vorteil, dass der Zulaufdruck nur auf minimale Flächen wirkt. Diese Flächen sind außerdem noch zum größten Teil Druck-ausgeglichen. Das heißt, der anstehende Zulaufdruck wirkt öffnend und schließend, sodass im Wesentlichen die Druckfeder für ein sicheres Schließen sorgt. Dabei sind nur geringe Öffnungskräfte aufzubringen, was zu einer hohen Dynamik (Schaltgeschwindigkeit) führt und die Spulengröße und -induktivität gering hält.

Zusatzforderungen hinsichtlich der Genauigkeit der Kennlinien stellen höhere Anforderungen an die Präzision bei der Fertigung der Ventilbauteile und bei deren Montage als bei einem reinen Ein-/Aus-Schaltventil.

Insgesamt weisen PWM-Ventile folgende Eigenschaften auf:

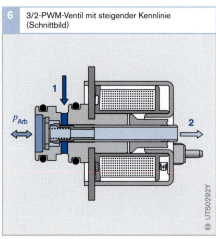

5 PWM-Ventil (Ansicht und Ölfluss)

UTS0312Y

UTS0287Y

a Ansicht PWM-Ventil im Schnitt
b Ölfluss im Ventil
1 Rücklauf zum Tank

F_{Mag} Magnetkraft
F_{Zul} Zulaufdruckkraft
p_{Zul} Zulaufdruck
p_{Kup} Kupplungsdruck

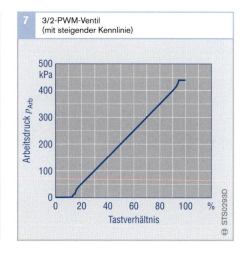

6 3/2-PWM-Ventil mit steigender Kennlinie (Schnittbild)

UTS0292Y

7 3/2-PWM-Ventil (mit steigender Kennlinie)

STS0293D

Bild 6
1 Zulauf von Pumpe
2 Rücklauf zum Tank
p_{Arb} Arbeitsdruck

- geringe Kosten,
- unempfindlich gegenüber Schmutz,
- frei von Hysterese,
- geringe Leckage und
- einfache Ansteuerelektronik.

Von Nachteil sind dagegen
- Pulsation des Drucks und
- Abhängigkeit der Kennlinie vom Zulaufdruck.

Einsatzgebiete der nachfolgend beschriebenen PWM-Ventile mit steigender Kennlinie bzw. hohem Durchfluss sind:
- Steuerung der Wandlerüberbrückungskupplung,
- Kupplungssteuerung und
- Hauptdrucksteuerung.

3/2-PWM-Ventil mit steigender Kennlinie

Die Druck-ausgeglichene rohrförmige Konstruktion des Schließelements dieses PWM-Ventils (Bild 6) resultiert in geringen Massenkräften. Auch dieser Umstand kommt der Forderung nach schnellen Schaltzeiten, geringer Geräuschemission und Dauerhaltbarkeit entgegen. Die ausgeprägte Linearität der Kennlinie (Bild 7) in einem weiten Kennlinien- und Temperaturbereich ist ein wichtiger Vorteil für die Anwendung im Fahrzeug.

Die Kennlinien-Endbereiche lassen leichte Unstetigkeiten erkennen. Diese verursacht

der Übergang vom Betriebszustand „Schalten" in den Betriebszustand „Halten" (im geschlossenen bzw. geöffneten Zustand). In diesen eng begrenzten Bereichen ist diese Ungenauigkeit tolerierbar.

3/2-PWM-Ventil mit hohem Durchfluss

Das PWM-Ventil mit hohem Durchfluss hat prinzipiell den ähnlichen Aufbau wie das zuvor beschriebene Standard-PWM-Ventil, stellt jedoch größere Öffnungsquerschnitte bei größerem Durchmesser und längerem Öffnungshub des Schließelements bereit (Vergleich in Tabelle 1). Dieser Aufbau erfordert eine größere Kupferwicklung mit einer höheren Magnetkraft (Bilder 8 und 9).

1	Technische Daten der PWM-Ventile im Vergleich			
PWM-Ventilbauart			**Kennlinie steigend**	**Mit hohem Durchfluss**
Zulaufdruck	kPa		300…800	400…1200
Durchfluss (bei 550 kPa)	l·min⁻¹		> 1,5	> 3,9
Taktfrequenz	Hz		40…50	40…50
Spulenwiderstand	Ω		10	10
Abmessungen: Durchmesser	mm		25	30
freie Länge	mm		30	42

Tabelle 1

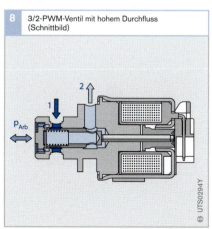

8 3/2-PWM-Ventil mit hohem Durchfluss (Schnittbild)

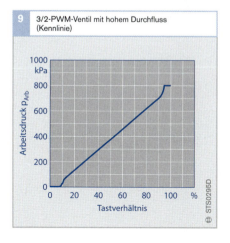

9 3/2-PWM-Ventil mit hohem Durchfluss (Kennlinie)

Arbeitsdruck p_{Arb} / kPa

Tastverhältnis / %

STS0295D

Bild 8
1 Zulauf von Pumpe
2 Rücklauf zum Tank
p_{Arb} Arbeitsdruck

Druckregler

Bei den Analogventilen zur Druckregelung kommen zwei Prinzipien zur Anwendung (Bild 10):

- Der Druckregler in *Schieberausführung* öffnet eine Steuerkante am Zulauf und schließt gleichzeitig eine Steuerkante zum Tankrücklauf (Zweikantenregler). Die Position des Reglerkolbens ergibt sich aus dem Kräftegleichgewicht, abhängig von der eingeprägten Magnetkraft, dem geregelten Druck und der Federkraft.
- Der Druckregler in *Flachsitzausführung* arbeitet als einstellbares Überdruckventil (Einkantenregler).

Bei beiden Prinzipien greift der geregelte Druck direkt in das Kräftegleichgewicht ein, weshalb vollständige Regelkreise vorliegen. Die folgende Beschreibung erläutert die Prinzipien „Flachsitz" und „Schieber" nun anhand von Ausführungsbeispielen.

Schieber-Druckregler DR-S

Der Schieber-Druckregler (Bilder 11 bis 13) arbeitet als Zweikantenregler. Der geregelte Druck wird zwischen Einlass- und Auslass-Steuerkante abgegriffen. Er ergibt sich in Abhängigkeit von deren Öffnungsverhältnis. Der Maximaldruck stellt sich bei geöffnetem Einlass und geschlossenem Auslass ein, der Null-Druck bei umgekehrten Verhältnissen. Dazwischen verändert dieser Druckregler seine Kolbenstellung im Kräftegleichgewicht zwischen Druckkraft, Federkraft und Magnetkraft proportional zum Strom, der durch die Spule fließt, und stellt dem entsprechend den Regeldruck ein.

Die Rückführung des geregelten Drucks auf die Stirnfläche des Reglerkolbens über einen Ölkanal in der Steuerplatte des Getriebes schließt den Regelkreis (äußere Rückführung). Der Regeldruck kann auch über einen gestuften Kolben oder andere Maßnahmen als resultierende Kraft in das Kräftegleichgewicht und somit in den Regelkreis einbezogen werden (interne Rückführung).

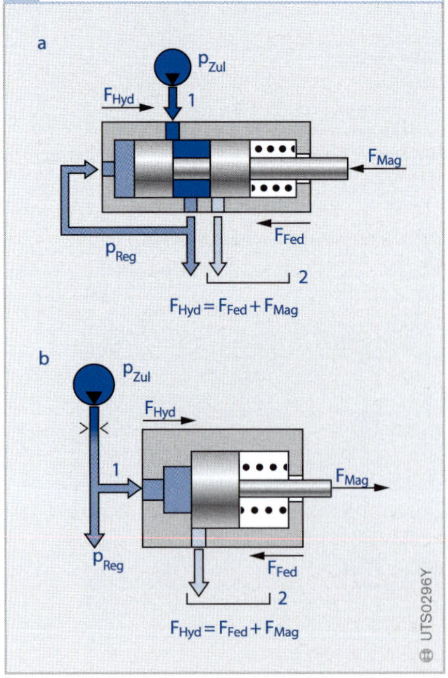

Bild 10
a Schieber-
   ausführung
b Flachsitz-
   ausführung
1 Zulauf von Pumpe
2 Rücklauf zumTank
F_{Fed} Federkraft
F_{Hyd} Hydraulikdruckkraft
F_{Mag} Magnetkraft
p_{Reg} Regeldruck zur
   Kupplung
p_{Zul} Zulaufdruck von
   Pumpe

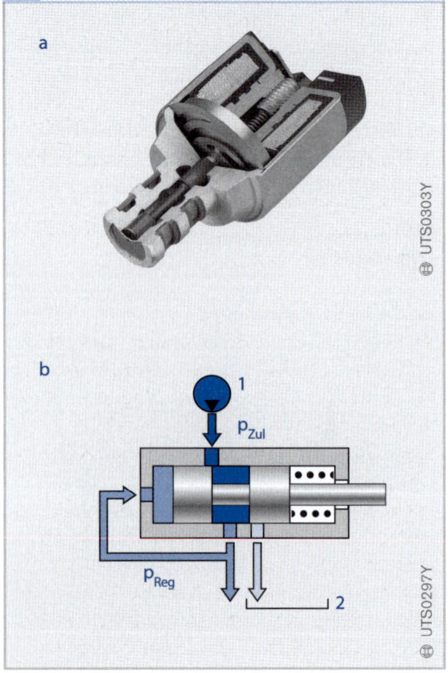

Bild 11
a Ansicht Schieber-
   Druckregler im
   Schnitt
b Ölfluss im Ventil
1 Zulauf von Pumpe
2 Rücklauf zumTank
p_{Reg} Regeldruck zur
   Kupplung
p_{Zul} Zulaufdruck von
   Pumpe

10 Druckregler (Prinzipdarstellung)

a

p_{Zul}
F_{Hyd} 1
F_{Mag}
F_{Fed}
p_{Reg}
2
$$F_{Hyd} = F_{Fed} + F_{Mag}$$

b

p_{Zul}
F_{Hyd}
1
F_{Mag}
p_{Reg}
F_{Fed}
2
$$F_{Hyd} = F_{Fed} + F_{Mag}$$

UTS0296Y

11 Schieber-Druckregler D30 (Ansicht und Ölfluss)

a

UTS0303Y

b

1
p_{Zul}
p_{Reg}
2

UTS0297Y

Vorteile des Schieber-Druckreglers sind:
● hohe Genauigkeit,
● unempfindlich gegenüber Störgrößen,
● geringer Temperaturgang,
● unempfindlich gegen Systemleckage,
● geringe Leckage und
● Null-Druck erreichbar.

Nachteile des Schieber-Druckreglers sind:
● Aufwändige Fertigung der Präzisionsteile und
● Präzisionselektronik erforderlich.

Dieser Druckregler ermöglicht durch die Kombination einer reibungsfreien Lagerung (Membranfeder) mit einem mit Teflon beschichteten Gleitlager geringste Hysterese und optimale Genauigkeit. Die Ausstattung mit einem Schieber macht ihn weitgehend unempfindlich gegenüber den Einflüssen von Systemleckage, Schwankungen des Zulaufdrucks oder Temperaturänderungen.

Der in den Bildern 11 und 12 gezeigte Druckregler in Schieberausführung mit den typischen technischen Daten gemäß Tabelle 2 weist nicht die Nachteile des nachfolgend beschriebenen „Flachsitz-Druckreglers" auf, ist aber aufgrund seiner hochwertigeren Einzelteile (aufwändiger Flansch, präzise bearbeiteter Reglerkolben) teurer als der Flachsitz-Druckregler.

Wie beim Flachsitz-Druckregler gibt es Ausführungen mit steigender und fallender Kennlinie (Bild 13).

Flachsitz-Druckregler DR-F

Wie beim „Schieber-Druckregler" handelt es sich auch beim Flachsitz-Druckregler um ein „Proportionalventil". Die Magnetkraft ist proportional zum Strom, der durch die Spule fließt. Der hydraulische Druck wirkt über die Fühlfläche auf das Kräftegleichgewicht ein. Um einen definierten Ausgangszustand zu erreichen, kann der Druckregler zusätzlich über eine Druckfeder verfügen. Der Regeldruck ergibt sich durch Druckabbau infolge des Abströmens von Öl über einen veränderlichen Querschnitt zurück zum Tank.

2	Technische Daten des Schieber-Druckreglers DR-S (typisch)		
Zulaufdruck		kPa	700...1600
geregelter Druck		kPa	typisch 600...0
Strombereich		mA	typisch 0...1000
Ansteuerfrequenz		Hz	≤ 600
Abmessungen			
Durchmesser		mm	32
freie Länge		mm	42

Tabelle 2

12 Schieber-Druckregler D30 (Schnittbild)

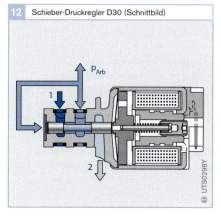

Bild 12
1   Zulauf von Pumpe
2   Rücklauf von Tank
p_{Arb} Arbeitsdruck

13 Schieber-Druckregler (Kennlinie fallend)

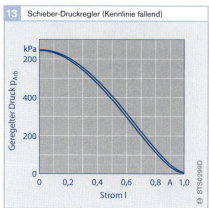

Beim Flachsitz-Druckregler handelt es sich also im Wesentlichen um ein einstellbares Druckbegrenzungsventil mit hydraulischer Regelfunktion.

Die wesentlichen Eigenschaften des Flachsitz-Druckreglers sind:
● hohe Genauigkeit,
● kostengünstig,

- unempfindlich gegenüber Störgrößen,
- unempfindlich gegenüber Schmutz,
- hohe Leckage,
- Restdruck vorhanden (abhängig von Temperatur) und
- aufwändige Elektronik.

Flachsitz-Druckregler, fallende Kennlinie
Die Bilder 14 bis 16 zeigen das Beispiel eines Flachsitz-Druckreglers D30 mit fallender Kennlinie.

Der Druckregler arbeitet zusammen mit einer Blende (Durchmesser 0,8...1,0 mm), die entweder extern in der Hydrauliksteuerung angeordnet oder direkt im Druckregler integriert ist. Die letztere Blendenausführung hat den Vorteil, dass eine genauere Abstimmung der Druckreglercharakteristik (der variablen Blende am Flachsitz) mit der

vorgeschalteten Festblende erfolgen kann. Geeignete Maßnahmen können sogar eine gewisse Kompensation des Temperaturgangs ermöglichen.

Dieser beispielhaft beschriebene Druckregler ist besonders hinsichtlich geringer Hysterese und engem Toleranzband der Druck-Strom-Kennlinie optimiert. Diese Eigenschaften ergeben sich durch die Verwendung hochwertiger Magnetkreis-Materialien und moderner Fertigungsverfahren.

Da das Verhältnis der hydraulischen Widerstände beider Blenden nicht beliebig klein werden kann, weist die Druck-Strom-Kennlinie eines typischen Flachsitz-Druckreglers einen „Restdruck" auf, der mit sinkender Temperatur zunimmt. Die Hydrauliksteuerung des Getriebes muss diesem

Bild 14
a   Ansicht Flachsitz-
    Druckregler im
    Schnitt
b   Ölfluss im Ventil
1   Zulauf von Pumpe
2   Blende
3   Kupplung
4   Rücklauf zum Tank

Bild 15
1   Zulauf von Pumpe
2   Rücklauf zum Tank
p_{Arb} Arbeitsdruck

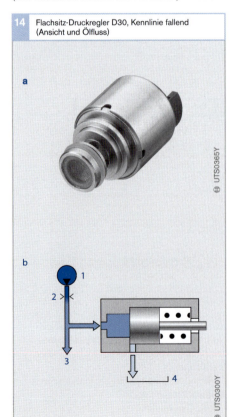

14   Flachsitz-Druckregler D30, Kennlinie fallend
     (Ansicht und Ölfluss)

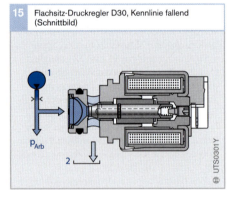

15   Flachsitz-Druckregler D30, Kennlinie fallend
     (Schnittbild)

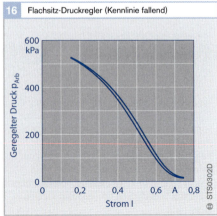

16   Flachsitz-Druckregler (Kennlinie fallend)

Umstand Rechnung tragen: Der für die Regelung nutzbare Bereich beginnt demnach nicht bei 0 kPa, sondern bei einem entsprechend höheren Druck.

Ein weiterer Nachteil des Flachsitz-Druckreglers tritt besonders dann zutage, wenn in einem Getriebe mehrere solcher Druckregler zur Anwendung kommen: systembedingt tritt ein permanenter Ölstrom durch den geöffneten Druckregler zurück zum Ölsumpf auf, der zu Energieverlusten führt und unter Umständen den Einsatz einer Getriebeölpumpe mit höherem Volumenstrom erzwingt. Diese Nachteile lassen sich durch zusätzlichen Aufwand am Aktuator oder in der Hydrauliksteuerung vermeiden. Allerdings gehen dadurch die Hauptvorteile des Flachsitz-Druckreglers (einfacher Aufbau und niedrige Kosten) teilweise wieder verloren. Welche Möglichkeiten dabei die „Closed End"-Funktion bietet, wird nachfolgend behandelt.

Flachsitz-Druckregler, steigende Kennlinie (Miniaturausführung)
Der Flachsitz-Druckregler D20 (Bilder 17 bis 19) hat durch die Anwendung einer hochpräzisen Kunststofftechnik noch einmal eine deutliche Bauraum- und Kostenreduzierung erfahren.

Bei einem Durchmesser von wenig mehr als 20 mm erreicht er eine hohe Genauigkeit der Kennlinie bei geringstem Platzbedarf.

17 Flachsitz-Druckregler D20, Kennlinie steigend (Ansicht im Schnitt)

a

UTS0314Y

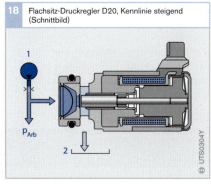

18 Flachsitz-Druckregler D20, Kennlinie steigend (Schnittbild)

1

p_{Arb}

2

UTS0304Y

Bild 18
1 Zulauf von Pumpe
2 Rücklauf zum Tank
p_{Arb} Arbeitsdruck

3 Technische Daten der Flachsitz-Druckregler im Vergleich

Druckregler-Bauart		D30 Kennlinie fallend	D20 Kennlinie steigend
Zulaufdruck	kPa	500…800	500…800
Geregelter Druck typisch	kPa	40…540	40…540
Strombereich typisch	mA	150…770	150…770
Ansteuerfrequenz	Hz	600…1000	
Chopper-Frequenz	Hz		600…1000
Abmessungen Durchmesser freie Länge	mm mm	30 33	23 42

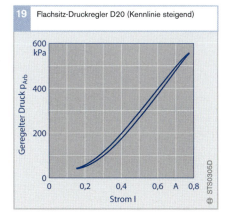

19 Flachsitz-Druckregler D20 (Kennlinie steigend)

STS0305D

Tabelle 3

Festlegung des Druckreglertyps

Die Entscheidung, ob ein Flachsitz-Druck-regler, ein Schieber-Druckregler oder gar ein PWM-Ventil im Getriebe zur Anwendung kommt, hängt von vielen Aspekten ab. Einige technische Kriterien kamen bei der Beschreibung der einzelnen Typen bereits zur Sprache.

Diese Kriterien sind noch einmal in Tabelle 4 gegenübergestellt. Die darin genannten Zahlenwerte für Genauigkeiten gelten nicht absolut, sondern nur relativ zueinander. Sie geben grobe Anhaltswerte, wobei sich die Verhältnisse abhängig vom jeweiligen Fahrzeugtyp durchaus auch unterscheiden können, beispielsweise in Abhängigkeit von konstruktiven Details wie
- Einstellbarkeit des Kräftegleichgewichts,
- Einstellbarkeit der Magnetkraft,
- Verwendung von Spezialwerkstoffen im Magnetkreis,
- Abstand zwischen Zulaufdruck und maximalem Regeldruck

und systembedingten Kriterien wie
- Art der Steuerung,
- Dämpfungseigenschaften des Nachfolgesystems,

- Einbaulage (horizontal, vertikal),
- Einbauort (über oder unter Öl oder wechselnd),
- Abgleichbarkeit des Regelkreises („End of Line"-Programmierung) und
- Schmutzkonzentration und Schmutzzusammensetzung.

Nicht zu unterschätzen sind jedoch auch Auswahl-Kriterien wie
- Erfahrung des Anwenders mit einem bestimmten Typ (Vertrauensniveau, Risiko).
- Traditionen im Hause des Anwenders, die auch zu einem einseitigen Erfahrungsschatz führen können.
- Vorhandene Steuerungskonzepte, für die der Überarbeitungsaufwand beim Wechsel des Reglertyps als zu groß eingeschätzt wird.
- Eine Kostenbetrachtung erfolgt teilweise unter Gesichtspunkten „Reduzierung der Kosten für Fremdbezug". Eine Betrachtung der Gesamtkosten unter Einbeziehung z. B. des Aufwands in der Eigenfertigung der Steuerplattenbearbeitung ist für den Anwender schwierig (bestehende Einrichtungen …).

4 Kriterien für die Aktuatorauswahl			
Kriterium	**Schieber-Druckregler DR-S**	**Flachsitz-Druckregler DR-F**	**3/2-PWM-Ventil**
Aufwand im Hydrauliksystem	unempfindlich gegen-über Schwankungen des Zulaufdrucks	konstanter Zulaufdruck Zulaufblende	konstanter Zulaufdruck Dämpfung
Genauigkeit: Vergleichswert (Exemplarstreuung)	$\approx 7\%$ (Rückführung) $\pm 5...\pm 25$ kPa (abhängig von Kennlinienbereich)	$\approx 11\%$ $\pm 5...\pm 30$ kPa (abhängig von Kennlinienbereich)	$\approx 13\%$ (Steuerung) ± 20 kPa (konstant)
Einfluss des Zulaufdrucks bei $p_{zu} = 800 \pm 50$ kPa	$p_C = 400 \pm 0,2$ kPa	$\Delta p_C \approx 0,2 \cdot \Lambda_{p_{zu}}$	$\Delta p_C \sim \Delta p_{zu}$
Leckage	typ. 0,3 $l \cdot min^{-1}$	0,3...1,0 (...0) $l \cdot min^{-1}$	0...0,5...0 $l \cdot min^{-1}$ (ohne Elastizität)
Geräusch	–	–	gegebenenfalls Dämpfung erforderlich
Kosten	Hoch	Mittel	Gering

Tabelle 4

Simulationen in der Entwicklung

Anforderungen

Für neue Getriebegenerationen werden die Entwicklungszeiten („Time to Market") immer kürzer. Schon recht früh nach Projektstart müssen erprobungsfähige Aktuatoren mit für die Getriebe spezifischen Funktionsdaten zur Verfügung stehen. Um den hohen Anforderungen an die Qualität und die Zuverlässigkeit Rechnung tragen zu können, bedarf es umfangreicher Tests und Erprobungen mit Prototypen. Der früher übliche iterative Weg über Rekursionen und Modifikationen ist künftig unter den Gesichtspunkten „Zeit" und „Kosten" nicht mehr gangbar.

Künftig erfolgen Funktionsprognosen und Analysen von Auffälligkeiten im Produktentstehungsprozess anhand „virtueller Prototypen" zunehmend früher und unterstützen zumindest die experimentelle Entwicklung.

Die rechnergestützte Auslegung von Magnet- und Hydraulikkreisen bilden somit die Basis für eine Simulation der statischen und dynamischen Eigenschaften der Aktuatoren im Getriebesystem. Mithilfe dieser Simulation lassen sich Funktionen optimieren und Eigenschaften unter Grenzbedingungen untersuchen.

Funktionssimulation

Mithilfe der 1D-Simulation lassen sich z.B. die Eigenschaften von Druckregelventilen in ihrer Systemumgebung simulieren. Dazu gehören Druck-Strom-Kennlinien, Temperaturgang, Dynamik usw. unter verschiedenen Randbedingungen oder geometrischen Größen.

Die Funktionssimulation des Aktuators im (Sub-)System erfolgt für zum Beispiel die Größen:
- Kennlinie,
- Dynamik,
- Temperatureinfluss,
- Einfluss von Zulaufdruckschwankungen und
- „Worst-case"-Studien, Fertigungstoleranzen.

Strömungssimulation

Das bei Bosch verwendete Tool „Fire" zur Berechnung hydraulischer Verluste und Strömungskräfte erlaubt es zum Beispiel, Geometrien des Hydraulikteils eines Druckregelventils so zu optimieren, dass Strömungseinflüsse auf die Druck-Strom-Charakteristik unter allen auftretenden Betriebsbedingungen minimiert und Strömungsquerschnitte optimiert werden.

Als Beispiel stellt Bild 1 den simulierten Strömungsverlauf sowie die Druckverteilung bei einem Druckregler in Flachsitz-Ausführung dar.

1 Simulation „Strömungsverlauf" und „Druckverteilung" in einem Druckregler DR-F

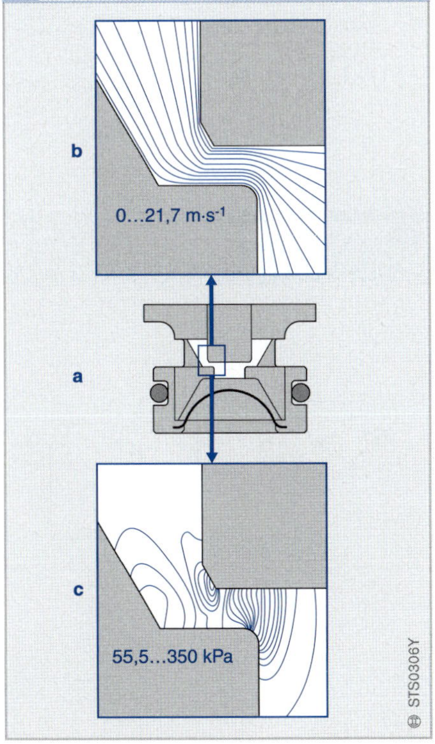

b

$0...21{,}7 \ \mathrm{m \cdot s^{-1}}$

a

c

$55{,}5...350 \ \mathrm{kPa}$

STS0306Y

Bild 1
a   Druckregler (Hydraulikteil)
b   Strömungsverlauf
c   Druckverteilung

Magnetkreisberechnung

Ein „Finite Elemente"-Programm (wie „MAXWELL 2D" oder „Edison") dient der Auslegung des Magnetkreises und damit der Auslegung der Druck-Strom-Charakteristik eines Druckregelventils. Es lässt sich aber auch für die optimale Ausnutzung des vorhandenen Bauraums (Baugrößenreduzierung) und des Werkstoffs eines Magnetkreises (Magnetkrafterhöhung, Bild 2) oder die Anpassung des Kraft-Weg-Verlaufs an den Bedarf anwenden.

Die Simulation der Magnetkraft erfolgt zum Beispiel für:
- Dimensionierung,
- Layout für Magnetkraft-Kennlinie,
- Wirbelstromverluste und
- Fertigungstoleranzen.

Folgende Verbesserungen wurden als Ergebnis der Simulation umgesetzt (Beispiel in Bild 2):
- Lage und Form des Arbeitsluftspalts,
- optimierte Querschnitte für einen stärkeren Magnetfluss und
- Neuauslegung des Arbeitsluftspalts und der parasitären Luftspalte (Geometrie, Lage).

Grundlagen der 1D-Simulation

Bewegungsgleichung mit Kraftbilanz

Die Bewegungsgleichung mit der Kraftbilanz lautet:

$$F_{ges} = \sum (F_M + F_p + F_S + F_R + F_D + F_F) = 0$$

Mit den Größen

F_M Magnetkraft,
F_p Druckkraft,
F_S Strömungskraft,
F_R Reibkraft,
F_D Dämpfungskraft und
F_F Federkraft

oder gemäß Bild 3:

$$F_{ges} = m\ddot{x} + d\dot{x} + cx$$

Mit den Größen

m bewegte Masse,
d Dämpfung,
$\ddot{x}$ Beschleunigung,
$\dot{x}$ Geschwindigkeit,
x Weg,
c Federsteifigkeit.

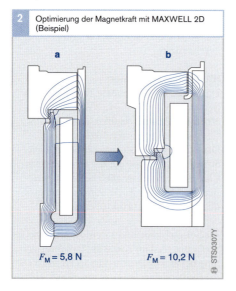

2   Optimierung der Magnetkraft mit MAXWELL 2D (Beispiel)

a   b

$F_M = 5,8$ N $F_M = 10,2$ N

STS0307Y

Bild 2
a   Grundmodell
b   Optimierung
F_M Magnetkraft

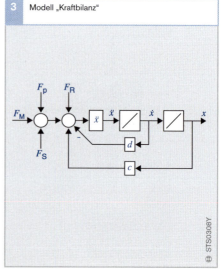

3   Modell „Kraftbilanz"

STS0308Y

Druckberechnung in einer Kammer

Für die Druckberechnung in einer Kammer gilt:

$$\frac{dp}{dt} = \frac{\beta_{\text{Öl}}}{V_{\text{Öl}}} \cdot Q$$

Dabei sind:

$\beta_{\text{Öl}}$ Kompressionsmodul der Druckflüssigkeit,
$V_{\text{Öl}}$ Kammervolumen,
Q Summenvolumenstrom.

Der in die Kammer fließende Summen-volumenstrom, der für den Druckaufbau verantwortlich ist, ergibt sich aus (Bild 4):

$$Q = (Q_{\text{E}} - Q_{\text{A}})$$

Dabei sind:

Q Summenvolumenstrom,
Q_{A} Ausgangsvolumenstrom,
Q_{E} Eingangsvolumenstrom.

Durchflussberechnung an einer Blende

Der Volumenstrom an einer Blende ergibt sich aus (Bild 5):

$$Q = \alpha_{\text{d}} \cdot A_{\text{o}} \cdot \sqrt{\frac{2 \cdot \Delta p}{\varrho}} \; ;$$

wobei

$$\Delta p = p_1 - p_3$$

Dabei sind:

α_{d} Durchflusskoeffizient,
A_{o} Querschnittsfläche einer Blende,
ϱ Dichte des Mediums,
Δp Druckdifferenz,
p_1 Druck an der Stelle 1,
p_3 Druck an der Stelle 3.

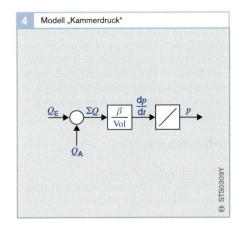

4   Modell „Kammerdruck"

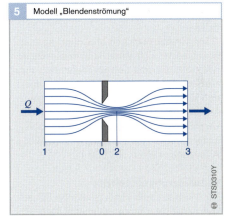

5   Modell „Blendenströmung"

Module für Getriebesteuerung

Module sind kompakte Funktions- und Baueinheiten. Sie ermöglichen die Integration verschiedener standardisierter Bauelemente bei geringstem Bauteileaufwand und Bauraum sowie vereinfachten Schnittstellen. Je nach Grad der Integration gibt es hydraulische, elektrische oder elektrohydraulische Module.

Anwendung

Mechatronische Module

Da die Anzahl der Sensoren und Aktuatoren im Automatikgetriebe zunimmt, der zur Verfügung stehende Bauraum aber eher abnimmt, liegt der Schritt zur fortschreitenden Integration nicht nur aus Kostengründen nahe:

In „Mechatronischen Modulen" können verschiedene Aktuatoren und Sensoren, deren Kontaktierung und gegebenenfalls sogar ein Steuergerät unterschiedlich kombiniert und zu einem Steuerungssystem zusammengefasst sein. Der Integrationsgrad bzw. der Umfang eines mechatronischen Moduls hängt von den Anforderungen des jeweiligen Fahrzeugherstellers ab (Bild 1).

Verbesserungspotenzial

Die Modultechnik bietet gegenüber Einzelkomponenten ein umfangreiches Verbesserungspotenzial (Bild 2).

Die Module haben gegenüber Einzelkomponenten folgende Vorteile:
- reduzierter Bauraum,
- reduzierte Masse,
- weniger Einzelteile,
- erhöhte Zuverlässigkeit,
- Standardisierung der im Modul integrierten Bauteile und damit
- reduzierte Kosten.

Diese Vorteile ergeben sich im Wesentlichen durch Vereinfachungen an den mechanischen und elektrischen Schnittstellen zwischen den Einzelkomponenten und dem Getriebe. Auf diesem Gebiet bieten sich auch in Zukunft noch weitere Ansätze zur Kostenreduzierung.

Bei einer weiteren Steigerung des komplexen Aufbaus der Module könnten aber auch Nachteile auftreten; denn ein Hersteller der Module muss die Kompetenz für das Gesamtspektrum der darin enthaltenen Komponenten haben. Da die Trennbarkeit der Komponenten bei einem eventuellen Fehler erschwert ist, könnten erhöhte Folgekosten sowohl bei Montagefehlern als auch bei Reparaturen entstehen. Deshalb stellen mechatronische Systeme sehr hohe Anforderungen an die Qualität und Zuverlässigkeit bei der Fertigung und setzen geeignete Vorkehrungen für die Durchführbarkeit späterer Reparaturen voraus.

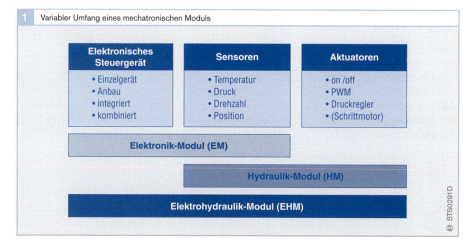

1 Variabler Umfang eines mechatronischen Moduls

2   Verbesserungspotenzial durch Modultechnik

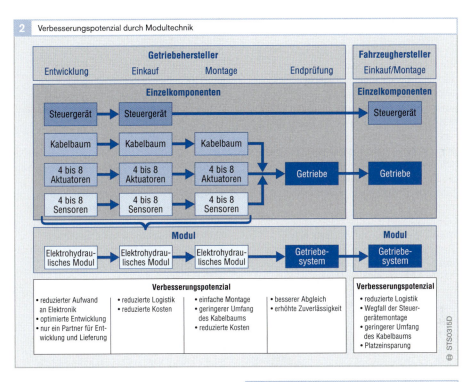

Getriebehersteller				**Fahrzeughersteller**
Entwicklung	Einkauf	Montage	Endprüfung	Einkauf/Montage

Verbesserungspotenzial

- reduzierter Aufwand an Elektronik
- optimierte Entwicklung
- nur ein Partner für Entwicklung und Lieferung

- reduzierte Logistik
- reduzierte Kosten

- einfache Montage
- geringerer Umfang des Kabelbaums
- reduzierte Kosten

- besserer Abgleich
- erhöhte Zuverlässigkeit

Verbesserungspotenzial

- reduzierte Logistik
- Wegfall der Steuergerätemontage
- geringerer Umfang des Kabelbaums
- Platzeinsparung

STS0315D

Modulausführungen

3   Hydraulikmodul HM 5R55 (Beispiel Ford)

Hydraulikmodule (HM)

Das Hydraulikmodul (HM) (Beispiel Bild 3) ist der erste Schritt zur vereinfachten Montage von Modulen. Es enthält folgende Komponenten (im Wesentlichen Sensoren und Aktuatoren):

- Druckregler (1),
- PWM-Ventil (2),
- integrierte Schaltventile (4),
- auf den Fahrzeugtyp abgestimmter Getriebestecker,
- Temperatursensor,
- elektrische Verbindungen und
- gemeinsame Filterdichtung zwischen Modulgehäuse und Adapterplatte mit
- Hydraulikkanälen (5).

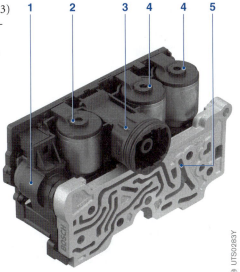

UTS0283Y

Bild 3
1   Druckregler
2   PWM-Ventil
3   Getriebestecker
4   integrierte Schaltventile
5   Adapterplatte mit Hydraulikkanälen

Elektronikmodule (EM)

Aufbau

In der nächsten Entwicklungsstufe erfolgt die Verschmelzung von Mechanik und Elektronik zum mechatronischen Elektronikmodul (EM), bestehend aus Sensoren und Steuergerät. Es bietet in vielen Fällen die Möglichkeit zur Systemvereinfachung und Kostenreduzierung.

Elektronikmodule gibt es bereits in verschiedenen Ausprägungen. Allen gemeinsam ist die optimale Anpassung an ihre Umgebung wie die Beispiele in den Bildern 4 bis 6 zeigen.

Modul von Bosch für ZF-Getriebe

Die hoch entwickelte Getriebefunktionalität mit Echtzeitberechnungen benötigt einen 32-Bit-Mikrocontroller (Motorola MPC555).

4 Elektronikmodul von Siemens-VDO

UTS0316Y

Das bedeutet, dass je nach Anwendung bis zu 250 Anschlüsse entflochten werden müssen. Neben der empfindlichen Signalaufbereitung benötigt die elektronische Getriebesteuerung eine

● Leistungselektronik mit einem hochgenauen Stromregler (1 A mit 1 % Genauigkeit) für die Druckregelung sowie
● Halbleiterrelais für Ströme bis 8 A.

Weitere Funktionen sind:
● Spannungsversorgung,
● Sicherheitsüberwachung und
● Bussystem CAN zur Datenübertragung.

Zum System gehören außerdem noch:
● elektrisch angesteuerte Druckregelventile und Magnetventile,
● Positionssensor,
● Drehzahlsensoren,
● Temperatursensor und
● Getriebestecker.

Die Umweltbedingungen, die auf das Getriebe einwirken, stellen eine besondere Herausforderung dar:

Die Temperatur erreicht zeitweilig 140 °C. Außerdem treten Beschleunigungswerte bis 30 g auf. Zudem ist die Elektronik vollständig vom Getriebeöl umgeben, das Schmutz, Abriebpartikel sowie chemische Additive enthält (siehe auch Kapitel „Automatische Getriebe AT" Abschnitt „Getriebeöl/ATF").

5 Elektronikmodul von Conti-TEMIC

UTS0317Y

6 Elektronikmodul von Bosch für ZF 6HP26

UTS0284Y

Elektrohydraulische Module (EHM)

Eine Erweiterung der Komponenten des Elektronikmoduls mit der zusätzlichen Integration von Aktuatoren führt zum Elektrohydraulischen Modul (EHM).

Ein elektrohydraulisches Modul besteht demnach aus
- Sensoren,
- Aktuatoren und
- Steuergerät.

Das Bild 7 zeigt ein elektrohydraulisches Modul:

Ein dreiteiliger Komponententräger aus Kunststoff hält die im Modul integrierten Komponenten. Ein Stanzgitter, das zum Schutz gegen Schmutz und Metallspäne zwischen den Kunststoffbauteilen liegt, enthält die elektrische Verdrahtung. Die Kontaktierung der Bauteile im Stanzgitter erfolgt durch Laserschweißung bzw. durch eine spezielle Schneid-Klemm-Verbindungstechnik.

7   Elektrohydraulisches Modul

UTS0223Y

Bild 7
1   Getriebestecker
2   Druckregelventile
3   Drehzahlsensor
4   Steuergerät in
      Mikrohybridtechnik
5   Positionssensor

Literaturverzeichnis

L 1
Bosch Technische Berichte, Band 7, 1983

L 2
G. Lechner, H. Naunheimer: Fahrzeuggetriebe,
Springer-Verlag, 1994

L 3
Oberhauser, Vetter:
Mechatronische Getriebesysteme,
expert-Verlag, 2001

L 4
K. Neuffer:
Elektronische Getriebesteuerung von Bosch,
ATZ 1992

L 5
Engelsdorf, Danner, Kühn, Meißner, Müller:
Getriebesteuerung im Trend der Mechatronik,
VDI-Tagung 1998

L 6
Göbel, Engelsdorf, Danner:
Elektronik mitten ins Getriebe; preiswert aufgrund
„teuerer Technologien",
IMAPS-Seminar, Göppingen 2000

L 7
Schumacher:
Aktuatorik und Sensorik zur Steuerung
von Automatikgetrieben,
TAE-Seminar, Esslingen 2001

L 8
Schleupen, R., Reichert, W., Tauber, P., Walter, G.:
Electronic Control Systems in Microhybrid
Technology, Robert Bosch GmbH,
SAE 95 04 31, Detroit, Michigan, 27. 2.–2. 3. 1995

L 9
Genzel, M., Schmid, Th., Schuch, B., Hettich, G.:
Erfahrungen bei der Entwicklung integrierter
Steuerelektronik für hohe Einsatztemperaturen
in Getrieben,
Temic mikroelectronic GmbH,
VDI-Berichte Nr. 1393,
Getriebe in Fahrzeugen 1998, Friedrichshafen

L 10
Prof. Tenberge:
Automatikgetriebe mit Esprit,
Uni Chemnitz, 2001

L 11
H. Dach:
Pkw-Automat-Getriebe.
Verlag Moderne Industrie, 2001

L 12
K.-H. Senger, K. Engelsdorf:
Ein mechatronisches Steuermodul für CVT,
VDI-Tagung Wolfsburg, 11/1994

L 13
Berger, Fischer, Salecker:
Von der automatisierten Kupplung zum
automatisierten Schaltgetriebe,
VDI-Tagung 1998

L 14
LuK Internetseiten

Abkürzungen

A

ABS: Antiblockiersystem
AC: Alternating Current (Wechselstrom)
ACEA: Association des Constructeurs
Européens d'Automobiles
AGM: Absorbent Glass Mat (AGM-Batterie)
AGS: Adaptive Getriebesteuerung
AMT: Automated Manual Transmission
ASC: Anti-Slipping-Control
ASEAN: Association of Southeast Asian Nations
ASG: Automatisiertes Schaltgetriebe
AS-HEV: Axle-Split-Parallelhybrid
ASIC: Application Specific Integrated Circuit
ASR: Antriebs-Schlupf-Regelung
AST: Automated Shift Transmission
ASTM: American Society for Testing and Materials
AT: Automatic Transmission; Automatikgetriebe
(Stufenautomat)
ATF: Automatic Transmission Fluid (Getriebeöl)
AVT: Aufbau- und Verbindungstechnik

B

B10: Blend (Mischung) von Dieselkraftstoff mit
10 % Biodiesel
B100: reiner Biodiesel (100 %)
BDE: Benzin-Direkteinspritzung
BIOS: Basic Input Output System
BMELV: Bundesministerium für Ernährung,
Landwirtschaft und Verbraucherschutz
BMS: Batteriemanagementsystem
BPP: Bipolarplatte
BS: Betriebssystem
BtL: Biomass-to-Liquid (synthetischer Kraftstoff
aus Biomasse)
BZ: Brennstoffzelle

C

CAFÉ: Corporate Average Fuel Efficiency
CAN: Controller Area Network
CARB: California Air Resource Board
CH2: Compressed Hydrogen (Druckwasserstoff)
CH4: Methan
CMM: Capture Maturity Model
CNG: Compressed Natural Gas (Erdgas)
CO: Kohlenmonoxid
CO$_2$: Kohlendioxid
CtL: Coal-to-Liquid (synthetischer Kraftstoff
aus Kohle)
CVT: Continuous Variable Transmission
(stufenlos einstellbare Übersetzung)

D

DBC: Direct Bonded Copper
DC: Direct Current (Gleichstrom)
DCT: Dual Clutch Transmission
(Doppelkupplungsgetriebe)
DKG: Doppelkupplungsgetriebe
DME: Dimethylether
DOE: US Department of Energy
DR-F: Druckregler Flachsitz
DR-S: Druckregler Schieber
DSP: Dynamisches Schaltprogramm

E

E 5: Blend (Mischung) von Ottokraftstoff
mit 5 % Ethanol
ECU: Electronic Control Unit (Steuergerät)
EEM: Elektrisches Energiemanagement
EGS: Elektronische Getriebesteuerung
EHM: Elektrohydraulisches Modul
EKM: Elektronisches Kupplungsmanagement
EM: Elektronikmodul
EMV: Elektromagnetische Verträglichkeit
EOL: End Of Line (Bandende-Programmierung)
ESP: Elektronisches Stabilitätsprogramm
ETBE: Ethyl-tertiär-butyl-ether

F

FAEE: Fatty Acid Ethyl Ester (Fettsäureethylester)
FAME: Fatty Acid Methyl Ester (Fettsäure-
methylester)
FC: Fuel Cell (Brennstoffzelle)
FCM: Fuel Cell Management (Brennstoffzellen-
Steuerung)
FE: Fuel Efficiency
FFV: Flexible Fuel Vehicle

G

GBF: Getriebebedienfeld
GDL: Gasdiffusionslage
GS: Getriebesteuerung
GtL: Gas-to-Liquid (synthetischer Kraftstoff
aus Erdgas)
GWK: Geregelte Wandlerüberbrückungskupplung

H

H$_2$: Wasserstoff
H$_2$O: Wasser
HAM: Hydrogen Air Management
HC: Kohlenwasserstoff
HEV: Hybrid Electric Vehicle (elektrisches Hybrid-
fahrzeug)
HFM: Heißfilmluftmassenmesser
HGI: Hydrogen Gas Injector
HM: Hydraulikmodul
HS: Hauptschütz
HS: Hochschaltung

HSV: Hochschaltverhinderung
HV: High Voltage, Hochvolt
HV-Bordnetz: Hochvolt-Bordnetz
HVMS: High Voltage Monitoring System
HWT: Heizungswärmetauscher

I

IC: Integrated Circuit
IGBT: Insulated Gate Bipolartransistor
IMG: Integrierter Motor-Generator
ISIG: Inductive Signature

J

JAMA: Japan Automotive Manufactures
Association

K

KAMA: Korean Automotive Manufactures
Association
KSG: Kurbelwellen-Startergenerator

L

LH$_2$: Liquid Hydrogen (Flüssigwasserstoff)
Li-Ionen-Batterie: Lithium-Ionen-Batterie
Li-Polymer-Batterie: Lithium-Polymer-Batterie
LPG: Liquid Petroleum Gas, Flüssiggas/Autogas
LTCC: Low-Temperature Cofired Ceramic
LV: Low Voltage, Niedervolt

M

M15: Blend (Mischung) von Ottokraftstoff
und 15 % Methanol
M: Moment
ME: Motoreingriff
ME: Motor-Elektronik
MEG: Motronic-Egas-Getriebe
MISRA: Motor Industry Research Association
MOF: Metal Organic Framework
MPG: Miles per Gallon
MTBE: Methyl-tertiär-butyl-ether
MV: Magnetventil

N

n: Drehzahl im Allgemeinen
n_{ab}: Abtriebsdrehzahl
n_{mo}: Motordrehzahl
n_{Tu}: Turbinendrehzahl
n.c.: normally closed (stromlos geschlossen)
NEFZ: Neuer Europäischer Fahrzyklus
NIMH-Batterie: Nickel-Metallhydrid-Batterie
n.o.: normally open (stromlos offen)
NO$_x$: Stickoxide

O

OBD: On-Board-Diagnose
On/Off: Ein-Aus-Schaltventil (teilweise mit
o/o bezeichnet, fälschlicherweise oft
nur MV oder Magnetventil genannt
OSEK: Echtzeitbetriebssystem

P

P1-HEV: Parallelhybrid mit einer Kupplung
P2-HEV: Parallelhybrid mit zwei Kupplungen
PAK: Programmablaufkontrolle
PCB: Printed Circuit Board(Leiterplatte)
PEM-BZ: Polymer-Elektrolyt-Membran-
Brennstoffzelle
PEM-FC: Polymer Electrolyte Membran Fuel Cell
(= PEM BZ)
PSG: Parallelschaltgetriebe (LuK)
PTC: Positive Temperature Coefficient
PTM: Powertrain Management (Triebstrang-
steuerung)
PWR: Pulswechselrichter

Q

QB: Qualitätsbewertung

R

RME: Rapsölmethylester (Biodiesel mit Rapsöl)
ROZ: Research-Oktanzahl
RS: Rückschaltung
RSS: Rotational Speed Sensor
RSV: Rückschaltverhinderung

S

SAC: Self Adjusting Clutch
S-HEV: Serieller Hybridantrieb
SMG: Separater Motor-Generator
SOC: State of Charge (Batterie-Ladezustand)
SOH: State of Health (Batterie-Alterungszustand)
SP-HEV: Seriell-paralleler Hybridantrieb
SRE: Saugrohreinspritzung
SW: Software

T

TCM: Transmission Control Module
TCU: Transmission Control Unit
THM: Thermisches Management
TtW: Tank-to-Wheel („vom Tank zum Rad")
TÜV: Technischer Überwachungsverein
(Deutschland)

U

UFOME: Used Frying Oil Methyl Ester
(Altspeisefettmethylester)
UK: Übersetzungskriterium

W

WD: Watchdog
WK: Wandlerüberbrückungs-Kupplung
WtT: Well-to-Tank („von der Quelle zum Tank")
WtW: Well-to-Wheel („von der Quelle zum Rad")

Sachwortverzeichnis

Bosch Fachinformation Automobil

Schneller Download

Schnelle Bereitstellung passgenauer Information zu thematisch abgegrenzten Wissensgebieten sind das Kennzeichen der **92 Einzelkapitel**, die als pdf-Download zur sofortigen Nutzung bereitstehen. Individuelle Auswahl ermöglicht Zusammenstellungen nach eigenem Bedarf.

Antriebe allgemein

Hybridantriebe - Antriebsstrukturen und Betrieb
Komponenten von Hybridfahrzeugen
Brennstoffzellen für den Kfz-Antrieb
Alternative Kraftstoffe und Erdgas-Betrieb von
  Ottomotoren
Getriebe für Kraftfahrzeuge
Elektronische Getriebesteuerung
Steuergeräte zur Getriebesteuerung
Aktoren und Module zur Getriebesteuerung
Geschichte des Automobils und des Dieselmotors

Steuerung und Regelung von Ottomotoren

Grundlagen des Ottomotors
Ottokraftstoffe und Kraftstoffversorgung
Systeme zur Füllungssteuerung von Ottomotoren
Saugrohreinspritzung und Benzin-Direkteinspritzung
Zündanlage, Zündspulen
Zündkerzen
Motronic-Systeme
Abgastechnik für Ottomotoren
Abgasgesetzgebung und Abgas-Messtechnik
  für Ottomotoren
Diagnose von Ottomotoren
Steuergeräteentwicklung für Ottomotoren

Steuerung und Regelung von Dieselmotoren

Dieselmotoren - Einsatzgebiete und Grundlagen
Dieselkraftstoffe und Kraftstoffversorgung
Systeme zur Füllungssteuerung von Dieselmotoren
Dieseleinspritzsysteme - Grundlagen und Überblick
Systemübersicht über Dieseleinspritzsysteme
Einzelzylindersysteme zur Dieseleinspritzung
Hochdruckkomponenten des Common-Rail-Systems

Einspritzdüsen, Hochdruckverbindungen und
  Starthilfesysteme
Abgastechnik und Diagnose für Dieselmotoren
Elektronische Dieselregelung EDC
Abgasgesetzgebung und Abgas-Messtechnik für
  Dieselmotoren

Bremsen, Fahrstabilisierungs- und Sicherheitssysteme

Grundlagen der Fahrsicherheit und der Fahrphysik
Bremsanlagen in Personenkraftwagen -
  Systeme und Komponenten
Radbremsen und Hydroaggregat
Antiblockiersystem ABS
Fahrstabilisierungssysteme
Automatische Bremsfunktionen, Aktivlenkung und
  elektrohydraulische Bremse
Sicherheitssysteme - Insassen- und Fußgängerschutz

Fahrerassistenzsysteme, Infotainment, Komfort- und Schließsysteme

Fahrerassistenzsysteme - Grundlagen und
  Mensch-Maschine-Interaktion
Sensorik für Fahrzeugrundumsicht
Adaptive Cruise Control (ACC)
Einparksysteme, videobasierte Systeme,
  Nachtsichtsysteme
Fahrerinformationssysteme - Instrumentierung,
  Navigationssysteme und Telematik
Analoge und digitale Signalübertragung
Autoradio und Funksysteme
Komfortsysteme - Antriebs-und Verstellsysteme,
  Heizung und Klimatisierung,
  Fahrzeugsicherungssysteme

www.bosch-fachinformation-automobil.viewegteubner.de

VIEWEG+ TEUBNER

Abraham-Lincoln-Straße 46
65189 Wiesbaden
Fax 0611.7878-400
www.viewegteubner.de

Bosch Fachinformation Automobil

Elektrik und Elektronik

Elektronische Systeme im Kfz im Überblick
  (einschließlich Lichttechnik)
Vernetzung
Bussysteme
Architektur elektrischer Systeme und EMV
Elektronische Bauelemente im Kfz
Steuergeräte, Aktoren und Mechatronik
Sensoren im Kraftfahrzeug – Allgemeine Einführung
Sensormessprinzipien
Sensorausführungen
Energiebordnetze
Starterbatterien
Generatoren
Startanlagen
Schaltzeichen und Schaltpläne

Werkstatt-Technik

Werkstatt-Technik

Zeitlich zurückliegende Themen

Benzineinspritzsysteme der Vergangenheit
Zündsysteme der Vergangenheit
Benzineinspritzsystem L-Jetronic
Benzineinspritzsystem K-Jetronic
Benzineinspritzsystem KE-Jetronic
Benzineinspritzsystem Mono-Jetronic
Zündkerzen (frühere Systeme bis 1994)
Reiheneinspritzpumpen
Regler für Reiheneinspritzpumpen
Kantengesteuerte Verteilereinspritzpumpen
Aufschaltgruppen für Verteilereinspritzpumpen
Magnetventilgesteuerte Verteilereinspritzpumpen
Dieseleinspritzsysteme im Überblick
  (frühere Systeme bis 1995)
Antiblockiersystem ABS (frühere Systeme bis 2002)
Hydroaggregate und Steuergeräte für ABS
  (frühere Systeme bis 2002)
Druckluftanlagen für Nutzfahrzeuge 1 – Grundlagen,
  Systeme und Pläne (frühere Systeme bis 1998)

Druckluftanlagen für Nutzfahrzeuge 2 – Geräte
  (frühere Systeme bis 1994)
Bremsanlagen für Personenkraftwagen
  (frühere Systeme bis 1994)
Adaptive Cruise Control (ACC)
  (frühere Systeme bis 2002)
Lichttechnik Grundlagen (frühere Systeme bis 2002)
Lichtelemente am Fahrzeug
  (frühere Systeme bis 2002)
Scheibenreinigung (frühere Systeme bis 2002)
Lichttechnik (frühere Systeme bis 1998)
Sicherheits- und Komfortsysteme: Insassen-
  Sicherheitssysteme, Fahrsicherheitssysteme
  und Triebstrang, Informationssysteme,
  Scheinwerferanlagen, Reinigungsanlagen,
  Diebstahlschutz, Komfortsysteme
  (frühere Systeme bis 1998)
Generatoren (frühere Systeme bis 2002)
Starter (frühere Systeme bis 2002)
Generatoren (frühere Systeme bis 1995)
Startanlagen (frühere Systeme bis 1996)
Batterien (frühere Systeme bis 1997)
Schaltzeichen und Schaltpläne
  (frühere Systeme bis 1999)
Werkstatt-Technik (frühere Systeme bis 2002)

www.bosch-fachinformation-automobil.viewegteubner.de

VIEWEG+
TEUBNER

Abraham-Lincoln-Straße 46
65189 Wiesbaden
Fax 0611.7878-400
www.viewegteubner.de